高等学校"十一五"省级规划教材

现代电源技术

杜少武 编

合肥工业大学出版社

图书在版编目(CIP)数据

现代电源技术/杜少武编 . —合肥:合肥工业大学出版社,2010.12(2025.1重印)
ISBN 978 - 7 - 5650 - 0318 - 9

Ⅰ.①现… Ⅱ.①杜… Ⅲ.①电源—技术 Ⅳ.①TM91

中国版本图书馆 CIP 数据核字(2010)第 226983 号

现代电源技术

杜少武 编	责任编辑 权 怡 汪 钵	特约编辑 吕 杰

出　版	合肥工业大学出版社	版　次	2010 年 12 月第 1 版
地　址	合肥市屯溪路 193 号	印　次	2025 年 1 月第 5 次印刷
邮　编	230009	开　本	787 毫米×1092 毫米　1/16
电　话	编校与质量管理部:0551 - 62903210	印　张	16
	营销与储运管理中心:0551 - 62903198	字　数	349 千字
网　址	press. hfut. edu. cn	印　刷	安徽联众印刷有限公司
E-mail	press@hfutpress. com. cn	发　行	全国新华书店

ISBN 978 - 7 - 5650 - 0318 - 9　　　　　　　　　　　　定价:46.00 元

如果有影响阅读的印装质量问题,请与出版社营销与储运管理中心联系调换。

前　言

　　高速发展的计算机技术带领人类进入了信息社会,同时也促进了电源技术的迅速发展。20世纪80年代,计算机全面采用了开关电源,率先完成计算机电源换代,紧接着开关电源技术相继进入了电子、电器设备领域。

　　通信业的迅速发展极大地推动了通信电源的发展,高频小型化的开关电源已成为现代通信供电系统的主流。在通信领域中,通常将整流器称为一次电源,而将直流-直流(DC/DC)变换器称为二次电源。

　　随着工业技术的发展,对开关电源的要求越来越高,主要表现在开关电源的小型化、高效、电磁兼容性等方面。电气产品的变压器、电感和电容的体积质量与供电频率的平方根成反比。MOSFET、IGBT等新型全控型、高速电力电子器件的出现,使得开关电源的高频化成为可能。随着开关频率的提高,一方面开关管的开关损耗会成比例增加,使电路的效率大大降低,从而使变换器处理功率的能力大幅度地下降;另一方面,系统会对外产生严重的电磁干扰(EMI)。为了克服DC/DC变换器在硬开关状态工作下的诸多问题,从20世纪80年代以来,软开关技术得到了深入的研究,并于近些年得到了迅速发展。所谓软开关,指通过在原来的开关电路中增加很小的电感、电容等谐振元件,构成辅助换流网络,在开关过程前后引入谐振,使开关开通前电压先降为零,或关断前电流先降为零,就可以消除开关过程中电压、电流的重叠,从而大大降低甚至消除开关损耗和开关噪声,使电力电子变换器可以具有更高的效率、功率密度和可靠性,并有效地降低功率变换装置引起的电磁污染和噪声等。

　　开关电源的一次电源通常是电网交流电压通过整流器得到,带来的问题就是使注入电网的电流为非正弦波,含有大量的高次谐波,输入端的功率因数较低。针对高次谐波和低功率因数产生的危害,1993年,我国国家技术监督局颁布了GB/T14549－1993《电能质量公用电网谐波》;1998年,国际电工委员会(IEC)制定了IEC61000－3－2标准。这些要求迫使整流器输入端必须采取措施降低高次谐波含量,提高功率因数,从而引入功率因数校正技术。

　　目前,单台开关电源的输出电流可达到200A左右,这在很多场合都可以满足要求。但对于大型的直流用电设备,如针对某些需要48V/2000A直流电源供电的大型程控交换机等通信设备，单台开关电源显然很难做到，因此就需要若干台开关电源并联运行，以满足负载功率的要求。开关电源并联运行的主要问题就是如何解决并联运行的各电源模块之间的均流。

本书主要论述了基本的 DC/DC 变换器、隔离型 DC/DC 变换器、软开关变换器的工作原理、高频开关电源中的磁元件（包括高频变压器和电感器）的设计方法、有源功率因数校正技术、高频开关电源的并联运行技术，同时介绍了几种常用 PWM 控制芯片及其应用。

作者在编写本书的过程中参阅并引用了大量文献，书末也许未能提及，编者在此向本书所借鉴或引用参考文献的作者表示衷心的感谢。另外，作者在编写本书过程中得到了合肥工业大学万文斌副教授和博士生陈中同学的帮助，在此一并表示感谢。

由于时间紧张和作者水平有限，不当或错误之处在所难免，敬请读者指正。

杜少武

2010 年 10 月于合肥

目　录

第1章 概 述

1.1 什么是开关变换器和开关电源

电源有如人体的心脏,是所有电设备的动力。但电源却不像心脏那样形式单一,因为标志电源特性的参数有功率、电压、频率、噪声及带负载时参数的变化等;在同一参数要求下,又有体积、质量、形态、效率、可靠性等指标,人们可以按此去"塑造"完美电源,因此电源的形式是多种多样的。

一般电力(如市电)要经过转换才能符合使用需要,主要表现为:交流转换成直流、高电压变成低电压、大功率中取小功率等。这一过程有人形象地说成是粗电炼为精电。粗电只有炼为精电后才好使用。

1.1.1 开关变换器和开关电源

现代开关电源分为直流开关电源和交流开关电源两类,前者输出质量较高的直流电,后者输出质量较高的交流电。一般情况下,开关电源专指直流开关电源,开关电源的核心是电力电子变换器(开关变换器)。

电力电子变换器是应用电力电子器件将一种电能转变为另一种或多种形式电能的装置,按转换电能的种类或按电力电子的习惯称谓,可分为四种类型:

(1)AC-DC(AC 表示交流电,DC 表示直流电,下同)称为整流,AC-DC 变换器是将交流电转换为直流电的电能变换器;

(2)DC-AC 称为逆变,DC-AC 变换器是将直流电转换为交流电的电能变换器,是交流开关电源和不间断电源 UPS 的主要部件;

(3)AC-AC 称为交流-交流变频(同时也变压),AC-AC 变换器是将一种频率的交流电直接转换为另一种恒定频率或可变频率的交流电,或是将恒频交流电直接转换为变频交流电的电能变换器;

(4)DC-DC 称为直流-直流变换,DC-DC 变换器是将一种直流电转换成另一种或多种直流电的电能变换器,是直流开关电源的主要部件。

这四类变换器可以是单向变换的,也可以是双向变换的。单向电能变换器只能将电能从一个方向输入,经变换后从另一个方向输出;双向电能变换器可实现电能的双向流动。广义地说,凡用半导体功率器件作为开关,将一种电源形态转变成为另一形态的主电路都叫做开关变换器电路;转换时用自动控制闭环稳定输出并有保护环节则称开关电源(Switching Power Supply)。开关电源主要组成部分是 DC-DC 变换器,因为它是转换的核心,目前 DC-DC 变换技术中提高开关频率是热点内容之一,它在提高频率中碰到的开关过程损失机制,为提高效率而采用的方法,也可为其他转换方式提供参考。

1.1.2 稳压电源的概念

电源设备担负着把交流电转换为电子设备所需的各种类别直流电的任务,当电网或负载变化时,能保持稳定的输出电压,并具有较低的纹波,通常称这种直流电源为稳压电源。

稳压电源分为线性稳压电源和开关稳压电源。

过去的稳压电源为串联调整线性稳压电源,它通常由 50Hz 工频变压器、整流器、滤波器、串联调整稳压器组成。调整元件工作在线性放大区内,流过电流是连续的,调整管上损耗较大的功率,需要体积较大的散热器,因此体积较大,而且效率低,通常仅为 35%～60%。同时承受过载能力较差,但是它具有优良的纹波及动态响应特性。

开关稳压电源去除了笨重的工频变压器,代之以几十 kHz、几百 kHz 甚至数 MHz 的高频变压器。由于功率管工作在开关状态,功率损耗小,效率高,可达 80%～95%,因此开关稳压电源体积小、质量轻。但电路复杂,使用高频元器件价格高,因此成本较高,且输出电压纹波、噪声较高,动态响应较差。

20 世纪 70 年代以来,随着各种功率开关元件、各种类型专用集成电路、磁性元件、高频电容研制、应用,功率电子学领域中技术的日新月异的发展,理论研究不断深化,功率变换器拓扑的日趋完善,开关电源技术以其强大的生命力,适应当今高效率、小型轻量化的要求。目前,各种电子、电器设备 90% 以上采用开关稳压电源。

1.1.3 串联调整的线性稳压电源

在功率开关晶体管未问世以前,串联调整稳压器一直是最简单、最常用的稳压技术,其功率量级可达数百瓦到 1kW,对于更高的功率量级,如数千瓦以上,常常采用可控硅相位控制稳压器,但是,其动态响应慢,稳压性能较差。串联线性调整稳压电源电路拓扑,如图 1-1 所示。

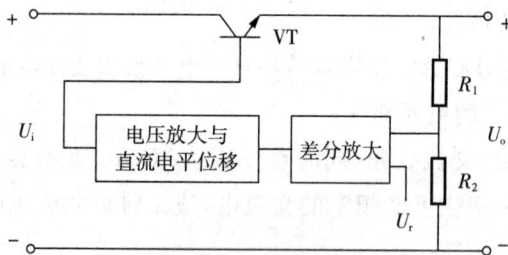

图 1-1 基本的串联调整稳压电源拓扑

输出电压为:

$$U_o = \frac{R_1+R_2}{R_2}U_r$$

输入直流电压通常由交流 $50\,\mathrm{Hz}$ 电网供电,经变压器、整流、滤波得到一个具有较大纹波的直流电压 U_i,经过串联调整稳压器,得到满足要求的稳定的直流输出电压 U_o,其输出电压稳定度取决于基准源的稳定度、差分放大器的漂移以及反馈回路的增益。

串联调整元件通常由一个、多个晶体管并联或复合组成,它犹如一个串在主电路中的可变电阻,当输入电压上升或减小时,晶体管的等效电阻增加或减小,通过取样、比较放大负反馈电路来控制串联调整管的管压降(电阻),保持输出电压稳定。

晶体管 VT 工作在线性区,管压降一般大于 $2\mathrm{V}$,否则工作在饱和区,不能反映电压的变化,也就不能进行有效的调整。因此,最小的输入电压应高于 U_o+2,假设输入电网电压波动为 $\pm T\%$,则最小、最大的输入直流电压分别为 $(1-0.01T)U_i$ 和 $(1+0.01T)U_i$。

当输入电压为最小时,有

$$U_o+2=(1-0.01T)U_i$$

则最大输入电压为:

$$U_{imax}=\frac{(U_o+2)(1+0.01T)}{1-0.01T}$$

串联调整稳压电源的效率为:

$$\eta=\frac{U_o}{U_{imax}}=\frac{1-0.01T}{1+0.01T}\times\frac{U_o}{U_o+2}$$

若考虑变压器、整流器的损耗,在低压、大电流应用时,串联调整稳压器的效率仅仅有 $35\%\sim60\%$。此外,串联调整稳压器承受过载能力较差,负载长期短路,容易造成调整管损坏,必须加入相应的保护电路。

目前国产集成稳压器输出电压有 $5\mathrm{V}$、$6\mathrm{V}$、$9\mathrm{V}$、$12\mathrm{V}$、$15\mathrm{V}$、$18\mathrm{V}$、$24\mathrm{V}$、$36\mathrm{V}$,输出电流有 $0.1\mathrm{A}$、$0.5\mathrm{A}$、$1.5\mathrm{A}$、$2\mathrm{A}$、$3\mathrm{A}$、$5\mathrm{A}$ 等系列,集成稳压器内部包括调整管、基准、取样、比较放大、保护电路等环节,使用时,只需外接少量元件,十分方便。其电压稳定度、输出纹波及动态响应等指标都较好,基本的线性稳压电源电路如图 1-2 所示。

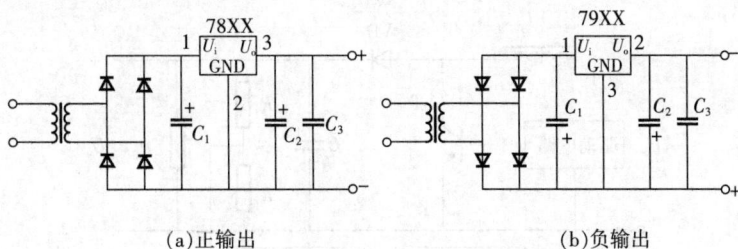

(a)正输出   (b)负输出

图 1-2 基本的线性稳压电源电路图

常用的集成稳压器有固定正压稳压器 W78XX 系列、固定负压稳压器 W79XX 系列,还有可调正稳压器 W117、W217、W317 系列,可调负稳压器 W137、W237、W337 系列,从 $2.3\sim35\mathrm{V}$ 输出电压,电流为 $1.5\mathrm{A}$。还有大电流系列 W396、W496 等,可调稳压器外加晶体管及逻辑控制,具有开机、关机或系统复位等功能,便于控制及保护。

1.1.4 开关式稳压电源

把直流电压变换为另一种直流电压最简单办法是串一个电阻进行分压,电路结构很简单,但是效率低。用一个半导体功率器件作为开关,使带有滤波器的负载与直流电压一会儿接通,一会儿断开,则负载上也得到另一个直流电压。这就是 DC-DC 的基本手段,类似于"斩波"(Chop)作用。

一个周期 T_S 内,电子开关接通时间 t_{on} 所占整个周期 T_S 的比例,称为占空比 D,$D = t_{on}/T_S$;很明显,占空比越大,负载上电压越高;$f_S = 1/T_S$ 称开关频率,f_S 固定,t_{on} 越大,负载上电压就越高。这种 DC-DC 变换器中的开关都在某一固定频率下(如几百千赫兹)工作,这种保持开关频率固定但改变接通时间长短(即脉冲的宽度),从而可以调节输出电压的方法,称脉冲宽度调制法(Pulse Width Modulation,简称为 PWM)。

(1)串联式开关稳压电源

串联开关变换器再加上电压取样电阻、基准电源、差分放大器以及 PWM 控制电路,即可构成串联开关稳压器,如图 1-3 所示。

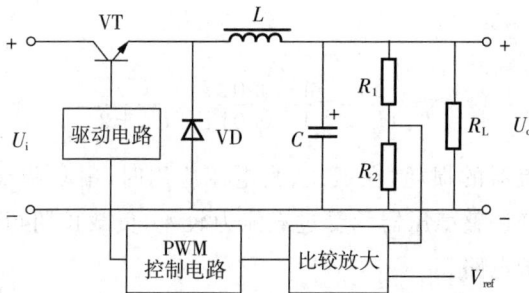

图 1-3　串联式开关稳压电源的基本组成

(2)并联式开关稳压电源

并联开关变换器再加上电压取样电阻、基准电源、差分放大器以及 PWM 控制电路,即可构成并联开关稳压器,如图 1-4 所示。

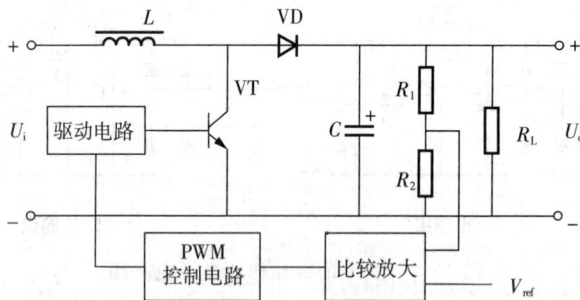

图 1-4　并联式开关稳压电源的组成

当输入电压变化时,自动调整占空比 D,可以保持输出电压稳定,当 U_i 增大时,使 $D = t_{on}/T$ 减小,输出电压就能保持稳定。其物理意义可以这样理解,假如 T 不变,由于电感

中的电流以 $\mathrm{d}i/\mathrm{d}t$ 的速率线性上升,在 U_i 增大时,如 t_{on} 保持不变,则 L 中储存的能量增大。而在同样的 t_{off} 时间内释放能量是固定的,这就使得输出电压上升,所以必须减小导通时间 t_{on},以便减小 L 中储存的能量,这样才能保持输出电压不变。

改变占空比的方法,可以是频率和周期不变,改变导通脉宽 t_{on},也可以保持导通时间 t_{on} 不变,改变工作频率或周期,二者都能进行调整,保持输出电压不变。

1.2　DC/DC 变换器的分类

直流变换器按输入与输出间是否有电气隔离可分为 2 类:没有电气隔离的称为非隔离型直流变换器;有电气隔离的称为隔离型直流变换器。

非隔离型直流变换器按所用有源功率器件的个数,可分为单管、双管和四管 3 类。单管直流变换器有 6 种,即降压式(Buck)变换器、升压式(Boost)变换器、升降压式(Boost/Buck)变换器、Cuk 变换器、Zeta 变换器和 Sepic 变换器。在这 6 种单管变换器中,降压式和升压式变换器是最基础的,另外 4 种是从中派生的。双管直流变换器主要有电流可逆的不可逆变换器。全桥直流变换器(Full-Bridge Converter)是常用的四管直流变换器。

隔离型直流变换器也可按所用有源功率器件数量来分类。单管隔离直流变换器有正激变换器(Forward Converter)和反激变换器(Flyback Converter)2 种;双管隔离直流变换器有双管正激变换器(Double Transistor Forward Converter)、双管反激变换器(Double Transistor Flyback Converter)、推挽(Push-pull Converter)和半桥(Half-bridge Converter)等 4 种;四管隔离直流变换器主要是指全桥变换器(Full-Bridge Converter)。

隔离型变换器通常采用变压器实现输入与输出间的电气隔离。变压器本身具有变压的功能,有利于扩大变换器的应用范围,变压器的应用还便于实现多路不同电压或多路相同电压的输出。

在功率开关管电压和电流定额相同时,变换器的输出功率通常与所用开关管的数量成正比,故四管变换器的输出功率最大,而单管变换器的输出功率最小。

按能量传递来分,直流变换器有单向和双向 2 种,具有双向功能的充电器在电源正常时向电池充电,一旦电源中断,它可将电池电能返回电网,向电网短时间应急供电。直流电动机控制用变换器也是双向的,电动机电动时将电能从电源传递到电动机,制动时将电机电能回馈到电源。

直流变换器分为自激式和他控式。借助变换器本身的正反馈信号实现开关管自持周期开关的变换器叫做自激式变换器。洛耶尔(Royer)变换器是一种典型的推挽自激式变换器,他控式直流变换器中开关器件控制信号由专门的控制电路产生。

按开关管的开关条件,直流变换器可分为硬开关(Hard Switch)和软开关(Soft Switch)2 种。硬开关直流变换器的开关器件是在承受电压或流过电流的情况下接通或断开电路的,因此在开通或关断过程中伴随着较大的功耗,即所谓的开关损耗(Switching Loss)。变换器工作状态一定时,开关管开通或关断一次的损耗也是一定的,因此开关频率越高,开关损耗就越大。同时,开关过程中还会激起电路分布电感和寄生电容的振荡,带来附加损耗,因而硬开关直流变换器的开关频率不能太高。软开关直流变压器的开关管在开通或关断过程中,或是加于其上的电压为零,即零电压开关(Zero Voltage Switching,ZVS),或是通过器件的电流为零,即零电流开关(Zero Current Switching,ZCS),这种开关方式显著地减小了开关损耗和开关过程中激起的振荡,可以大幅度地提高开关频率,为变换器的小型化和模块化创造了条件。功率场效应管(Power MOSFET)是单极性器件,有高的开关速度,但同时也有较大的寄生电容,它关断时,在外电压作用下其寄生电容充满电,如果在它开通前不将这些电荷放掉,则将消耗在器件内部,这就是容性开通损耗,为了减小以致消除这种损耗,功率场效应管宜采用零电压开通方式(ZVS)。绝缘栅双极性晶体管(Insulated Gate Bipolar Transistor,IGBT),是一种复合器件,关断时的电流拖尾导致较大的关断损耗,如果在关断前使通过它的电流降为零,则可显著地降低开关损耗,因此IGBT宜采用零电流(ZCS)关断方式。IGBT在零电压条件下关断,同样也能减小关断损耗,但是MOSFET在零电流条件下开通并不能减小容性开通损耗。软开关直流变换器主要分为谐振变换器(Resonant Converter,RC)、准谐振变换器(Quasi Resonant Converter,QRC)、多谐振变换器(Multi Resonant Converter,MRC)、零电压开关PWM变换器(ZVS PWM Converter)、零电流开关PWM变换器(ZCS PWM Converter)、零电压转换(Zero Voltage Transition,ZVT)PWM变换器和零电流转换(Zero Current Transition,ZCT)PWM变换器等。

1.3 DC/DC变换器主回路使用的元件

1.3.1 开关器件

无论哪一种DC/DC变换器,主回路使用的元件只是开关器件、电感和电容。开关器件只是开通、关断这2种状态,并且快速地进行转换。因此,只有力求快速,使开关快速地渡过线性放大工作区,状态转换引起的损耗才小。目前在直流变换器中使用的电子开关大多是功率场效应管(Power MOSFET)、绝缘栅双极性晶体管IGBT等,这些元件的基本特性在《电力电子技术》课程中已经介绍。

值得指出,主回路也不是绝对不出现电阻元件。出现的前提是有利于控制性能而又不引起较大的损耗,而且限于几十瓦以下的小功率变换器中应用。一般其阻值在毫欧(mΩ)级,其上得到的毫伏(mV)电压可用作当前工作周期进行电流控制或保护的信号。

1.3.2 电感

电感是开关电源中常用的元件,其两端电压超前其电流相位90°,理论损耗为零。常为储能元件,也常与电容共用在输入滤波器和输出滤波器上,用于平滑电流,也称它为扼流圈。

其特点是流过其上的电流有"很大的惯性"。换句话说,由于"磁通连续"性,电感上的电流必须是连续的,否则将会产生很大的电压尖峰。

在分析电感在线路中工作或绘制波形图时,考虑下面几个特点:

(1)在电感 L 中有电流 I 流过时,储存有 $LI^2/2$ 的能量。

(2)假设电感为理想电感,当电感 L 两端的电压 $u=U$ 为不变时,依 $u=Ldi/dt$ 公式可知,电感电流变化率 $di/dt=U/L$,表明电感电流线性增加。

(3)正在储能的电感器,因为能量不能瞬时突变,若切断电感在变压器原边回路时,能量绝大部分经变压器副边出现的电流输送至负载,原、副边耦合中保持相同的安匝数,维持磁场不变,或每匝伏·秒值不变。

(4)电感中的电流与其两端电压的积分(称为伏·秒值)成正比,电感的充放电过程如图1-5所示。只要电感器电压变化,其电流变化率 di/dt 也变化;对正向电压,电流从初始值线性上升;对反向电压,电流线性下降,根据能量守恒原理在电感器伏·秒值面积相等的某一时间点上,线性变化的电流重新降到初始值。

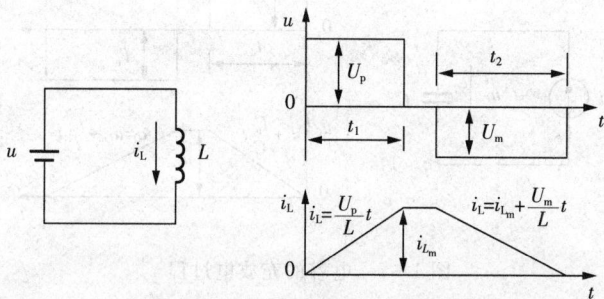

图 1-5　电感的充放电过程

电感为磁性元件,自然有磁饱和的问题。应用中有允许其饱和的,有允许其从一定电流值起开始进入饱和的,也有不允许其出现饱和的,在具体线路中要注意区分。在多数情况下,电感工作在"线性区",此时电感值为一常数,不随端电压与流过电流而变化。但是,在开关电源中,电感有一个不可忽视的问题,就是电感的绕线所引起2个分布参数(或称寄生参数)的现象。其一是绕线电阻,这是不可避免的;其二是分布式杂散电容,随绕制工艺、材料而定,杂散电容在低频时影响不大,随着频率的提高而渐显出来,到某一频率以上时,电感也许变成了电容的特性。如果将杂散电容"集成"为一个,其等效电路如图1-6所示。

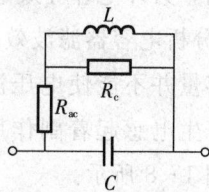

图 1-6　高频电感等效电路模型

其等效阻抗为:

$$z=\frac{(R_c^2 R_{ac}+\omega^2 L^2 R_{ac}+\omega^2 L^2 R_c)+j\omega[LR_c^2-\omega^2 L^2 C(R_c+R_{ac})^2-CR_c^2 R_{ac}^2]}{[R_c-\omega^2 LC(R_c+R_{ac})]^2+\omega^2(L+CR_c R_{ac})^2}$$

由上式可以看出,当角频率大于某一值后电感将呈现容性。

1.3.3 电容

电容也是开关电源中常用的元件,流过其中的电流超前其两端电压相位 $90°$,理论损耗为零。为储能元件,常与电感共用构成滤波器,其特点是两端电压有"很大的惯性"。

在分析电容在线路中工作或绘制波形图时,考虑下面几个特点:

(1)在电容 C 两端有电压 U 时,储存有 $CU^2/2$ 的能量。

(2)假设电容为理想电容,当流过电容 C 中电流 $i=I$ 不变时,依 $i=C\mathrm{d}u/\mathrm{d}t$ 可知,电容两端电压变化率 $\mathrm{d}u/\mathrm{d}t=I/C$,表明电容两端电压线性增加。

(3)电容上的电压与电流的积分(称为安·秒值)成正比,如图 1-7 所示。只要电容中电流变化,其电压变化率 $\mathrm{d}u/\mathrm{d}t$ 也变化;正向电流,电压从初始值线性上升;反向电流,电压线性下降,根据能量守恒原理,在电容器安·秒值面积相等的某一时间点上,线性变化的电压重新降到初始值。

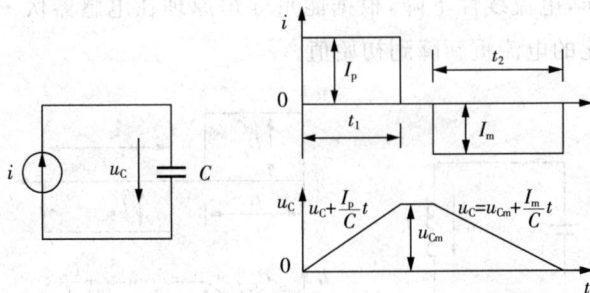

图 1-7 电容的充放电过程

电容与电感一样也是储存电能和传递电能的元件,但对频率的特性却刚好相反。应用上,主要是"吸收"电压纹波,具有平滑电压波形的作用。实际的电容并不是理想元件。电容器由于有介质、接点与引出线,造成一个等效电阻。这种等效电阻在开关电源中小信号反馈控制上,以及输出纹波抑制的设计上,起着不可忽视的作用。另外电容等效电路上有一个串联的电感,它在分析电容器滤波效果时,非常重要。有时加大电容量并不能使电压波形平直,就是因为这个串联寄生电感起着副作用,电容器的等效电路模型如图 1-8 所示。

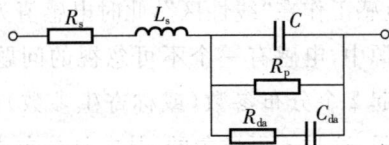

图 1-8 电容器等效电路模型

其等效阻抗为:

$$z=R_\mathrm{s}+\mathrm{j}\omega L_\mathrm{s}+\frac{(R_\mathrm{p}+\omega^2 R_\mathrm{da}R_\mathrm{p}^2 C_\mathrm{da}^2+\omega^2 R_\mathrm{da}^2 R_\mathrm{p}C_\mathrm{da}^2)-\mathrm{j}\omega(\omega^2 C_\mathrm{da}^2 CR_\mathrm{da}^2 R_\mathrm{p}^2+C_\mathrm{da}R_\mathrm{p}^2+CR_\mathrm{p}^2)}{(1-\omega^2 R_\mathrm{p}R_\mathrm{da}C_\mathrm{da}C)^2+\omega^2(R_\mathrm{p}C_\mathrm{da}+R_\mathrm{p}C+R_\mathrm{da}C_\mathrm{da})^2}$$

由上式可以看出,当角频率大于某一值后电容将呈现感性。

电容的串联电阻是与接点和引出线有关,也与电解液有关。常见电解电容电解质的成分为 $\mathrm{Al_2O_3}$,导电率 e 比空气约大 7 倍,为了能继续提高电容量,把铝箔表面做成有规律的凹凸不平状,使氧化膜表面积加大(因为电容量与表面积成正比),加入的电解液可在凹凸面上流动。电解液受温度影响,温度下降,电阻加大,即电容串联电阻加大。高温长寿命电容的阻抗随温度下降而增加的情况如图1-9所示。

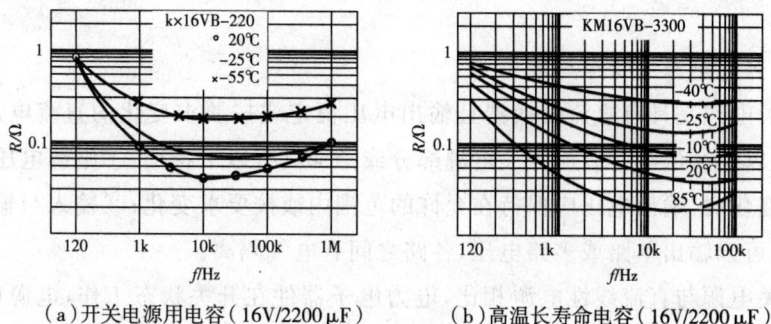

（a）开关电源用电容（16V/2200μF）　（b）高温长寿命电容（16V/2200μF）

图1-9　电容阻抗与频率的关系(温度为参变量)

温度下降,等效串联电阻(R_{ES})加大,导致电容寿命减短,这是铝电解电容的缺点。为了改善这一缺点,将电解液覆盖在氧化膜表面后将其干燥,形成固体式电解质电容,即"袒电容"。目前又用有机半导体代替电解液,也是固体式电解质电容称为"OS电容"。"OS电容"的串联电阻小了许多,图1-10所示为常用几种电容的串联电阻值,以供比较。

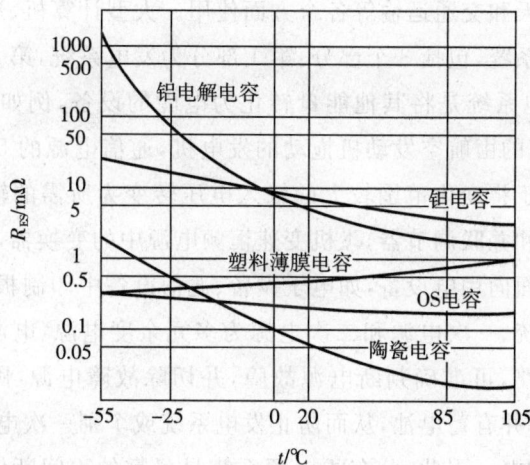

图1-10　各种电容 R_{ES} 的比较

在开关电源中的电容器,工作时平均电流为零,但因充、放电电流波形不同,电流有效值是很大的。例如,市电整流输入到开关电源的滤波电路电容,其充电只在市电正弦半波瞬时值高于电容上直流电压一个短时内才发生,而且是低频的(50Hz),由电容放电供电给开关电源,放电频率是高频的(与开关频率相同)。电流有效值 $I_{C(rms)}$ 比负载电流 I_o 大,其计算式为:

$$I_{C(rms)} = 1.12I_o$$

电容器的选择,除考虑流过电容器电流有效值外,尚要考虑纹波电压和耐压的要求。

1.4 直流开关电源的特点、应用及其发展

1.4.1 开关电源的特点与应用

直流开关电源是具有直流变换器且输出电压恒定或按要求变化的直流电源,其输入为直流电,也可以是交流电。直流开关电源部分或全部具有以下特征:①电源电压和负载在规定的范围内变化时,输出电压应保持在允许的范围内或按要求变化;②输入与输出间有良好的电气隔离,可以输出单路或多路电压,各路之间有电气隔离。

直流开关电源与直流线性电源相比,电力电子器件在开关状态工作,电源内部损耗小,效率高;开关频率高,电源体积小和重量轻。开关电源主要用于向模拟或数字电子设备供电;直流电动机速度或位置控制器实质上也是开关电源,由于电动机有电动和制动2种工作状态,故使用双向变换器,通常称为电动机控制器,很少称之为开关电源。通常的直流开关电源不包括直流电动机控制器。

现代家用电器(如电视机、录像机、VCD等)、个人计算机、测试仪器(如示波器、信号发生器、波形分析仪等)和生物医学仪器都采用开关电源;直流开关电源还在工业装置、大型计算机、通信系统、航空航天和交通运输等各个方面使用。大型计算机、通信系统、航空航天器中的电源是分布式电源系统,包括3个部分:第1部分为发电系统,第2部分是一次电源,第3部分是二次电源。发电系统是将其他能量转化为电能的设备,例如人造卫星和空间站中的硅太阳电池阵,飞机上的由航空发动机拖动的发电机,通信电源的50Hz地面电源或柴油发电机等。一次电源用于将变化范围较大的输入电压转变为所需的输出电压,如人造卫星中的蓄电池充电放电器和并联调节器,飞机变速恒频电源中的变换器,通信电源中的开关整流器。二次电源则直接面向用电设备,如电子设备、通信设备中印制板上的模块电源等。分布式电源系统的发电系统、一次电源和二次电源为多冗余度电源,电源间互相并联,电源模块内有运行状态监控电路,可准确判断电源故障,并切除故障电源,因而有较高的可靠性。同时,一次电源的输出都并有蓄电池,从而防止发电系统或个别一次电源故障引起的母线电压中断,实现了不间断供电。因此,分布式电源系统是可靠的不间断供电系统,目前只有直流供电系统才能实现完善的不间断供电。

1.4.2 对直流开关电源的要求

电源是电子设备正常工作的基础部件,有很高的要求,包括使用要求和电气性能要求。使用要求是高的可靠性、好的可维修性、小的体积质量,低的价格及使用费用和好的电气性能。

平均故障间隔时间MTBF是卫星开关电源可靠性的重要标志,某些电源模块的MTBF已大于 50×10^4 h。减小损耗,提高效率和改善散热条件,从而减小电源的温升,是提高可靠性的基本方法。加强生产过程质量控制,保证好的电气绝缘和机械强度等也十分重要。

对于大中型开关电源,改善可维修性十分重要,及时诊断出故障部位,不用专用工夹具即能排除故障是可维修性好坏的衡量标志。或者说,不需要熟练工人就能在较短时间内排除故障的电源就具有好的可维修性。因此,这些开关电源必须有计算机故障检测、保护、诊断和故障记忆与报警电路。可维修性包括现场维修和车间维修 2 个方面。现场维修要求在电源系统运行情况下快速卸下故障电源模块,更换新模块,并使新模块方便地投入系统运行。车间维修是对故障电源本身的修理,对于小功率电源模块则一般不再修理。

随着芯片集成度的不断提高,电子设备内功能部件的体积不断减小,因而要求设备内部电源的体积和质量不断减小,直接装在印制板上的模块电源,还要求薄型化。对于为电子设备配套的电源,即使它并不在电子设备内部,也要求有小的体积和质量。提高开关频率是减小开关电源体积和质量的基本措施,因为变压器和电感电容等滤波元件的体积和质量随频率的提高而减小,提高开关频率,要求发展高速电力电子器件和高频低损耗的磁芯及电容器,发展高强度、高绝缘性能和高导热性的绝缘材料,发展新型的零开关损耗电路拓扑和相应的电源结构和工艺方法。

降低开关电源生产成本和使用费用是提高市场竞争力的主要条件。

电源的电气性能对电子设备的工作有重要影响,电子设备的发展对开关电源的电气性能要求也不断提高,开关电源在家用电子电器和个人计算机中的应用,对安全性提出了更高的要求,应防止电源故障危害人身安全。

直流开关电源的电气性能包括输入特性、输出特性、附加功能、电磁兼容性和噪声容限。

直流开关电源的输入电源有 2 种,即直流电源和交流电源。交流输入时,交流电压往往要先经整流滤波变成直流电压后,再经过直流变换器转变为所需的直流电压。直流输入时,电源电压额定值及其变化范围、输入电流额定值及其变化范围、输入冲击电流、输入电压的突然下降或瞬时断电、输入漏电流等是必须考虑的因素。交流输入时,还必须考虑输入电压的相数、电源额定频率及其变化范围、输入电流波形和输入功率因数等要求。

输出参数有额定输出电压、输出电流、输出电压的变化范围和输出电压的纹波,输出电压稳压精度是直流开关电源的重要技术指标,输入电压的变化、负载电流的变化、工作环境温度的变化、工作时间的延长都会使输出电压变化。稳压精度包括负载效应(负载调整率)和源效应(电网调整率)。负载效应是指当负载电流在 0~100% 额定电流范围内变化时,输出电压的变化量与输出电压整定值的比值。源效应是指当电网电压在规定的范围内变化时,输出电压的变化量与输出电压整定值的比。

开关电源还应有过压、欠压、过流和过热等保护功能,以免损坏用电设备。在构成电源系统时,开关电源还要求有遥控、遥测和遥信等功能。

开关电源应有高的电能转换效率、低的噪声、好的电磁兼容性和绝缘性能等。

1.4.3 开关电源的发展

1. 开关电源技术发展和历程

随着许多电器具尺寸不断减小,供电电源所占的尺寸变得不再合适,需要相应减小,人们在降低开关电源的尺寸和体积方面做了不少工作。发展小型化轻型电源,对便携式电子设备(如移动电话等)尤为重要。

为了实现高功率密度,必须提高开关电源工作频率。例如 1980 年前,开关电源的工作频率为 20～50kHz,从 20 世纪 80 年代起,提高开关频率成为减小开关电源尺寸的最有效手段,同时也改善了电源的动态性能。

目前,200～500kHz 已成为 100W 输出开关电源的标准开关频率。随着工作频率的提高,开关电源的功率密度(W/cm^3 或 W/in^3)也不断提高。

2. 推动开关电源发展的主要技术

(1)功率半导体器件

20 世纪 90 年代,用在电力电子变换的功率半导体器件有许多新的进展,如:

①功率 MOSFET 和 IGBT 已完全可代替功率晶体管(GTR)和中小电流的晶闸管,使实现开关电源的高频化有了可能。超快恢复功率二极管和 MOSFET 同步整流技术的开发,也为研制高效率或低电压输出的开关电源创造了条件。

②功率半导体器件的水平超过预测,电压、电流额定值分别达到:IGBT,3300V,1200A 和 2500V,1800A;Power MOSFET,500V,240A;IGCT(Integration Gate Communicated Turn-off Thyristor)4.5kV,4kA,可望取代 GTO;二极管,5000V,4000A。

③功率半导体器件的晶片理想材料是碳化硅(SiC),已做出 25mm、40mm 晶片,并试制出一批 SiC 器件样品,如肖特基二极管,1750V,70mA,正向压降 $V_f=1.3V$;功率 MOSFET,750V,15mA,$R_{on}=66m\Omega$;但是 SiC 器件要达到实用化,还需要一定时间。

④20 世纪 80 年代,将功率器件与驱动、智能控制、保护、逻辑电路等集成封装,称为智能模块(IPM)或智能控制集成电路。

20 世纪 90 年代中期,随着大规模分布电源系统的发展,将 IPM 的设计观念推广到更大容量及更高电压的集成电力电子电路,并提高了集成度,称为集成电力电子模块(IPEM)。将功率器件与控制以及检测、执行等元件进行封装,得到标准的、可制造的模块,即可用于标准设计,也用于专用、特殊设计。优点是可快速高效为顾客提供产品,显著降低成本,提高可靠性。

(2)软开关技术

PWM 开关电源按硬开关模式工作,工作过程中,开关器件的电压和电流波形有交叠,因而开关损耗大。PWM 开关电源高频化可缩小体积质量,但频率较高,开关损耗大。为此必须研究开关电压和电流波形不交叠的技术,即所谓零电压软开关(ZVS)和零电流开关(ZCS)技术,或称软开关技术(相对于 PWM 硬开关技术而言)。

20 世纪 90 年代中期,30A/48V 开关变换器采用移相全桥 ZVS-PWM 技术后,重 7kg,比用普通 PWM 技术的同类产品重量下降 40%。软开关技术的开发和应用提高了开关电源的效率,国外最近小功率 DC-DC 开关模块(48V/12A)总效率可以达到 96%;48A/5VDC-DC 开关电源模块效率可以达到 92%～93%。20 世纪末,国内生产的通讯用 50～100A 输出、全桥移相 ZVZCS-PWM 开关电源模块的效率超过 93%。

（3）控制技术

由于开关变换器的强非线性，以及它具有离散和变结构的特点，负载性质的多样性，主电路的性能必须满足负载大范围变化，所有这些使开关变换器的控制问题和控制器的设计较为复杂。一些新的控制方法，如自适应控制、模糊控制、神经网络控制以及各种调制策略在开关电源中的应用，已引起人们的注意。

电流型控制及多环控制已在开关电源中得到较广的应用；电荷控制、单周期控制、H_∞控制、DSP 控制等技术的开发及相应专用集成控制芯片的控制，使开关电源动态性能有很大提高，电路也大幅度简化。

（4）有源功率因数校正技术

由于输入端有整流元件和滤波电容，许多整流电源供电的电子设备，使电网侧（输入端）功率因数仅为 0.65。使用有源功率因数校正技术（简称 APFC），功率因数可提高到 0.95～0.99，既治理了电网的谐波"污染"，又提高了电源的整体效率。单相 APFC 国内外开发较早，技术已较成熟；三相 APFC 则类型较多，还有待发展。

国内通信电源专业工厂已将有源功率因数校正技术应用于输出 6kW、100A 的一次电源中，输入端功率因数可达 0.92～0.93。

（5）高频磁元件

① 平面磁芯及平面变压器技术，如图 1-11 所示。

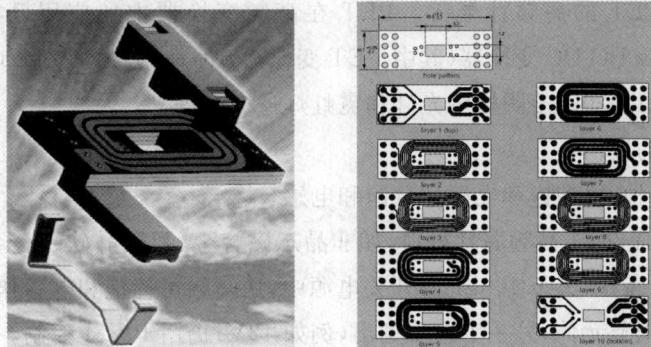

图 1-11　平面变压器的结构示意图

平面变压器适用于薄型高频开关变换器，其厚度小于 1cm，呈扁平状，平面变压器要求磁芯、绕组都是平面结构。绕组采用铜箔或板型印制电路，省去绕组骨架，有利于散热，漏感 L_{lk} 小，集肤效应损耗小，用于便携式电子设备电源及板上电源。平面变压器的性能与诸多因数有关，如绕组结构与布置、端部设计、铜片厚度、磁芯几何尺寸等。现在国际上正在用二维有限元法研究 R_{ac} 和 L_{lk} 均最小的绕组结构，并开发平面变压器的优化设计软件等。

国外平面变压器研究使 0.005～20kW 平面变压器的体积及单位密度体积仅为传统高频变压器的 20%，效率 97%～99%，工作频率 0.05～2MHz，漏感和 EMI 小。

② 集成磁元件。将多个磁元件（如变压器和电感）集成在一个磁芯上，称为集成 TL（变

压器、电感)磁元件,可以减小变压器和电感体积,降低损耗。

国外已有集成磁元件(IM)变换器:50W,5V 及 15V 两路输出的正激 IM 变换器,100kHz。再如,应用混合功率封装技术和集成磁技术,使航空用 0.5MHz、薄型 100W 半桥式 DC-DC 变换器的厚度仅 0.21in(5.3mm),功率密度达 150W/in³。南非研究集成磁电元件的成果,将 5kVA、$f=25$kHz 串联谐振变换器的 LC 谐振元件($C=500$nF,$L=60\mu$H)和变压器(电压比 430:80)集成在一个平面磁芯上,称为 LCT 集成元件。

另一种集成磁技术是阵列式磁元件,将电路中磁元件离散化,形成分布式阵列布置,或形成"磁结构层",使磁结构与电路板或其他器件紧密配合,实现集成化。

③ 用微加工技术研制兆赫级高频变换器的磁元件。微加工是指 Fine Patterning 和薄膜制作技术,可减少磁芯和绕组中的损耗,使变压器面积<10mm²,还有可能制造集成功率电子电路,将磁元件、功率电路、控制电路集成在硅片上。美国加州大学 Berkely 分校微加工试验室已研制成 10MHz 变压器,开发了最优化设计软件,变压器单位面积功率为 20 W/cm²,效率可达 90% 以上。

④ 压电变压器。压电(Piezo-electric)变压器简称 PET,实际上已不属于磁元件的范围,它是利用"压电陶瓷"材料的电压—机械振动—电压变换性质传送能量。在高频功率变换器中应用,可实现轻、小、薄和高功率密度,是 20 世纪 90 年代国际功率变换领域的热点之一。

研究内容包括压电材料的损耗评估、PET 设计计算方法、仿真、参数分析、有限元分析、振动速度极限和 PET 的高频性能等。PET 在高频变换器中的应用已有报道,如:输出 24W,12V 和 2MHz DC-DC 变换器(其中 PET 变比为 5:1);输出 2W、1200VAC 的日光灯电源(PET 变比为 1:20);冷阴极荧光灯和霓虹灯逆变器等。

(6)饱和电感的应用

饱和电源有 2 种:可控饱和电感和自饱和电感。

20 世纪 80 年代,由于高频磁性材料,如非晶态磁合金、超微晶软磁合金等的发展,使有可能在多路输出的高频(大于 100kHz)开关电源中,用高频可控饱和电感作为其中一路输出(例如 5V)的电压调节元件,另一个主要输出(例如 12V)仍用 PWM 控制。由高频可控饱和电感组成的电路称为后置调节器。其优点是电路简单、EMI 小、可靠、高效,可较精确地调节输出电压,特别适合应用于输出电流为 1A 到几十安的开关电源。

自饱和电感即带铁心(无气隙)的线圈,其特点是电感量随流过的电流大小自动变化,电流足够大时,铁心自动进入饱和。如果铁心磁性是理想的(磁滞回线呈矩形),则自饱和电感类似一个"开关"。在开关电源中,应用自饱和电感和变压器副边输出整流管串联,可消除二次寄生振荡,减少循环能量,吸收浪涌,抑制尖峰,使整流管损耗减小。

此外,自饱和电感在移相全桥 ZVS-PWM 开关电源中可作为谐振电感,扩大轻载下满足 ZVS 条件的范围,并使其占空比损失量小;在变压器原边串接电容和自饱和电感,可实现混合 ZVZCS-PWM 控制。

（7）分布电源

分布电源技术是通过 $250\sim425V/48VDC\text{-}DC$ 变换器和 48V 母线电压，供电给负载，再通过板上若干个并联的薄型 DC-DC 变换器，将 48V 变换为负载所需要的 $3\sim5V$。一般 DC-DC 变换器的功率密度高达 $100W/in^3$，效率 90%，并且应当是并联的。分布电源系统适合于用超高速集成电路组成的大型工作站（如图像处理站）、大型数字电子交换系统等，其优点是：可降低 48V 母线上的电流和电压降；容易实现 $N+1$ 冗余，提高了系统可靠性；易于扩增负载容量；散热好；瞬态响应好；减少电解电容器数量；可实现 DC-DC 变换器组件模块化；易于使用插件连接；可在线更换失效模块等。

（8）电源智能化技术

电子电源微处理器监控、电源系统内部通信、电源系统智能化等技术的应用，国外均已较成熟。

以上简要回顾了开关电源发展的历程和取得的成就，尤其是开发高功率密度、高效率、高性能、高可靠性以及智能化电源系统，仍是今后开关电源的发展趋势。

3. 开关电源技术发展方向

（1）高性能碳化硅（SiC）功率半导体器件

碳化硅将是 21 世纪最可能成功应用的新型功率半导体器件材料，碳化硅的优点是禁带宽、工作温度高（可达 600℃）、通态电阻小、导热性能好、漏电流极小、PN 结耐压高等。

（2）高频磁技术

高频开关电源中用了多种磁元件，有许多基本问题要研究。

①随着开关电源的高频化，在低频下可以忽略的某些寄生参数，在高频下将对某些电路性能（如开关尖峰能量、噪声水平等）产生重要的影响。尤其是磁元件的涡流、漏电感、绕组交流电阻 R_{ac} 和分布电容等，在低频和高频下的表现有很大不同。虽然，磁理论研究已有多年历史，但高频磁技术理论作为学科前沿问题，仍受到人们的广泛重视，如磁芯损耗的数学建模、磁滞回线的仿真建模、高频磁元件的计算机仿真建模和 CAD、高频变压器一维和二维仿真模型等。有待研究的问题还有高频磁元件的设计决定了高效率开关电源的性能、损耗分布和波形等，人们希望给出设计准则、方法、磁参数和结构参数与电路性能的依赖关系，明确设计的自由度与约束条件等。

②对高频磁性材料，要求损耗小、散热性能好、磁性能优越。适用于兆赫级频率的磁性材料为人们所关注，如 $5\sim6\mu m$ 超薄钴基非晶态磁带，1MHz（$B_m=0.1T$）时，损耗仅仅为 $0.7\sim1W/cm^3$，是 MnZn 高频铁氧体的 1/4～1/3。纳米结晶软磁薄膜也在研究。

③研究将铁氧体或其他薄膜材料高密度集成在硅片上，或硅材料集成在铁氧体上，是一种磁电混合集成技术。磁电混合集成还包括利用电感箔式绕组层间分布电容实现磁元件与电容混合集成等。

（3）新型电容器

研究开发适合于功率电源系统用的新型电容器和超级大电容，要求电容量大、等效串联电阻(ESR)小、体积小等。据报道,美国在 20 世纪 90 年代末,已开发出 $330\mu F$ 的固体钽电容,其 ESR 有显著下降。

(4)功率因数校正 AC-DC 变换技术

一般高功率因数 AC-DC 电源由两级组成,在 DC-DC 变换器前加一级前置功率因数校正器,至少需要 2 个主开关管和 2 套控制驱动电路。因此,对于小功率开关电源,总体效率低,成本高。

对输入端功率因数要求不特别高的情况,用 PFC 和变换器组合电路构成小功率 AC-DC 开关电源,只用一个主开关管可使功率因数校正到 0.8 以上,称为单管单级功率因数校正 AC-DC 变换器。例如一种隔离式单管单级功率因数校正 AC-DC 变换器,前置功率因数校正器用 DCM 运行的 Boost 变换器,后置电压调节器主电路为反激变换器,按 CCM 或 DCM 运行,两级电路合用一个主开关管。

(5)高频开关电源的电磁兼容研究

高频开关电源的电磁兼容问题有一定的特殊性,通常涉及开关过程产生的 di/dt 和 du/dt,引起强大的传导型电磁干扰和谐波干扰。有些情况还会引起强大电磁场辐射,不但严重污染周围电磁环境,对附近的电气设备造成电磁干扰,还可能危及附近操作人员的安全。同时,开关电源内部的控制电路也必须能承受主电路及工业应用现场电磁噪声的干扰。由于上述特殊性和测量上的具体困难,专门针对开关电源电磁兼容的研究工作,目前还处于起始阶段。显然,在电磁兼容领域,存在着许多交叉科学的前沿课题有待人们研究。

例如,典型电路与系统的近场、传导干扰和辐射干扰建模;印制电路板和开关电源 EMC 优化设计软件;低中频、超音频及高频强磁场对人体健康影响;大功率开关电源 EMC 测量方法的研究等。

(6)开关电源的设计、测试技术

建模、仿真和 CAD 是一种新的、方便且节省的设计工具,为仿真开关电源,首先要进行仿真建模。仿真建模中应包括电力电子器件、变换器电路、数字和模拟控制电路,以及磁元件和磁场分布模型,电路分布参数模型等,还要考虑开关管的热模型、可靠性模型和 EMC 模型。各种模型差别很大,因此建模的发展方向应当是:数字-模拟混合建模;混合层次建模;以及将各种模型组成一个统一的多层次模型(类似一个电路模型,有方块图等);自动生成模型,使仿真软件具有自动建模功能,以节约用户时间。在此基础上,可建立模型库。

开关电源的 CAD,包括主电路和控制电路设计、器件选择、参数优化、磁设计、热设计、EMI 设计和印制电路板设计、可靠性估计、计算机辅助综合和优化设计等。用基于仿真的专家系统进行开关电源的 CAD,可使所设计的系统性能最优,减少设计制造费用,并能进行可制造性分析;是 21 世纪仿真和 CAD 技术的发展方向之一。现在国外已开发出设计 DC-DC 开关变换器的专家系统和仿真用 MATSPICE 软件。

此外,开关电源的热测试、EMI 测试、可靠性测试等技术的开发、研究与应用也应大力发展。

(7)低电压、大电流的开关电源

数据处理系统的速度和效率日益提高,新一代微处理器的逻辑电压为 1.1~1.8V,而电流达 50~100A,其供电电源——低电压、大电流输出DC-DC变换器模块,又称为电压调整器模块(VRM)。新一代微处理器对 VRM 的要求是输出电流大、电流变化率高、响应快等。

① 为降低 IC 的电场强度和功耗,必须降低微处理器供电电压,因此 VRM 的输出电压要从传统的 3V 左右降低到小于 2V,甚至 1V。

② 运行时,电源输出电流>100A,由于寄生 L、C 参数,电压扰动大,应尽量减小 L。

③ 微处理器起停频繁,不断从休眠状态启动、工作,再进入休眠状态。因此要求 VRM 电流从 0 突变到 50A,又突降到 0,电流变化率达 5A/ns。

④ 设计时应控制扰动电压≤10%,允许输出电压变化±2%。

4. 大电容技术

超级电容器是电容器方面近年来最新技术进展,它分为有机系和水系 2 个系列。有机系的耐压系列为 2.5~3V,水系为 1.6V。其单元容量一般为 10F,最大到 2700F。超级电容器可串联组成超高压组件,或并联组成低压高能量存储组件。超级电容器有可能广泛地应用在生产、军工、民用、娱乐等许多部门,引起了电力电子变换工程人员的兴趣。它具有储能大充电快、充电电流可大可小、工作温度范围宽、容量随工作温度上升会略有增加、无毒性、寿命长等优点,有极强使用价值。

超级电容器能短时间内提供高峰值电流,输出电流几乎没有延迟地提供数安培;也可以极短时间内吸收能量,比普通电容器快数百倍吸收外来的能量,可抑制浪涌电压。因此它在 UPS 中,运动控制中已有卓越作用,经开发将在开关电源中扮演一个非常有用的角色。就目前来看,它的等效串联电阻 ESR 相对常规电容器大一些。

例如 10F/2~5V 的 R_{ES} 约为 0.11Ω。因此充放电时电压降不可忽略。对 5000F/2~7V 的超级电容器,在 100A 电流放电时压降 40mV。这在前述低压大电流应用中,仍显高了一些,但也算是目前最好的性能。如果与一般高质量普通电容混合应用时,可提高这方面性能。

第2章 基本的 DC/DC 变换器

基本的变换器,即只含有一个有源开关(如晶体管、IGBT 等)和一个无源开关(即整流二极管),通常只含有一个电源并只承受一个负载的基本电路。

基本的 DC/DC 变换器,包括 Buck 变换器、Boost 变换器、Buck-Boost 变换器和 Cuk 变换器,此外还有 Sepic 变换器和 Zeta 变换器。

2.1 Buck 变换器

Buck 变换器由电压源、串联开关和负载组合而成,也称它为串联开关变换器。Buck 变换器是一种最基本的 DC/DC 变换器,其基本拓扑如图 2-1 所示。

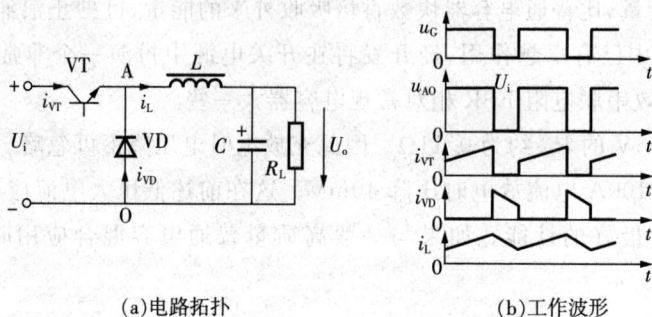

(a)电路拓扑   (b)工作波形

图 2-1 基本的 Buck 变换器电路拓扑

2.1.1 Buck 变换器的工作原理

当控制信号使 VT 导通时,电感 L 中的电流从最小值 I_{Lmin} 增加到最大值 I_{Lmax},当控制信号使 VT 截止时,L 中的电流通过 VD 续流,又从最大值 I_{Lmax} 下降到 I_{Lmin}。假设 VT 具有理想的开关特性,其正向饱和管压降可以忽略,那么,在 VT 导通期间,从图 2-1 可以引出下列方程:

$$u_L = U_i - U_o = L \frac{di_L}{dt} \tag{2-1}$$

由此可得:

$$i_L = \frac{1}{L}\int (U_i - U_o)\,\mathrm{d}t = \frac{U_i - U_o}{L}t + I_{Lmin} \tag{2-2}$$

VT 导通状态终止时，$t = t_{on}$ 时，L 中的电流达到最大值，得

$$I_{Lmax} = \frac{U_i - U_o}{L}t_{on} + I_{Lmin} \tag{2-3}$$

在 VT 截止期间，L 中的电流经续流二极管 VD 向负载释放能量，假若忽略 VD 的正向压降，则可得出下列方程：

$$U_o = -L\frac{\mathrm{d}i_L}{\mathrm{d}t} \tag{2-4}$$

由此可得：

$$i_L = -\frac{1}{L}\int U_o\,\mathrm{d}t = -\frac{U_o}{L}t + I_{Lmax} \tag{2-5}$$

VT 截止状态终止时，即 $t = t_{off}$ 时，L 中的电流下降到最小值，得

$$I_{Lmin} = -\frac{U_o}{L}t_{off} + I_{Lmax} \tag{2-6}$$

由式（2-3）和式（2-6），可得：

$$U_o = U_i\frac{t_{on}}{t_{on} + t_{off}} = U_i\frac{t_{on}}{T} = DU_i \tag{2-7}$$

式中　t_{on}——开关导通时间；

　　　t_{off}——开关截止时间；

　　　T——开关管工作周期；

　　　f——开关管工作频率，$f = 1/T$；

　　　D——占空比，$D = t_{on}/T$。

通常取 $M = U_o/U_i = D$，称 M 为变换比，也就是变换器的直流电压传递函数，它是表明变换器输入输出电压之间关系的基本参量。

流过负载中的电流 I_o 等于流过电感 L 的电流平均值，即

$$I_o = \frac{I_{Lmax} + I_{Lmin}}{2} \tag{2-8}$$

流过开关调整管的电流平均值为：

$$I_{AV} = \frac{t_{on}}{T}I_o = DI_o \tag{2-9}$$

流过开关管的最大电流应等于流过 L 的电流最大值，则

$$I_{VTmax} = I_o + \frac{U_o}{2L}t_{off} = I_o + \frac{U_o}{2Lf}(1-D) = I_o + \frac{U_o(U_i - U_o)}{2LfU_i} \tag{2-10}$$

流过电容器 C 中的电流为：

$$i_{\mathrm{C}} = i_{\mathrm{L}} - I_{\mathrm{o}} = \begin{cases} I_{\mathrm{Lmin}} + \dfrac{U_{\mathrm{i}} - U_{\mathrm{o}}}{L} t - I_{\mathrm{o}} & (0 \leqslant t < t_{\mathrm{on}}) \\[2mm] I_{\mathrm{Lmax}} - \dfrac{U_{\mathrm{o}}}{L}(t - t_{\mathrm{on}}) - I_{\mathrm{o}} & (t_{\mathrm{on}} \leqslant t < t_{\mathrm{on}} + t_{\mathrm{off}}) \end{cases} \quad (2-11)$$

则输出电压的纹波值为：

$$\Delta U_{\mathrm{o}} = \frac{1}{C} \int_{\frac{t_{\mathrm{on}}}{2}}^{t_{\mathrm{on}} + \frac{t_{\mathrm{off}}}{2}} i_{\mathrm{C}} \, \mathrm{d}t$$

$$= \frac{1}{C} \left[\int_{\frac{t_{\mathrm{on}}}{2}}^{t_{\mathrm{on}}} \left(I_{\mathrm{Lmin}} + \frac{U_{\mathrm{i}} - U_{\mathrm{o}}}{L} t - I_{\mathrm{o}} \right) \mathrm{d}t + \int_{t_{\mathrm{on}}}^{t_{\mathrm{on}} + \frac{t_{\mathrm{off}}}{2}} \left(I_{\mathrm{Lmax}} - \frac{U_{\mathrm{o}}}{L}(t - t_{\mathrm{on}}) - I_{\mathrm{o}} \right) \mathrm{d}t \right]$$

$$= \frac{U_{\mathrm{o}} T t_{\mathrm{off}}}{8LC} = \frac{U_{\mathrm{o}} T^2}{8LC} \left(1 - \frac{U_{\mathrm{o}}}{U_{\mathrm{i}}} \right) \quad (2-12)$$

2.1.2 Buck 变换器的设计

（1）晶体管的选择

晶体管导通时，开关稳压器的负载电流以及滤波电容器的充电电流都通过晶体管供给。因此，晶体管的集电极额定电流必须大于稳压器输出的负载电流。最大集电极电流可以根据式（2-10）计算，额定电流一般选择为实际电流的 1.5～2 倍。

当晶体管截止时，续流二极管导通，稳压电源的全部输入电压都加在晶体管集—射极的两端。因此，晶体管的耐压值 V_{ceo} 必须大于稳压电源的输入电压 U_{i}，考虑到开关瞬间滤波电感所产生的浪涌电压，晶体管的集-射极电压一般应大于或等于输入电压的 2～3 倍。

（2）续流二极管的选择

当晶体管截止时，续流二极管导通，滤波电感 L 内储存的磁场能量通过续流二极管传输到负载。由此可知，续流二极管的正向额定电流必须等于晶体管的最大集电极电流，即大于负载电流。当晶体管饱和时，集-射极电压可以忽略不计，这时，全部输入电压将加在续流二极管的两端。因此，续流二极管的耐压值必须大于输入电压 U_{i}。考虑安全裕量，一般应大于或等于实际耐压的 2～3 倍。

（3）滤波电感的计算

在开关稳压器的主回路中，开关调整管导通时，根据式（2-3）可得：

$$U_{\mathrm{i}} - U_{\mathrm{o}} = L \frac{\Delta I_{\mathrm{L}}}{t_{\mathrm{on}}} \quad (2-13)$$

其中，$\Delta I_{\mathrm{L}} = I_{\mathrm{Lmax}} - I_{\mathrm{Lmin}}$。

由此可以得出：

$$L = \frac{t_{\mathrm{on}}}{\Delta I_{\mathrm{L}}}(U_{\mathrm{i}} - U_{\mathrm{o}}) \quad (2-14)$$

其中，ΔI_L 为滤波电感 L 中电流 I_L 的变化量即负载电流 I_o 的变化量，为使在最小负载电流下仍保持电感电流连续。

取最大电流纹波为：

$$\Delta I_L = 2I_{omin} \qquad (2-15)$$

其中，I_{omin} 为稳压电源输出电流的最小值。

由式(2-14)和式(2-15)，可得滤波电感的最小值为：

$$L = \frac{U_i - U_o}{2I_{omin}} t_{on} \qquad (2-16)$$

根据式(2-7)可得：

$$t_{on} = \frac{TU_o}{U_i} = \frac{U_o}{fU_i} \qquad (2-17)$$

将式(2-17)代入式(2-16)，可以获得电流连续时，计算最小滤波电感 L 为：

$$L = \frac{U_o}{2fI_{omin}} \left(1 - \frac{U_o}{U_i}\right) \qquad (2-18)$$

(4)滤波电容 C 的计算

从式(2-12)可以看出，根据所需的输出电压交流分量 ΔU_o 和其他给定的设计数据，滤波电容器 C 的容量可以由下式求出：

$$C = \frac{U_o T^2}{8L\Delta U_o}\left(1 - \frac{U_o}{U_i}\right) = \frac{U_o}{8Lf^2\Delta U_o}\left(1 - \frac{U_o}{U_i}\right) = \frac{I_{omin}}{4f\Delta U_o} \qquad (2-19)$$

图 2-1(b)中所示的电感电流波形为连续导电型(CCM)工作时的波形，当变换器负载电流 I_o 减小时，导通时间 t_{on} 降低，电感电流在 t_{off} 期间内会降低到零，从而形成电流不连续，称为不连续导电型(DCM)。图 2-2 表示连续导电型和不连续导电型下的滤波电感中的电流波形。

连续导电型和不连续导电型的临界电流是：

$$I_o = \frac{U_o(U_i - U_o)}{2U_i fL} \qquad (2-20)$$

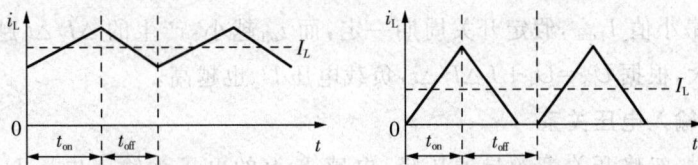

(a)连续的电感电流　　　　　　　　(b)不连续的电感电流

图 2-2　连续导电型和不连续导电型下的电感电流波形

2.2 Boost 变换器

Boost 变换器由电压源、串联电感、并联开关和负载组合而成,称为并联开关变换器。也是一种最基本的 DC/DC 变换器,其基本拓扑如图 2-3 所示。

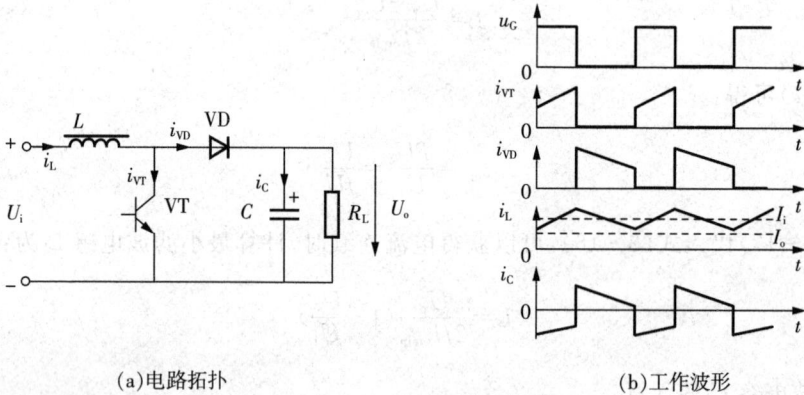

(a)电路拓扑   (b)工作波形

图 2-3　基本的 Boost 变换器电路拓扑及工作波形

2.2.1　Boost 变换器的工作原理

当 VT 导通时,输入电源 U_i 加在电感 L 两端,给电感 L 充电,由于 VT 导通期间正向饱和管压降很小,故这时二极管 VD 反偏,滤波电容 C 给负载提供能量。当 VT 截止时,电感 L 中电流开始下降,从而产生极性为左负右正的感应电势以阻碍电流下降,二极管 VD 导通,电感两端的感应电势 $e_L (=L di/dt)$ 与输入电源 U_i 叠加,经二极管 VD 给电容 C 充电,并供给负载,电路各点工作波形如图 2-3(b)所示。

在 VT 导通的 t_{on} 期间,电感 L 中的电流按 U_i/L 的斜率从最小值 I_{Lmin} 增加到最大值 I_{Lmax},电感 L 储存能量,t_{on} 越大,L 中峰值电流 I_{Lmax} 越大,电感 L 储存的能量越多;在 VT 截止的 t_{off} 期间,电感 L 中的电流按 $(U_o - U_i)/L$ 的斜率,从最大值 I_{Lmax} 减小到最小值 I_{Lmin},电感 L 释放能量,一方面补充在 t_{on} 期间电容 C 上损失的能量,另一方面给负载提供能量。稳态时,L 在 t_{on} 期间储存的能量等于 L 在 t_{off} 期间释放的能量。t_{off} 期间,电感 L 中的电流从最大值 I_{Lmax} 减小到最小值 I_{Lmin},假定开关周期一定,而 t_{off} 越小,产生的 $\Delta I/\Delta t$ 越大,电感两端的感应电势也越大,根据 $U_o = U_i + L\Delta I/\Delta t$,负载电压 U_o 也越高。

2.2.2　输出输入电压关系

当 VT 导通时,忽略开关管的导通压降,电感 L 上的电压为输入电压 U_i,并且电流按 $\Delta I/\Delta t = U_i/L$ 的速率线性上升,在 t_{on} 期间 VT 导通,L 中的电流增量为 $\Delta I(+) = (U_i/L)t_{on}$。当 VT 截止时,假定 Boost 变换器的输出电压为 U_o,则 L 上的反向电压为 $U_o - U_i$,L 中的电

流以 $\Delta I/\Delta t=(U_o-U_i)/L$ 的速率线性下降,在 t_{off} 期间 VT 关断,L 中的电流减量应该为 $\Delta I(-)=(U_o-U_i)t_{off}/L$,而在稳态,$t_{on}$ 期间 L 中电流的增量应等于 t_{off} 期间电流的减量,即 $\Delta I(+)=\Delta I(-)$,故有

$$U_o=U_i\frac{t_{on}+t_{off}}{t_{off}}=U_i\frac{T}{t_{off}}=U_i\frac{T}{T-t_{on}}=U_i\frac{1}{1-D} \tag{2-21}$$

其中,$D=t_{on}/T$,通常取 $M=U_o/U_i=1/(1-D)$。

由式(2-22)可知,当改变占空比 D 时,就能获得所需的上升的电压值。由于占空比 D 总是小于 1,则 U_o 总是大于 U_i。

2.2.3 Boost 开关变换器的设计

Boost 开关变换器的设计主要是确定关键元件,即输出滤波电容 C、储能电感 L、开关管 VT 以及二极管 VD。由于电感 L 中流过直流电流,它必须设计在最大的负载电流下不饱和。

(1)输出滤波电容的选择

稳压电源达到稳态后,输出电压稳在所需的恒定值 U_o,只要适当选择电容 C,输出纹波可做得足够小,当要求纹波为 ΔU_o,直流输出电流为 I_o 时,由于在管子导通期间全部负载都由 C 供电,因此选择 C 取决于下式:

$$C=\frac{I_o t_{on}}{\Delta U_o} \tag{2-22}$$

由式(2-21),求出:

$$t_{on}=\frac{U_o-U_i}{U_o}T \tag{2-23}$$

将式(2-23)代入式(2-22),得

$$C=I_o\frac{U_o-U_i}{U_o\Delta U_o}T=\frac{I_o(U_o-U_i)}{fU_o\Delta U_o} \tag{2-24}$$

(2)储能电感 L 的选择

电感电流包括直流平均值 I_i 及纹波分量 ΔI_L 两部分。假定忽略其电路的内部损耗,则 $U_iI_i=U_oI_o$,其中 I_i 是从电源 U_i 取出的平均电流,也是流入电感的平均电流 I_L,故有

$$I_i=\frac{I_oU_o}{U_i} \tag{2-25}$$

选择 ΔI_L 值,应使电感的峰值电流 $I_i+\Delta I_L/2$ 不大于最大平均直流电流的 20%,这样可以防止电感饱和,也减小了 VT 中的峰值电流、电压和损耗。在图 2-3 中,电感电流在纹波三角底部的值应大于或等于零。

选择

$$\Delta I_L=\frac{U_i t_{on}}{L}=0.4I_i$$

则电感 L 为:

$$L = \frac{U_i t_{on}}{0.4 I_i} \tag{2-26}$$

将式(2-23)、式(2-25)代入式(2-26),得

$$L = \frac{U_i t_{on}}{0.4 I_i} = \frac{U_i (U_o - U_i) T}{0.4 \dfrac{U_o I_o}{U_i} U_o} = \frac{U_i^2 (U_o - U_i)}{0.4 f U_o^2 I_o} \tag{2-27}$$

(3)晶体管的选择

晶体管 VT 上承受的最大电压是 U_o,选择管子的集电极电压额定值应留有一定的裕量,通常取晶体管额定电压为实际工作电压 U_o 的 2~3 倍。

晶体管 VT 在 t_{on} 期间流过电流就是该期间内电感流过的电流,也就是输入电流 I_i,假定电路内部没有损耗,$I_i = I_o (U_o / U_i)$,流过 VT 的电流峰值为 $I_i + \Delta I_i / 2$,据此来选择晶体管的集电极电流。

(4)二极管 VD 的选择

在晶体管 VT 导通期间,二极管 VD 截止,这时 VD 上承受的电压为 U_o,选择二极管的额定电压应留有一定的裕量,通常取二极管额定电压为实际工作电压的 2~3 倍。

在晶体管 VT 截止期间,二极管 VD 导通,VD 中流过的电流为输出电流 I_o 与电容 C 充电电流之和,也就是 t_{off} 期间电感 L 中流过的电流,即输入电流 $I_i = I_o (U_o / U_i)$,流过 VD 的电流峰值为 $I_i + \Delta I_i / 2$,据此来选择二极管的额定电流。

2.3 Buck-Boost 变换器

将 Buck 变换器与 Boost 变换器二者的拓扑组合在一起,除去 Buck 中的无源开关 VD 和 Boost 中的有源开关 VT,便构成了一种新的变换器拓扑,称为 Buck-Boost 型变换器,如图 2-4 所示。中间含有一级电感储能的电流转换器,又称为电感储能型变换器。

2.3.1 Buck-Boost 变换器的工作原理

串联开关变换器(Buck 型)是降压型变换器,并联开关变换器(Boost 型)是升压型变换器,而且它们输出电压的极性是与输入电压的极性相同的。图 2-4(a)所示的电感储能型变换器(Buck-Boost 型),既能够工作在 Buck 型 ($U_o < U_i$),又能工作在 Boost 型 ($U_o > U_i$),在给定的输出电压下,容许输入电压在较宽的范围内变化均能工作,这就减小了对输入滤波电容的要求,此外它的输出电压与输入电压的极性是相反的,输入为正压时,输出为负压。

在 Buck 或 Boost 变换器中存在一个能量直接从电源流入负载的期间,而在 Buck-Boost 变换器中,能量首先储存在电感中,然后再由电感向负载释放能量。

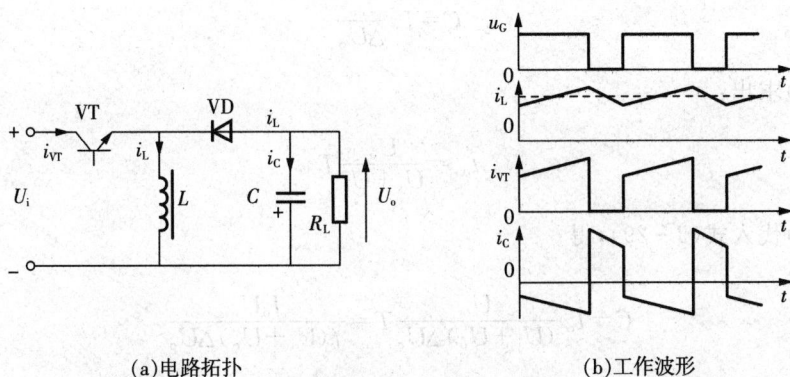

(a)电路拓扑　　　　　　　　(b)工作波形

图 2-4　Buck-Boost 变换器电路拓扑与工作波形

在 t_{on} 期间,晶体管 VT 导通,能量从输入电源 U_i 流入,并储存在电感 L 中,L 上的电压极性上正下负,近似为 U_i,此时二极管 VD 反偏,由滤波电容 C 提供负载电流。在 t_{off} 期间,VT 截止,由于电感中电流不能突变,L 上呈现感应电势极性为下正上负。当电感 L 上电压超过输出电压 U_o 时,二极管 VD 导通,电感 L 上储存的能量经 $R_L(C)$、VD 向负载释放,同时补充了电容 C 在 t_{on} 期间损失的能量。

2.3.2　输出输入电压关系

在晶体管 VT 导通期间,电感 L 上的电压为 U_i,由于 $u_L = L di/dt$,所以 $di/dt = u_L/L$,L 中的电流以 U_i/L 的速率线性上升。在 t_{on} 期间内,L 的电流增量为 $\Delta I(+) = (U_i/L)t_{on}$。在 VT 截止期间,$L$ 上的电压为 U_o,L 中的电流以 U_o/L 的速率线性下降,在 t_{off} 期间内,L 的电流减量为 $\Delta I(-) = (U_o/L)t_{off}$。在稳态下,每周期在 t_{on} 期间 L 中的电流增量应等于在 t_{off} 期间的电流减量,即 $\Delta I(+) = \Delta I(-)$。则

$$\frac{U_i}{L}t_{on} = \frac{U_o}{L}t_{off}$$

$$U_o = U_i \frac{t_{on}}{t_{off}} = U_i \frac{D}{1-D} \tag{2-28}$$

其中 $D = t_{on}/T$,通常取 $M = U_o/U_i = D/(1-D)$。

由式(2-28)可知,改变占空比 D,就能获得所需的输出电压。当 $D = 0.5$ 时,$U_o = U_i$;当 $D > 0.5$ 时,$U_o > U_i$,为升压型;当 $D < 0.5$ 时,$U_o < U_i$,为降压型。

2.3.3　Buck-Boost 开关变换器的设计

Buck-Boost 开关变换器的设计主要是确定关键元件,即输出滤波电容 C、储能电感 L、晶体管 VT 以及二极管 VD。由于电感 L 中流过直流电流,它必须设计在最大的负载电流下不饱和。

(1)输出滤波电容的选择

假如输出滤波电容 C 必须在 VT 开启的期间供给全部负载电流,设在 t_{on} 期间,C 上的电压降 $\leq \Delta U_o$,ΔU_o 为要求的纹波电压,则

$$C=I_\text{o}\frac{t_\text{on}}{\Delta U_\text{o}} \tag{2-29}$$

由式(2-28)求出：

$$t_\text{on}=\frac{U_\text{o}}{U_\text{i}+U_\text{o}}T \tag{2-30}$$

将式(2-30)代入式(2-29)，得

$$C=I_\text{o}\frac{U_\text{o}}{(U_\text{i}+U_\text{o})\Delta U_\text{o}}T=\frac{I_\text{o}U_\text{o}}{f(U_\text{i}+U_\text{o})\Delta U_\text{o}} \tag{2-31}$$

（2）储能电感 L 的选择

电感电流包括直流平均值 I_L 及纹波分量 ΔI_L 两部分。假定忽略其电路的内部损耗，则 $U_\text{i}I_\text{i}=U_\text{o}I_\text{o}$，其中 I_i 是从电源 U_i 取出的平均电流，故有

$$I_\text{i}=\frac{I_\text{o}U_\text{o}}{U_\text{i}} \tag{2-32}$$

t_on 期间，流过 VT 中的电流 i_VT 就是流过 L 中的电流 i_L 上的电流，t_off 期间，$i_\text{VT}=0$，L 中的电流经 VD 续流，则

$$I_\text{VT}=I_\text{i}=D\frac{I_\text{Lmax}+I_\text{Lmin}}{2} \tag{2-33}$$

$$I_\text{L}=\frac{I_\text{Lmax}+I_\text{Lmin}}{2} \tag{2-34}$$

$$I_\text{L}=\frac{I_\text{VT}}{D}=\frac{I_\text{i}(U_\text{i}+U_\text{o})}{U_\text{o}}=\frac{I_\text{o}(U_\text{i}+U_\text{o})}{U_\text{i}} \tag{2-35}$$

选择 ΔI_L 值，应使电感的峰值电流 $I_\text{L}+\Delta I_\text{L}/2$ 不大于最大平均直流电流的 20%，这样可以防止电感饱和，也减小了 VT 中的峰值电流、电压和损耗。

选择

$$\Delta I_\text{L}=0.4I_\text{L}$$

t_on 期间，电感两端的电压为 U_i，则电感 L 为：

$$L=\frac{U_\text{i}t_\text{on}}{0.4I_\text{L}} \tag{2-36}$$

将式(2-30)代入式(2-36)，得

$$L=\frac{U_\text{i}t_\text{on}}{0.4I_\text{L}}=\frac{U_\text{i}U_\text{o}T}{0.4\frac{(U_\text{i}+U_\text{o})I_\text{o}}{U_\text{i}}(U_\text{i}+U_\text{o})}=\frac{U_\text{i}^2U_\text{o}}{0.4f(U_\text{i}+U_\text{o})^2I_\text{o}} \tag{2-37}$$

（3）晶体管的选择

晶体管 VT 截止期间，电感 L 经 VD 续流给负载提供能量，其上的感应电压极性为下正上负，大小为 U_o。这时晶体管 VT 上承受的是最大电压 $U_i + U_o$，考虑输入电压 $\pm 10\%$ 的波动，实际上，VT 承受的最高电压为 $1.1U_i + U_o$。选择管子的集电极电压额定值应留有一定的裕量，通常取晶体管额定电压为实际工作电压的 $2 \sim 3$ 倍。

晶体管 VT 在导通期间流过电流就是该期间内电感流过的电流，流过 VT 的电流峰值为 $I_L + \Delta I_L/2$，据此来选择晶体管的集电极电流。

（4）二极管 VD 的选择

在晶体管 VT 导通期间，二极管 VD 截止，这时 VD 上承受的电压为 $U_i + U_o$，选择二极管的额定电压应留有一定的裕量，通常取二极管额定电压为实际工作电压的 $2 \sim 3$ 倍。

在晶体管 VT 截止期间，二极管 VD 导通，VD 中流过的电流为 t_{off} 期间电感 L 中流过的电流，流过 VD 的电流峰值为 $I_L + \Delta I_L/2$，据此来选择二极管的额定电流。

2.4 Cuk 变换器

将 Buck-Boost 变换器进行对偶变换，得出 Cuk 变换器，Buck-Boost 变换器是由电压源、电流转换器、电压负载组成的一种拓扑，而这种 Cuk 变换器是由电流源、电压转换器、电流负载组成的，中间段含有一级电容储能的电压转换器，如图 2-5 所示。

Cuk 型变换器的基本电路形式如图 2-5(a)所示，其中，L_1、L_2 为储能电感；VT 为开关管；VD 为续流二极管；C_1 为传递能量的耦合电容；C_2 为滤波电容。

它的主要特性是输入、输出电流都是连续的，它们是在一个直流成分上叠加了一个很小的开关纹波组成的，波形如图 2-5(b)所示。

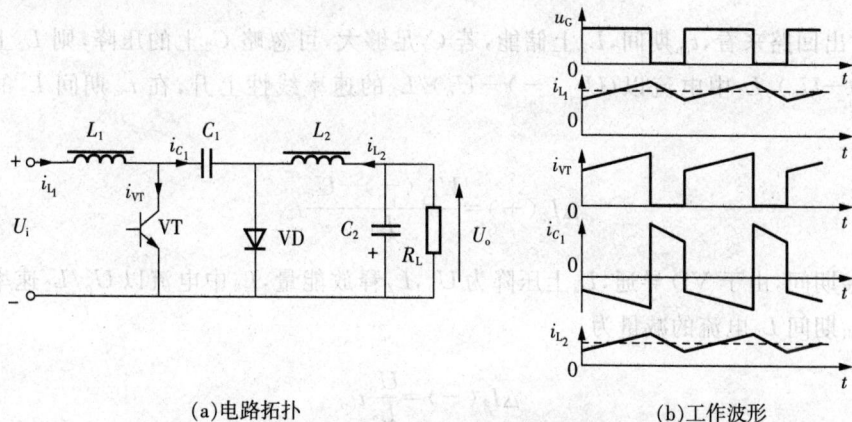

(a)电路拓扑　　　　　　　　(b)工作波形

图 2-5　Cuk 型 DC/DC 变换器电路拓扑与工作波形

2.4.1 Cuk 变换器工作原理

在 t_{on} 期间,VT 导通,L_1 储能,C_1 经 VT、C_2、R_L、L_2 向 R_L 释放能量,并向 L_2、C_2 储能。在 t_{off} 期间,VT 关断,L_1 上感应电势,使得 VT 从导通时饱和管压瞬间上升到较高的电平,这时 VD 正偏导通,L_1 经 C_1、VD 向电容 C_1 充电储能,同时 L_2 向负载释放能量,这样电路无论在 t_{on} 或 t_{off} 期间,都从输入向输出传递能量,只要电感 L_1、L_2 及耦合电容 C_1 足够大,输入输出电流基本上是平滑的。在 t_{off} 期间电容 C_1 充电,在 t_{on} 期间 C_1 向负载放电,可见 C_1 起着传递能量的作用,亦称为电压转换器。

2.4.2 输入输出电压关系

从输入电路来看,在导通期间,若忽略 VT 正向饱和压降,则 L_1 上电压为 U_i,L_1 储能,由于:

$$u_L = L_1 \frac{di}{dt} \qquad \text{或} \qquad \frac{di}{dt} = \frac{u_L}{L_1}$$

故 L_1 中的电流以 U_i/L_1 的速率线性上升,在 t_{on} 期间 L_1 的电流增量为:

$$\Delta I_1(+) = \frac{U_i}{L_1} t_{on} \qquad (2-38)$$

而在 VT 关断期间,电感 L_1 释放能量,L_1 上压降为 $U_i - U_{C_1}(+)$,因此,L_1 中电流以 $(U_i - U_{C_1}(+))/L_1$ 速率线性下降,在 t_{off} 期间 L_1 中的电流减量为:

$$\Delta I_1(-) = \frac{U_i - U_{C_1}(+)}{L_1} t_{off} \qquad (2-39)$$

在稳态下,$\Delta I(+) = \Delta I(-)$,由式(2-38)、式(2-39)得:

$$\frac{U_i}{L_1} t_{on} = \frac{U_i - U_{C_1}(+)}{L_1} t_{off}$$

$$U_{C_1}(+) = U_i \frac{t_{off} - t_{on}}{t_{off}} = U_i \frac{1}{1-D} \qquad (2-40)$$

从输出回路来看,t_{on} 期间,L_2 上储能,若 C_2 足够大,可忽略 C_2 上的压降,则 L_2 上电压为 $(U_{C_1}(-) - U_o)$,L_2 中电流以 $(U_{C_1}(-) - U_o)/L_2$ 的速率线性上升,在 t_{on} 期间 L_2 的电流增量为:

$$\Delta I_2(+) = \frac{U_{C_1}(-) - U_o}{L_2} t_{on} \qquad (2-41)$$

在 t_{off} 期间,由于 VD 导通,L_2 上压降为 U_o,L_2 释放能量,L_2 中电流以 U_o/L_2 速率线性下降。在 t_{off} 期间 L_2 电流的减量为:

$$\Delta I_2(-) = \frac{U_o}{L_2} t_{off} \qquad (2-42)$$

在稳态下,$\Delta I_2(+) = \Delta I_2(-)$,由式(2-41)、式(2-42)得:

$$\frac{U_{C_1}(-)-U_o}{L_2}t_{on}=\frac{U_o}{L_2}t_{off}$$

$$U_{C_1}(-)=\frac{t_{on}+t_{off}}{t_{on}}U_o=\frac{1}{D}U_o \qquad (2-43)$$

系统稳态时,一个周期内 C_1 上的电压增量 $U_{C_1}(+)$ 等于电压减量 $U_{C_1}(-)$,由式(2-40)、式(2-43)得:

$$\frac{1}{1-D}U_i=\frac{1}{D}U_o$$

$$U_o=U_i\frac{D}{1-D} \qquad (2-44)$$

通常取 $M=U_o/U_i=D/(1-D)$,常称 M 为变换比,也就是变换器的直流电压传递函数,它是表明变换器输入输出电压之间关系的基本参量。

Cuk 型变换器能提供一个反极性不隔离的输出电压,输出电压可高于或低于输入电压,而且其输入、输出电流都是连续的。这些特点使 Cuk 型变换器有着广阔的前景,它是近年来脱颖而出的一种新型变换器。

2.4.3 Cuk 变换器的设计

Cuk 变换器的设计需要确定主要关键元件,即输出滤波电容 C_2、输入储能电感 L_1、输出电感 L_2、耦合电容 C_1、开关管 VT 以及二极管 VD。由于电感 L 中流过直流电流,它必须设计在最大的负载电流下不饱和。

(1)输出滤波电容 C_2 的选择

稳态时,流过输出滤波电容 C_2 中的电流为 i_{L_2} 减去负载电流 I_o,如图 2-6 所示,$t_1 \sim t_2$ 期间,i_{C_2} 为正,C_2 两端电压上升,$t_2 \sim t_3$ 期间,i_{C_2} 为负,C_2 两端电压下降。

假设 L_2 中电流纹波为 ΔI_{L_2},要求 C_2 上的电压纹波为 ΔU_o,则

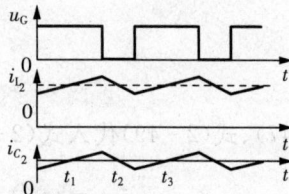

图 2-6 输出滤波电容器中的电流波形

$$\Delta U_o=\frac{1}{C_2}\int_{t_1}^{t_2}i_{C_2}\mathrm{d}t=\frac{1}{C_2}\times\frac{1}{2}\times\frac{T}{2}\times\frac{\Delta I_{L_2}}{2}=\frac{T\Delta I_{L_2}}{8C_2} \qquad (2-45)$$

假设 $\Delta I_{L_2}=0.4I_{L_2}=0.4I_o$,则

$$C_2=\frac{T\Delta I_{L_2}}{8\Delta U_o}=\frac{I_o}{20f\Delta U_o} \qquad (2-46)$$

(2)输入储能电感 L_1 的选择

输入储能电感 L_1 电流包括直流平均值 I_i 及纹波分量 ΔI_{L_1} 两部分。假定忽略电路的内部损耗,则 $U_iI_i=U_oI_o$,其中 I_i 是从电源 U_i 取出的平均电流,也是流入电感的平均电流 I_L,则

$$I_i = \frac{I_o U_o}{U_i} \qquad (2-47)$$

选择 ΔI 值,应使电感的峰值电流 $I_i + \Delta I_{L_1}/2$ 不大于最大平均直流电流的 20%,这样可以防止电感饱和,也减小了 VT 中的峰值电流、电压和损耗。

选择

$$\Delta I_{L_1} = 0.4 I_i$$

t_{on} 期间,电感两端的电压为 U_i,则电感 L_1 为:

$$L_1 = \frac{U_i t_{on}}{\Delta I_{L_1}} = \frac{U_i t_{on}}{0.4 I_i} \qquad (2-48)$$

由式(2-44)求得:

$$t_{on} = \frac{U_o}{U_i + U_o} T \qquad (2-49)$$

将式(2-47)、式(2-49)代入式(2-48),得

$$L_1 = \frac{U_i t_{on}}{0.4 I_i} = \frac{U_i U_o T}{0.4 \frac{U_o I_o}{U_i}(U_i + U_o)} = \frac{U_i^2}{0.4 f(U_i + U_o) I_o} \qquad (2-50)$$

已知输出电压 U_o、输出电流 I_o、输入电压 U_i 和开关频率 f,就可求出电感值。

(3)耦合电容 C_1 的选择

稳态时,t_{off} 期间流过耦合电容 C_1 中的电流为输入 I_i,若要求电容两端电压纹波为 ΔU_1,则

$$C_1 = I_i \frac{t_{off}}{\Delta U_1} = I_i \frac{T - t_{on}}{\Delta U_1} \qquad (2-51)$$

将式(2-47)、式(2-49)代入式(2-51),得

$$C_1 = I_i \frac{T - t_{on}}{\Delta U_1} = \frac{I_o U_o}{U_i} \frac{U_i T}{\Delta U_1 (U_i + U_o)} = \frac{I_o U_o}{(U_i + U_o) f \Delta U_1} \qquad (2-52)$$

(4)输出电感 L_2 的选择

输出电感 L_2 电流包括直流平均值 I_o 及纹波分量 ΔI_{L_2} 两部分。选择 ΔI 值,应使电感的峰值电流 $I_o + \Delta I_{L_2}/2$ 不大于最大平均直流电流的 20%,这样可以防止电感饱和,也减小了 VT 中的峰值电流、电压和损耗。

选择

$$\Delta I_{L_2} = 0.4 I_o$$

t_{off} 期间,电感 L_2 两端电压为 U_o,则电感 L_2 为:

$$L_2 = \frac{U_o t_{off}}{\Delta I_{L_2}} = \frac{U_o t_{off}}{0.4 I_o} = \frac{U_o (T - t_{on})}{0.4 I_o} \qquad (2-53)$$

将式(2-49)代入式(2-53),得

$$L_2 = \frac{U_o(T - t_{on})}{0.4I_o} = \frac{U_o U_i}{0.4 I_o f(U_i + U_o)} \tag{2-54}$$

(5)晶体管的选择

晶体管 VT 截止期间,晶体管 VT 上承受的电压是 U_{C_1},即

$$U_{C_1} = \frac{U_i}{1-D} \tag{2-55}$$

由式(2-44)可得:

$$D = \frac{U_o}{U_i + U_o} \tag{2-56}$$

将式(2-56)代入式(2-55),得

$$U_{C_1} = U_i + U_o \tag{2-57}$$

选择管子的集电极电压额定值应留有一定的裕量,通常取晶体管额定电压为实际工作电压的 2~3 倍。

晶体管 VT 在导通期间流过电流就是该期间内输入储能电感流过的电流 $i_{L_1} + i_{L_2}$,即流过 VT 的电流峰值为$(I_{L_1} + I_{L_2}) + (\Delta I_{L_1} + \Delta I_{L_2})/2$,据此来选择晶体管的集电极电流。

(6)二极管 VD 的选择

在晶体管 VT 导通期间,二极管 VD 截止,这时 VD 上承受的电压亦为 $U_{C_1} = U_i + U_o$,选择二极管的额定电压应留有一定的裕量,通常情况下取二极管额定电压为实际工作电压的 2~3 倍。

在晶体管 VT 截止期间,二极管 VD 导通,VD 中流过的电流为 t_{off} 期间电感 L_1 中流过的电流和电感 L_2 中流过的电流,流过 VD 的电流峰值应为$(I_{L_1} + I_{L_2}) + (\Delta I_{L_1} + \Delta I_{L_2})/2$,据此来选择管的额定电流。

第3章 隔离型 DC/DC 变换器

基本的 DC-DC 变换器输出与输入之间存在直接电联系,其输入电压一般是从电网直接经整流滤波取得,而输出直接给负载供电,若输出电压等级与输入电压等级相差太大,势必造成开关管的占空比太小(Buck 型)或太大(Boost 型),同时形成低压供电负载与电网电压之间的直接电联系。为了解决这一问题,通常有 2 种办法:①先将电网电压经变压器变换成合适的工频交流电压,再进行整流滤波(有时后面再加一级线性调整器)获得所需要的直流电压;②先将电网电压整流滤波得到初级直流电压,其次经过斩波或逆变电路将直流电变换成高频的脉冲或交流电,再经过高频变压器将其变换成合适电压等级的高频交流电,最后将这一交流电进行整流滤波获得负载所需要的直流电压,这就是通常所说的高频开关电源,其中从初级直流电压到负载所需要的直流电压的变换,称为隔离型 DC/DC 变换器。

3.1 隔离型 Buck 变换器——单端正激变换器

3.1.1 隔离型 Buck 变换器——单端正激变换器的构成

基本的 Buck 变换器电路拓扑和工作波形如图 3-1 所示,为分析方便将其电路拓扑再绘成如图 3-1(a)所示形式,$A\sim O$ 点之间的电压波形为方波,如图 3-1(b)所示。若将这一方波电压接到变压器 T 的原边,则副边也将输出相同形状的方波,变压器副边输出接整流滤波电路,就得到了隔离型 Buck 变换器,这种变换器也称为单端正激(Forward)变换器,如图 3-2 所示。

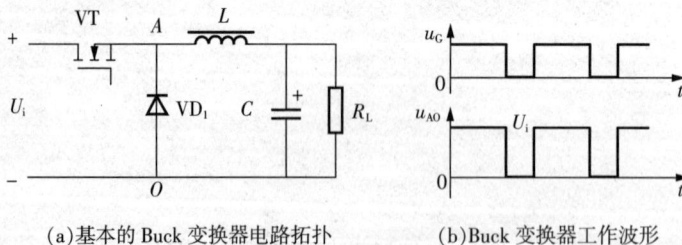

(a)基本的 Buck 变换器电路拓扑   (b)Buck 变换器工作波形

图 3-1 基本的 Buck 变换器及其工作波形

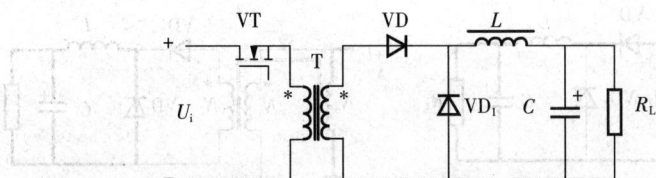

图 3-2 隔离型 Buck 变换器

3.1.2 单端正激变换器的工作原理

由于磁芯的磁滞效应,当具有非零直流平均电压的单向脉冲电压加到变压器初级绕组上,线圈电压或电流回到零时,磁芯中磁通并不回到零,这就是剩磁通。剩磁通的累加可能导致磁芯饱和,因此需要采用磁复位(去磁)技术。具体的磁芯复位技术可以分成 2 种:一种是把铁芯的残存能量自然地转移,在为了复位所加的电子元件上消耗掉,或者把残存能量馈送到输入端或输出端;另一种是通过外加能量的方法强迫铁芯磁复位。具体采用哪种方法,可视功率的大小和所使用的磁芯磁滞特性而定。一般情况下,隔离型 Buck 变换器大多采用残存能量馈送到输入端的方法进行磁复位,对图 3-2 所示电路中的开关管移到变压器原边的下侧,并加上磁复位电路就构成了带磁复位线路的隔离型 Buck 变换器,如图 3-3(a)所示。其中去磁绕组 N_3 和钳位二极管 VD_2 构成磁复位电路,其主要工作波形如图 3-3(b)所示。

当 VT 导通时,经变压器耦合和二极管 VD 向负载传输能量,此时,滤波电感 L 储能,如图 3-4(a)所示;在 VT 截止期间,二极管 VD 截止,电感 L 中产生的感应电势使续流二极管 VD_1 导通,电感 L 中储存的能量通过二极管 VD_1 向负载释放,同时磁芯中的剩磁能量通过 VD_2 和 N_3 向输入电源馈送,如图 3-4(b)所示;当磁芯能量全部释放完毕后,VD_2 截止,如图 3-4(c)所示。

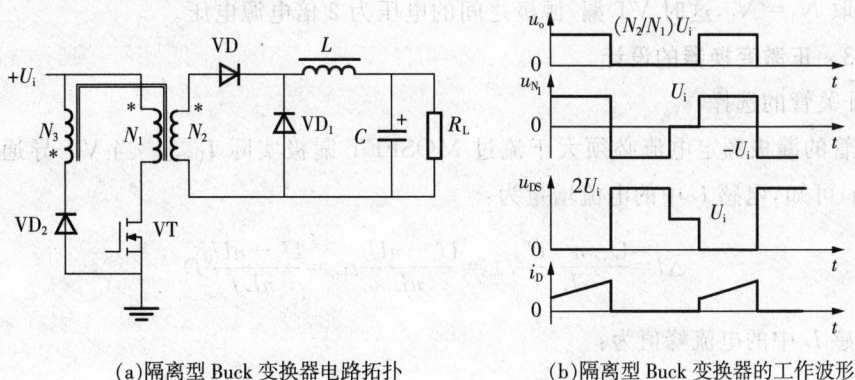

(a)隔离型 Buck 变换器电路拓扑   (b)隔离型 Buck 变换器的工作波形

图 3-3 带有磁复位电路的隔离型 Buck 变换器及其工作波形

由图 3-3(b)可得,输出电压平均值为:

$$U_o = \frac{N_2}{N_1}\frac{t_{on}}{T}U_i = \frac{N_2}{N_1}DU_i \tag{3-1}$$

(a)能量传递阶段　　　　　　　　　　(b)磁复位阶段

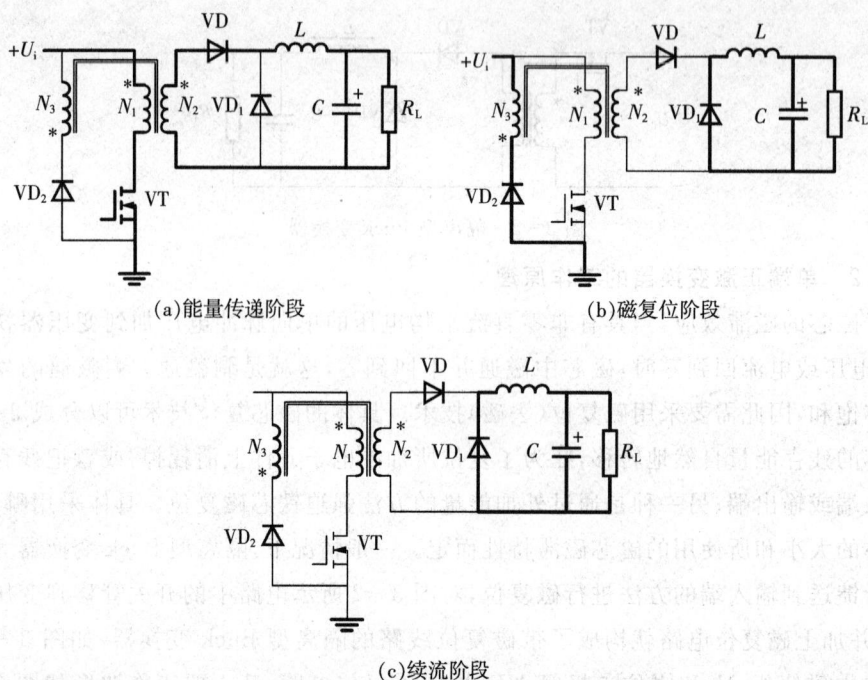

(c)续流阶段

图 3-4　隔离型 Buck 变换器工作过程示意图

即输出电压仅决定于电源电压、变压器的匝比和开关管的占空比,与负载电阻无关。

VD_2 导通时,线圈 N_3 上承受的电压为 U_i,在线圈 N_1 两端感应的电压为 $(N_1/N_3)U_i$,上负下正,这时,开关管漏源(或集射)极之间承受的电压为:

$$U_a = U_i(1 + \frac{N_1}{N_3}) \tag{3-2}$$

通常取 $N_3 = N_1$,这时 VT 漏-源极之间的电压为 2 倍电源电压。

3.1.3　正激变换器的设计

(1)开关管的选择

开关管的漏极额定电流必须大于流过 MOSFET 漏极实际 I_{Dmax}。当 VT 导通期间,由图 3-4(a)可知,电感 L 中的电流增量为:

$$\Delta I = \frac{U_i/n - U_o}{L}t_{on} = \frac{U_i - nU_o}{nL}t_{on} = \frac{U_i - nU_o}{nLf}D \tag{3-3}$$

则流过电感 L 中的电流峰值为:

$$I_{Lmax} = I_o + \frac{U_i - nU_o}{2nLf}D \tag{3-4}$$

由式(3-1)得:

$$D = \frac{U_o}{U_i}\frac{N_1}{N_2} = n\frac{U_o}{U_i} \tag{3-5}$$

则流过电感 L 中的电流峰值为：

$$I_{Lmax} = I_o + \frac{(U_i - nU_o)U_o}{2LfU_i}$$ (3 - 6)

VT 最大漏极电流为：

$$I_{Dmax} = I_o/n + \frac{(U_i - nU_o)U_o}{2nLU_i}$$ (3 - 7)

其中，$n = N_1/N_2$，下同，额定电流一般选择为实际电流的 1.5～2 倍。

若 $N_3 = N_1$，则 VT 管漏-源极之间承受的最大电压 $U_{DSmax} = 2U_i$，则 VT 的耐压值必须大于输入电压的 2 倍，即 $2U_i$。考虑到开关瞬间滤波电感所产生的浪涌电压，VT 的漏-源极之间电压一般应大于或等于实际承受电压的 2～3 倍。

(2)整流二极管、续流二极管的选择

由图 3 - 3 可知，流过整流二极管和续流二极管中的电流峰值均为流过输出滤波电感中的电流峰值，即

$$I_{VDmax} = I_{VD1max} = I_o + \frac{(U_i - nU_o)U_o}{2LfU_i}$$ (3 - 8)

考虑安全裕量，额定电流一般选择为实际电流的 1.5～2 倍。

当 VT 饱和导通时，漏-源极电压和整流二极管正向导通压降忽略不计，这时，在续流二极管的两端所承受的电压为：

$$U_{VD1} = U_i/n$$ (3 - 9)

在 VT 截止瞬间，由于变压器磁芯中能量的释放，整流二极管所承受的电压也为 U_i/n，考虑安全裕量，整流二极管和续流二极管的额定电压值必须大于或等于实际承受电压的 2～3 倍。

正激变换器的输出滤波电感、电容的设计同 Buck 变换器，隔离变压器的设计见第 4 章。

3.2 隔离型 Buck-Boost 变换器——单端反激变换器

3.2.1 隔离型 Buck-Boost 变换器的构成

Buck-Boost 直流变换器如图 3 - 5(a)所示，若将中间的电感改为隔离变压器(具有电感特性)，即可推出隔离型 Buck-Boost 变换器，亦称单端反激式(Flyback)变换器，如图 3 - 5 (b)所示。

将次级绕组重新排列、整理后，即为通常的单端反激式变换器，如图 3 - 5(c)所示。从电路来看，单端反激变换器和正激变换器都是由一只开关管、变压器及二极管、电容构成的，只是次级侧整流二极管的接法不同而已。

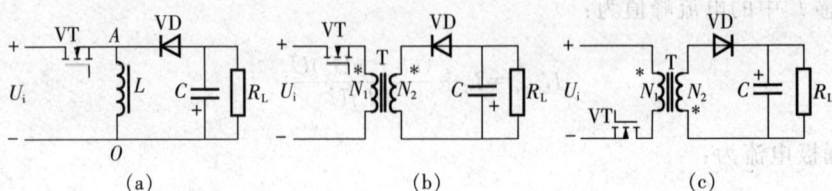

图 3-5 隔离型 buck-boost 变换器的推出

在单端反激式变换器中,整流二极管的接法使得 VT 在导通时,二极管截止,这时电源输入的能量以磁能的形式储存于变压器(电感)中,在晶体管截止期间,二极管导通,变压器(电感)中储存的能量通过另一个绕组传输给负载,因此这种变换器也称为电感储能型变换器。虽然反激式和正激式变换器两者的电路差别只是整流二极管的接法不同,但是其工作原理差别很大。

3.2.2 单端反激变换器的工作原理

由图 3-5(c)可知,当 VT 导通时,输入电压 U_i 便加到变压器 T 的初级绕组 N_1 上,由变压器 T 对应端的极性,次级绕组 N_2 为下正上负,二极管 VD 截止,次级绕组 N_2 中没有电流流过。当 VT 截止时,N_2 绕组电压极性变为上正下负,二极管 VD 导通,此时,VT 导通期间储存在变压器(电感)中的能量通过二极管 VD 向负载释放。

假设绕组 N_1 的电感量为 L_1,绕组 N_2 的电感量为 L_2,则 VT 导通期间流过 N_1 的电流为:

$$i_1 = \frac{U_i}{L_1}t \tag{3-10}$$

若 VT 的导通时间为 t_{on},则导通终了时,i_1 的幅值 I_{1P} 为:

$$I_{1P} = \frac{U_i}{L_1}t_{on} \tag{3-11}$$

VT 截止期间流过 N_2 的电流为:

$$i_2 = I_{2P} - \frac{U_o}{L_2}t \tag{3-12}$$

其中 U_o 为输出电压,I_{2P} 为 VT 截止开始时流过 N_2 的电流幅值,因此

$$I_{2P} = \frac{N_1}{N_2}I_{1P} \tag{3-13}$$

假如 L_1、L_2 为常数,则电流 i_1 和 i_2 将按线性规律上升或下降。

3.2.3 单端反激式开关变换器的 3 种工作状态

在 VT 导通期间储存的磁能究竟在截止期间释放多少,是正好释放完,还是早已释放完,还是没有释放完,这取决于 VT 截止时间 t_{off} 的大小,由此可得出单端反激式变换器的 3 种工作状态。

(1)变压器磁通临界连续状态

当 VT 的截止时间 t_{off} 和绕组 N_2 中电流 i_2 衰减到零所得的时间相等时,即

$$t_{off} = \frac{L_2}{U_o} I_{2P} \tag{3-14}$$

这样,在 VT 截止时间终了时,绕组 N_2 中的电流 i_2 正好下降到零。在下一个周期 VT 重新导通时,N_1 中的电流 i_1 也从零开始,按 $U_i t/L_1$ 的规律线性上升,这时磁化电流处于临界状态。图 3-6 所示为电流 i_1、i_2 及变压器 T 中磁通的波形。

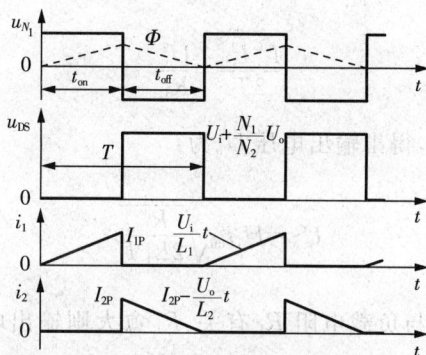

图 3-6 隔离型 Buck-Boost 变换器磁通临界连续时的工作波形

(2)变压器磁通不连续状态

当 VT 截止时间 t_{off} 比绕组 N_2 中电流 i_2 衰减到零所需的时间更长,即 $t_{off} > (L_2/U_o) I_{2P}$ 时,次级电流 i_2 及变压器磁通由在 VT 截止时间 t_{off} 以前便已经衰减到零(忽略剩磁)。在下一个周期 VT 重新导通时,电流 i_1 都从零开始按照 $U_i t/L_1$ 的规律线性上升,磁通 Φ 同样以线性规律上升,波形如图 3-7 所示。

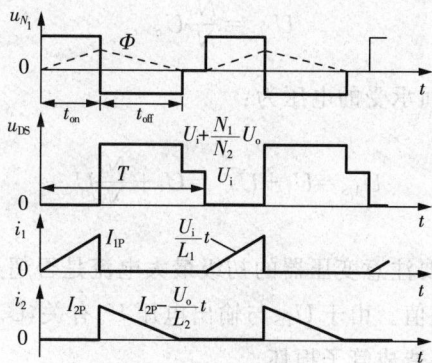

图 3-7 隔离型 Buck-Boost 变换器磁通不连续时的工作波形

由于 VT 导通期间储存在变压器 T 中的能量为:

$$W_L = \frac{1}{2} L_1 I_{1P}^2$$

因此,单位时间内电源供给的能量,即输入功率为:

$$P_i = \frac{W_L}{T} = \frac{1}{2T} L_1 I_{1P}^2 \qquad (3-15)$$

假定电路中没有损耗,全部功率都被负载吸收,则输出功率 P_o 与输入功率 P_i 相等。而

$$P_o = \frac{U_o^2}{R_L} \qquad (3-16)$$

所以

$$\frac{L_1 I_{1P}^2}{2T} = \frac{U_o^2}{R_L} \qquad (3-17)$$

将式(3-11)代入式(3-17),得出输出电压 U_o 为:

$$U_o = U_i t_{on} \sqrt{\frac{R_L}{2L_1 T}} \qquad (3-18)$$

由此可见,输出电压 U_o 与负载电阻 R_L 有关,R_L 愈大则输出电压愈高,反之负载电阻愈小,则输出电压愈低,这是反激变换器的一个特点。在进行开环实验时,不应让负载开路,必须接入一定的负载,或者在电路中接入"死负载"。

此外输出电压 U_o 随输入电压 U_i 的增大而增大,也随导通时间的增大而增大,还随 N_1 绕组的电感量 L_1 的减小而增大。

由于 VT 截止时,VD 导通,次级绕组 N_2 上的电压幅值近似为输出电压 U_o(忽略 VD 的正向压降及引线压降),这样,VT 截止时管子上承受的电压值可作如下计算,绕组 N_1 上感应的电势 U_{N_1} 应为:

$$U_{N_1} = \frac{N_1}{N_2} U_o \qquad (3-19)$$

因此 VT 截止期间漏-源极间承受的电压为:

$$U_{DS} = U_i + U_{N_1} = U_i + \frac{N_1}{N_2} U_o \qquad (3-20)$$

在选择晶体管时,不仅要注意变压器的初级最大电流是否超过晶体管的电流额定值,而且还要注意所承受的电压幅值。由于 U_{DS} 与输出电压 U_o 有关,U_o 还随负载电阻的增高而增大。因此,负载开路时,容易造成管子损坏。

(3)变压器磁通连续状态

当 VT 截止时间较小时,$t_{off} < (L_2/U_o) I_{2P}$,在截止时间结束电流 i_2 将大于零,即 $I_{2min} > 0$,在这种状态下,下一个周期开始 VT 重新导通时,初级绕组的电流 i_1 也不会从零开始,而是从 I_{1min} 起,按 U_i/L_1 的斜率线性上升,如图3-8所示。

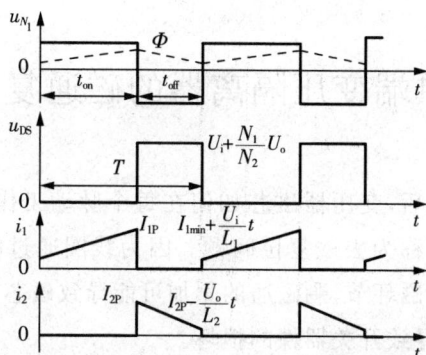

图 3-8 隔离型 Buck-Boost 变换器磁通连续时的工作波形

3.2.4 单端反激式开关变换器的设计

假设单端反激变换器的输入电压为 U_i,输出电压为 U_o,输出电流为 I_o,变压器磁通不连续,则由式(3-12)可得:

$$I_{2P} = \frac{U_o}{L_2} t_{off} = \frac{U_o}{f L_2}(1-D) \qquad (3-21)$$

由图 3-6 可知 $I_{2P} t_{off}/T = I_o$,则

$$D = 1 - \frac{I_o}{I_{2P}} \qquad (3-22)$$

将式(3-22)带入式(3-21),得

$$I_{2P} = \sqrt{\frac{U_o I_o}{f L_2}} \qquad (3-23)$$

(1)开关管的选择

当 VT 导通期间,由式(3-13)可知,流过 MOSFET 漏极最大电流 I_{Dmax} 为:

$$I_{Dmax} = I_{1P} = \frac{N_2}{N_1} I_{2P} = \sqrt{\frac{U_o I_o}{n^2 f L_2}} \qquad (3-24)$$

额定电流一般选择为实际电流的 1.5~2 倍。

由式(3-20)可知,VT 漏-源极之间承受的最大电压 $U_{DSmax} = U_i + n U_o$,额定电压一般应大于或等于实际承受电压的 2~3 倍。

(2)整流二极管的选择

在晶体管 VT 导通期间,二极管 VD 截止,这时 VD 上承受的电压为 $U_i/n + U_o$,选择二极管的额定电压应留有一定的裕量,通常取二极管额定电压为实际工作电压的 2~3 倍。

在晶体管 VT 截止期间,二极管 VD 导通,VD 中流过的电流为 t_{off} 期间电感 L_2 中流过的电流,流过 VD 的电流峰值为 I_{2P},额定电流一般选择为实际电流的 1.5~2 倍。

反激变换器的输出滤波电容设计同 Buck-Boost 变换器,反激变压器设计见第 4 章。

3.3　单端变压隔离器的磁通复位技术

使用单端变压隔离器之后,变压器磁芯如何在每个脉动工作磁通之后都能回复到磁通起始值,这是产生的新问题,称为去磁复位问题。因为线圈通过的是单向脉动激磁电流,如果没有每个周期都作用的去磁环节,剩磁通的累加可能导致磁芯饱和,使得开关导通时电流很大;断开时,过电压很高,导致开关器件的损坏。

剩余磁通实质是说明磁芯中仍残存有能量,如何使这种能量转移到别处,就是去磁环节使磁芯复位的任务。具体的磁芯复位线路可以分成 2 种:一种是把磁芯的残存能量自然地转移,在为了复位所加的电子元件上消耗掉,或者把残存能量反馈到输入端或输出端;另一种是通过外加能量的方法强迫磁芯的磁状态复位。具体采用哪种方法,可视功率 P 的大小和所使用的磁芯磁滞特性而定。最典型的 2 种磁芯磁滞特性曲线如图 3-9 所示。

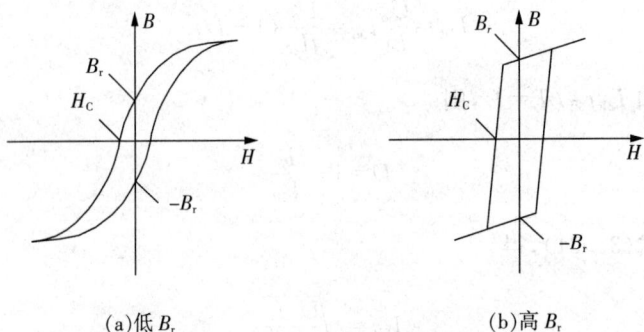

(a)低 B_r　　　(b)高 B_r

图 3-9　低 B_r 和高 B_r 的磁性材料磁滞回环曲线

在磁场强度 H 为零时,磁感应强度的多少,是由磁芯材料所决定的。$H=0$ 时,图 3-9(a)的剩余磁感应强度 B_r 较图 3-9(b)材料为小。一般它是铁氧体、铁粉磁芯、非晶合金磁芯。图 3-9(b)材料为无气隙的晶粒取向镍-铁合金磁芯,它在零磁场强度时有较大的剩余磁感应强度 B_r。

对于剩余磁感应强度 B_r 较小的磁芯,复位采用转移损耗法,有线路简单可靠的特点。高 B_r 磁芯,复位采用强迫法,线路稍为复杂。

图 3-10 所示为简单的转移损耗法磁芯复位线路,它把残存能量引到稳压管 VZ_1 处。VZ_1 的反向击穿、瞬时导通,既可限制开关晶体管反压 U_{ce},又可使磁芯去磁。

转移损耗法磁芯去磁线路如图 3-10 所示,与原边绕组或副边绕组并联连接均可。但实际上,考虑到变压器 T 从原边到副边的漏电感,使用线路如图 3-10(a)的为多,因为这些寄生电感同样会储存能量,若不把它释放,同样会危及开关管。通过在原边绕组上接上的线路,可同时完成使磁芯磁性复位和保护开关管的任务。由于储存在磁芯里的能量消耗在稳压管 VZ_1 回路里,所以此线路只适于用在小功率变换器方案中。

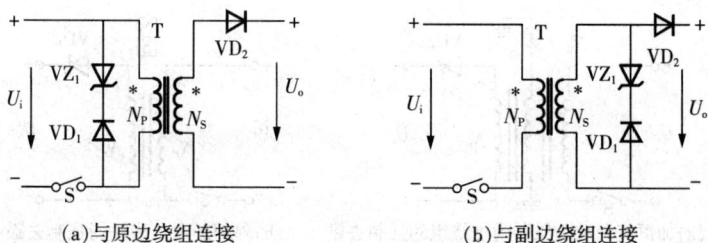

(a)与原边绕组连接　　　　　　　　(b)与副边绕组连接

图 3-10　转移损耗法磁芯去磁线路

大功率的去磁线路,如图 3-11 所示。在这个方式中,变压器磁芯的储能可以反馈到输入端电源,见图 3-11(a),也可反馈到输出端负载,见图 3-11(b)。这对储存在磁芯的能量仅有一小部分损失,输入-输出的能量转换效率是极高的。

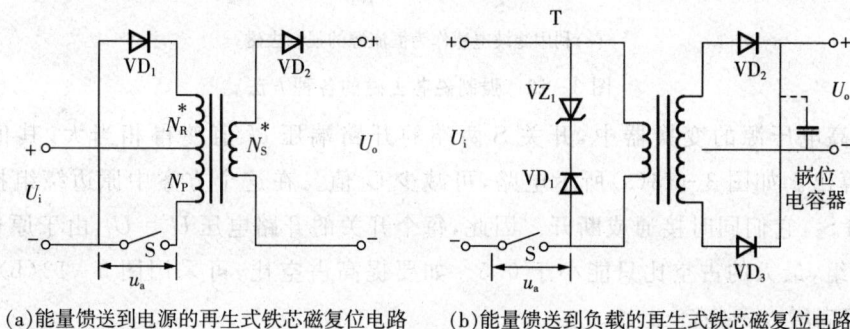

(a)能量馈送到电源的再生式铁芯磁复位电路　　(b)能量馈送到负载的再生式铁芯磁复位电路

图 3-11　再生式磁芯磁复位电路

对图 3-11 所示的电路,一般使去磁绕组匝数 $N_R \leqslant N_P$,但随着 N_R 的减小,开关 S 两端的开路电压 U_a 将增加。设输入电压为 U_i,则开关 S 断开时,U_a 与 U_i 关系式为:

$$U_a = U_i(1 + \frac{N_P}{N_R}) \tag{3-25}$$

在图 3-11(b)中,用于消耗磁芯能量的稳压管电路是接在变压器原边,钳位的作用是防止寄生的原边漏电感对 S 的过压威胁。在磁复位中,钳位不起什么大的作用,正常情况下,消耗在这个钳位电路里的能量是很小的。磁芯的储能转到副边的二极管 VD_3,需要将 VD_3 与一个低阻抗负载相连接(如虚线所示电容器)。如果将二极管接到一个高阻抗的负载,例如一个电感,那么在变压器的原边和副边绕组都会出现一个很高的尖峰电压脉冲。

当一个单端变压隔离器的磁芯有较大的 B_r 值时,可按照另一些方案使磁芯复位。如图 3-12 所示,图 3-12(a)用到一个恒流源和一个变压器附加绕组 N_R,图 3-12(b)用到一个恒磁体,它们都有强制磁芯复位的作用,但造价太高,制作又麻烦,因此很少采用。

由于许多开关电源电路中,在输出端低通网络中均有滤波电感,可以把它视作恒流源线圈,因此,可构成图 3-12(c)线路。这时只要变压器增多一个中间抽头形成绕组 N_R,经二极管 VD_2 接入电感线圈即可。

考虑到限制原边开关 S 的端电压,实用线路还在原边绕组加去磁绕组 N_R 和二极管,或者加上导向二极管和稳压管(见图 3-11)。

(a)加恒流源和变压器附加绕组的强制去磁　　(b)外部加永久磁铁的强制去磁

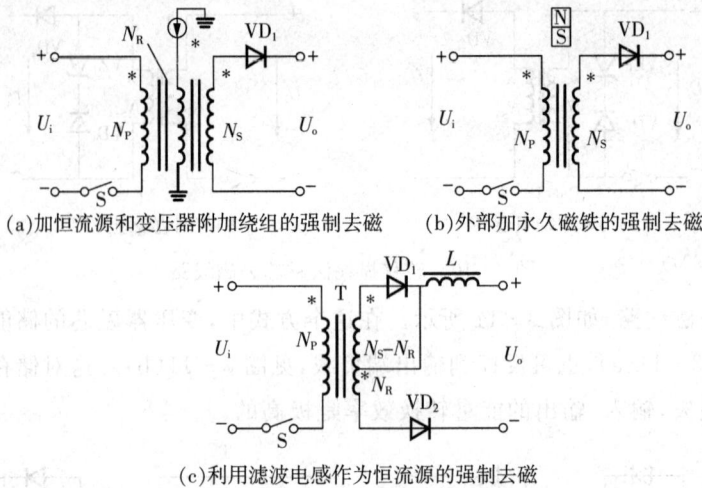

(c)利用滤波电感作为恒流源的强制去磁

图 3-12　强制磁芯去磁的各种方法

在有高电压源的变换器中,开关 S 两端的开路端压 U_a 值变得相当大,其值可由式 (3-25)算出。如图 3-13(a)所示电路,可减少 U_a 值。在这个方案中原边绕组接上 2 个开关 S_1 和 S_2,它们同时接通或断开。因此,每个开关的开路电压 $U_a=U_i$,由于原边绕组也是复位绕组,最大的占空比只能小于 0.5。如要提高占空比,可采用图 3-13(b)线路,这时的 U_a 相应增大一些。

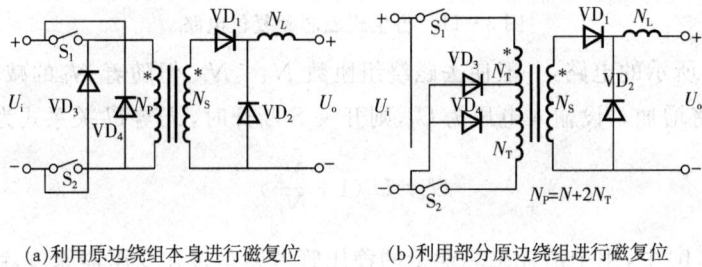

(a)利用原边绕组本身进行磁复位　　　　(b)利用部分原边绕组进行磁复位

图 3-13　双开关、单端去磁线路

3.4　带隔离的 Cuk 变换器

3.4.1　隔离型 Cuk 变换器的构成

图 3-14(a)所示的 Cuk 变换器,只能提供一个反极性、不隔离的单一输出电压,在要求有不同的输出电压和不同极性的多组输出时,特别要求输入、输出之间电气隔离时,就需要加入隔离变压器。

在图 3-14(a)中,首先将 C_1 分成 2 个相串联的电容 C_0 和 C_1,如图 3-14(c)所示,根据分析,A 点的电压波形为 VT 两端的电压和 C_0 两端电压叠加。假设 $C_0=C_1$,则 A 点的电压波形如图 3-14(d)所示,断开 A 点,并在 A 点插入变压器,如图 3-14(e)所示,则变压器的次级绕组输出电压与加入原边的电压一致,如图 3-14(f)所示。

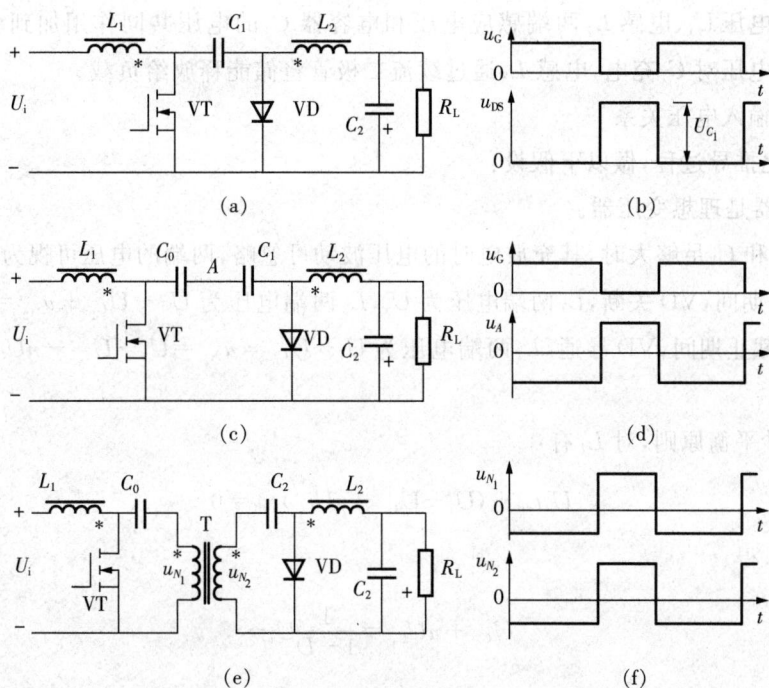

图 3-14　隔离型 Cuk 变换器

3.4.2　隔离型 Cuk 变换器的工作原理

隔离的 Cuk 型变换器的工作原理是与 Cuk 型变换器相同的,它的显著特点是变压器的初、次级绕组均无直流流过,这是由于电容 C_0、C_1 隔直流的缘故。这样磁芯是在 2 个方向磁化的,不需要加气隙,体积可以做得较小。与其他只有一个开关管的单端电路相比,变压器体积小 1/2,而且绕组面积减小,铜耗也减小。

(1)工作原理

开关管 VT 导通期间,等效电路如图 3-15(a)所示。此时输入电压 U_i 直接加载电感 L_1 上对电感充电,C_0 的电压则直接加在变压器 T 的原边,C_0 放电,副方感应出的电压与 C_1 共同对负载放电,同时给电感 L_2 充电,这时 C_0 和 C_1 都是放电状态,续流二极管 VD 因反偏而截止。

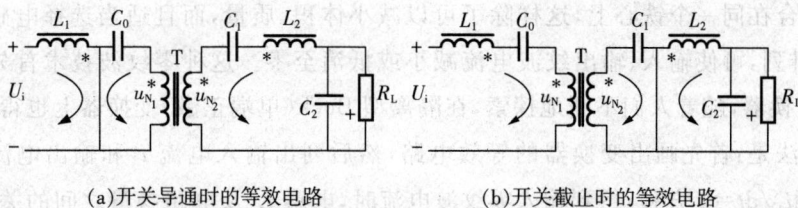

(a)开关导通时的等效电路　　(b)开关截止时的等效电路

图 3-15　隔离型 Cuk 变换器的工作过程分解

开关管 VT 截止期间,等效电路如图 3-15(b)所示。此时电感 L_1 释放能量,电容 C_1 充电储能,输入电压 U_i、电感 L_1 两端感应电压和电容器 C_0 的电压共同作用加到变压器 T_1 原边,副边感应电压对 C_1 充电,电感 L_2 通过续流二极管将储能释放给负载。

(2)输出输入电压关系

为了简化推导过程,做以下假设:

① 变压器是理想变压器。

② 当 C_0 和 C_1 足够大时,其充放电时的电压波动可忽略,两端的电压可视为恒定值。

VT 导通期间,VD 关断,L_1 两端电压为 U_i,L_2 两端电压为 $U_0 - U_{C_1} + u_{N_2} = U_0 - U_{C_1} - U_{C_0}/n$。VT 截止期间,VD 导通,$L_1$ 两端电压为 $U_i - U_{C_0} - u_{N_1} = U_i - U_{C_0} - nU_{C_1}$,$L_2$ 两端电压为 U_0。

根据伏秒平衡原则,对 L_1 有:

$$U_i t_{on} + (U_i - U_{C_0} - nU_{C_1}) t_{off} = 0 \qquad (3-26)$$

由式(3-26),得

$$U_{C_0} + nU_{C_1} = \frac{1}{1-D} U_i \qquad (3-27)$$

对 L_2 有:

$$(U_0 - U_{C_1} - U_{C_0}/n) t_{on} + U_0 t_{off} = 0 \qquad (3-28)$$

由式(3-28),得

$$U_{C_0} + nU_{C_1} = \frac{1}{D} nU_0 \qquad (3-29)$$

综合式(3-27)和式(3-29),得

$$U_0 = \frac{DU_i}{n(1-D)} \qquad (3-30)$$

Cuk 型变换器的输入、输出电流都是连续的,具有较小的纹波分量。近年来,随着磁集成技术的发展,可以进一步减小输入、输出电流的纹波,甚至减小到零。这种零纹波技术可以通过磁路集成技术来实现,将变压器 T 的初、次级绕组和电感 L_1、L_2,按照图 3-14 所示的同名端组合在同一个铁心上,这样除了可以减小体积、质量,而且适当选择电感绕组的匝数、绕组的排列,可使输入、输出纹波电流减小或抵消至零。这种零纹波技术首先应用于隔离 Cuk 型变换器,随着人们不断地探索,在隔离型 Buck(单端正激)变换器上也得到了应用。基本分析方法是:首先画出变换器的等效电路,然后列出输入电流 i_1 和输出电流 i_2 的表达式,再求解 $di_1/dt = 0$ 方程,得到输入零纹波电流时,电感 L_1 及电路参量之间的关系,最后求解方程 $di_2/dt = 0$,得到输出零纹波电流时,电感 L_2 及电路参量之间的关系。由此来选择电路参量,就可以得到小的纹波。

3.4.3 隔离型 Cuk 变换器的设计

隔离型 Cuk 变换器的设计，主要确定的关键元件为输出滤波电容 C_2、输入储能电感 L_1、输出电感 L_2、耦合电容 C_0、C_1、开关管 VT、二极管 VD 以及隔离变压器。由于电感 L 中流过直流电流，它必须设计在最大的负载电流下不饱和，输出滤波电容的选择同非隔离 Cuk 变换器。

(1)输入储能电感 L_1 的选择

输入储能电感 L_1 的选择亦可参照非隔离 Cuk 变换器。

由式(3-30)求得：

$$t_{on} = \frac{nU_o}{U_i + nU_o} T \tag{3-31}$$

VT 导通期间加在电感 L_1 两端的电压为 U_i，假设允许电流纹波为 ΔI_i，则输入储能电感 L_1 为：

$$L_1 = \frac{U_i t_{on}}{\Delta I_i} = \frac{nU_iU_o T}{\Delta I_i(U_i + nU_o)} = \frac{nU_iU_o}{\Delta I_i f(U_i + nU_o)} \tag{3-32}$$

(2)耦合电容 C_0、C_1 的选择

假定忽略电路的内部损耗，则 $U_i I_i = U_o I_o$，其中 I_i 是从电源 U_i 取出的平均电流，也是流入电感的平均电流 I_L，则

$$I_i = \frac{I_o U_o}{U_i} \tag{3-33}$$

稳态时，t_{off} 期间流过耦合电容 C_0 中的电流为输入 I_i，若要求电容 C_0 两端电压纹波为 ΔU_1，则

$$C_0 = I_i \frac{t_{off}}{\Delta U_1} = I_i \frac{T - t_{on}}{\Delta U_1} \tag{3-34}$$

将式(3-31)、式(3-33)代入式(3-34)，得

$$C_0 = \frac{I_o U_o}{U_i} \frac{U_i T}{\Delta U_1(U_i + nU_o)} = \frac{I_o U_o}{(U_i + nU_o)f\Delta U_1} \tag{3-35}$$

稳态时，t_{on} 期间流过耦合电容 C_1 中的电流为输入 I_o，若要求电容 C_1 两端电压纹波为 ΔU_2，则

$$C_1 = I_o \frac{t_{on}}{\Delta U_2} \tag{3-36}$$

将式(3-31)代入式(3-36)，得

$$C_1 = I_o \frac{nU_o T}{\Delta U_1(U_i + nU_o)} = \frac{nI_o U_o}{(U_i + nU_o)f\Delta U_1} \tag{3-37}$$

VT 导通期间，VD 关断，变压器原边承受电压为 $-U_{C_0}$，感应到副边电压为 $-U_{C_1}/n$；VT

截止期间,VD 导通,变压器副边承受的电压为 U_{C_1},感应到原边的电压为 nU_{C_1}。则

$$-U_{C_0} t_{on} + nU_{C_1} t_{off} = 0 \tag{3-38}$$

由式(3-38),得

$$nU_{C_1} = \frac{1}{1-D} U_{C_0} \tag{3-39}$$

将式(3-39)代入式(3-27),得

$$U_{C_0} = \frac{1}{2-D} U_i \tag{3-40}$$

由式(3-30),得

$$D = \frac{nU_o}{U_i + nU_o} \tag{3-41}$$

将式(3-41)代入式(3-40),得

$$U_{C_0} = \frac{U_i + nU_o}{2U_i + nU_o} U_i \tag{3-42}$$

将式(3-40)、式(3-41)代入式(3-39),得

$$U_{C_1} = \frac{(U_i + nU_o)^2}{n(2U_i + nU_o)} \tag{3-43}$$

(3)输出电感 L_2 的选择

VT 关断期间,电感 L_2 两端电压为 U_o,假设允许电流纹波为 ΔI_o,则电感 L_2 为:

$$L_2 = \frac{U_o t_{off}}{\Delta I_o} = \frac{U_o(T - t_{on})}{\Delta I_o} \tag{3-44}$$

将式(3-31)代入式(3-44),得

$$L_2 = \frac{U_o(T - t_{on})}{\Delta I_o} = \frac{U_o U_i}{\Delta I_o f(U_i + nU_o)} \tag{3-45}$$

(4)晶体管的选择

晶体管 VT 截止期间,晶体管 VT 上承受的电压是 $U_{C_0} + nU_{C_1}$,则

$$U_{C_0} + nU_{C_1} = \frac{U_i}{1-D} \tag{3-46}$$

将式(3-41)代入式(3-46),得

$$U_{C_0} + nU_{C_1} = U_i + nU_o \tag{3-47}$$

选择管子的集电极电压额定值应留有一定的裕量,通常取晶体管额定电压为实际工作电压的 2～3 倍。

晶体管 VT 在导通期间流过电流就是该期间内输入电流 I_i 与变压器副边折算到原边的电流 I_o/n 之和,即流过 VT 的电流峰值为 $(I_i + I_o/n) + (\Delta I_i + \Delta I_o/n)/2$,据此来选择晶体管的集电极电流。

（5）二极管 VD 的选择

在晶体管 VT 导通期间，二极管 VD 截止，这时 VD 上承受的电压为 $U_{C_1} + U_{C_0}/n$，即

$$U_{C_1} + U_{C_0}/n = (U_{C_0} + nU_{C_1})/n = (U_i + nU_o)/n \qquad (3-48)$$

选择二极管的额定电压应留有一定的裕量，通常取二极管额定电压为实际工作电压的 $2 \sim 3$ 倍。

晶体管 VT 截止期间，二极管 VD 导通，VD 中流过的电流为 t_{off} 期间 L_2 中流过的电流 I。与原边折算到副边的电流 nI_i 之和，即流过 VD 的电流峰值为 $(I_o + nI_i) + (n\Delta I_i + \Delta I_o)/2$，据此来选择二极管的额定电流。

3.5 双管正激式 DC/DC 变换器

对正激变换器，如果单个晶体承受电压高，容易击穿时，可以用 2 个晶体串联起来作一根管子用。加上 VD$_1$、VD$_2$ 二极管，并利用变压器原边绕组本身进行磁复位，则组构成双管正激变换器，如图 3-16 所示。

VT$_1$、VT$_2$ 关断时，二极管 VD$_1$、VD$_2$ 导通续流进行磁复位，限制了开关管所受的反压均在 U_i 左右。因此，图 3-16 所示的电路有可靠性高、造价低的优点，得到广泛应用。

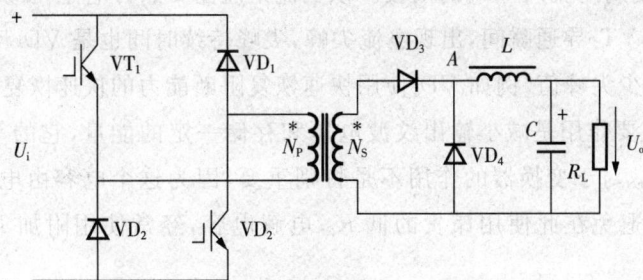

图 3-16 双管正激式 DC/DC 变换器

VT$_1$、VT$_2$ 同时导通或同时关断。假设 L 足够大，负载可看作是恒流源，在稳态下，由于上一周期工作时，电感线圈 L 已建立的电流，通过 VD$_4$ 导通，构成了负载电流 I_o 的续流电路。

新周期开始，VT$_1$、VT$_2$ 同时导通，电源电压 U_i 加到变压器的原边绕组上，副边绕组由于原边绕组有了感应电动势，副边绕组、二极管 VD$_3$ 很快建立电流，其速度受制于变压器和副边电路的漏电感。因为在导通瞬间 L 上流过的电流 i_L 保持不变，所以，由于 VD$_3$ 的电流建立，二极管 VD$_4$ 的电流必随之等同地快速减小。当 VD$_3$ 中的正向电流增加到 I_o，VD$_4$ 中的电流下降到零，VD$_4$ 转为关断。而且 L 的输入端（A 点）电压将增加到副边线圈电压 U_{NS}（不考虑二极管正向导通压降），与此同时开始了正激能量传递状态。

前面的动作只占整个传递期间非常小的部分,其大小依漏感而定,一般电流在 $1\mu s$ 内就建立。但是,在低电压大电流传递时,漏感影响电流的建立非常明显,甚至大到占了全导通期间的相当比例,这时,就影响了能量的传递。因此,漏感应尽可能地小。

副边绕组电流可按一般变化关系式 $n=N_P/N_S$ 折算到原边绕组,即 $I_P=I_S/n$。

除了这个折算副边电流外,磁化电流使变压器的磁区存储能量,并且这个存储能量在关断瞬间产生反激作用。线路中,通过二极管 VD_1、VD_2 的作用,把反激能量回馈到电源 U_i 中。由于 VD_1、VD_2 导通,VT_1、VT_2 电压都限在 U_i 值上,因此称"钳位"作用。

因为此回馈电压与原来正向电压近似相等,所以储存能量的回馈时间约等于之前的导通时间(伏·秒值相等)。因此,对于这种形式的电路,导通与关断时间各占周期的 50%,甚至为可靠起见,防止剩磁积累作用,导通占空比还应小于 50%。

在 VT_1、VT_2 关断瞬间,副边绕组电压反向,且整流二极管 VD_3 关断,在 L 反激下 VD_4 导通,构成续流回路。VD_4 通导后,"A"点电压与负载端"—"相同,L 两端电压即为负载端电压 U_o。由于带载缘故 I_L 续流逐渐减小,降到原来启动值时,VT_1、VT_2 又导通,又开始了新的工作周期,如此周而复始。

注意,在这个工作过程中,漏感值太大会导致不能输送所需电源功率,因为在关断期间大部分的原边线圈电流回馈电源 U_i 线里,这导致能量在开关元件和二极管中徒然地损耗。

二极管 VD_4 反向恢复时间是必须考虑的,因为在导通瞬间,电流经 VD_3 除流入输出电感之外,还在反向恢复期间流入 VD_4 的阴极。该电流是短路 U_{NS} 的电流,折算至原边电流也较大。因此,在 VT_1、VT_2 导通瞬间,出现电流尖峰,尖峰持续时间也是 VD_4 反向恢复阻断的时间。为此要设法减少尖峰值,例如 VD_4 使用快速恢复阻断能力的快速恢复二极管。

电容器 C 的主要作用是减小输出纹波电压和存储一定的能量,它的等效串联电阻 R_{ES} 和等效串联电感 L_{ES} 对于变换器的作用不是特别重要,因为这个电容由电感 L 隔开了与主开关管联系。为了避免在此使用昂贵的低 R_{ES} 电解电容,经常使用附加 LC 滤波器以减小噪音。

3.6 推挽变换器

3.6.1 推挽变换器的构成

为了增大正激变换器的输出功率,可以采用开关频率相同、电路参数相同、开关驱动信号相位互差 180° 的 2 个单端正激变换器共同给负载供电,这 2 个单端正激变换器共用滤波电感和续流二极管,这就构成了双正激变换器,如图 3-17(a)所示。双正激变换器的输出功率为单端正激变换器的 2 倍,负载端的纹波频率也是单端正激变换器的 2 倍,因此滤波电感和电容器亦可小些,瞬态响应也好些,输出电压为单端正激变换器的 2 倍,但仍未消除正激变换器需要去磁绕组的缺点。

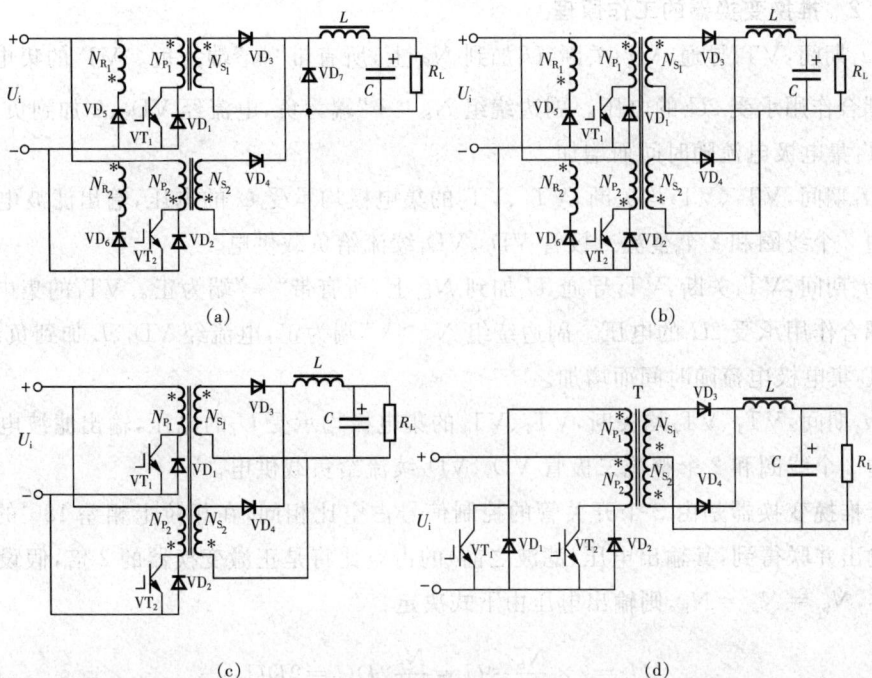

图 3－17　推挽变换器电路拓扑的演变过程

对图 3－17(a)所示的双正激变换器,若将续流二极管 VD_7 去掉,滤波电感将经过变压器副边绕组和整流二极管续流,电路仍然可以工作。若 2 个变压器共用一个磁芯,且按如图 3－17(b)所示同名端绕制绕组,则每个正激变换器就可以从另一个正激变换器的原边绕组和 IGBT 的本体二极管进行磁复位,从而也可以将原来的磁复位电路去掉,这样既可以简化电路,又大大提高了磁芯利用率。如图 3－17(c)所示,重新整理得到如图 3－17(d)所示的电路,这就是推挽变换器,2 个功率开关管 VT_1、VT_2 的驱动控制信号相位互差 $180°$。假设变压器为理想变压器,则电路主要工作波形如图 3－18 所示。

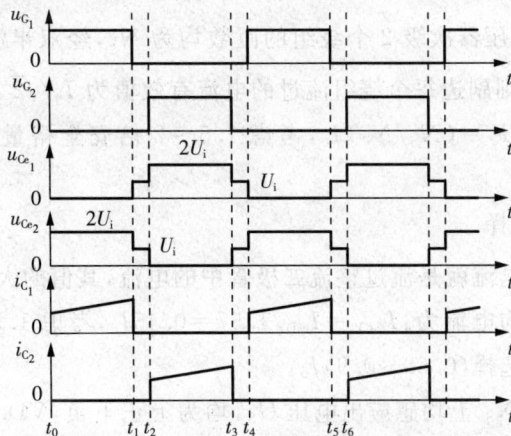

图 3－18　推挽变换器的主要工作波形

3.6.2 推挽变换器的工作原理

$t_0 \sim t_1$ 期间,VT$_1$ 导通,VT$_2$ 关断,U_i 加到 N_{P_1} 上,所有带"＊"端为负。VT$_2$ 的集电极通过变压器耦合作用承受 $2U_i$ 的电压。副边绕组 N_{S_1} "＊"端为负,电流经 VD$_3$、L 加到负载上,这期间,VT$_1$ 集电极电流随时间而增加。

$t_1 \sim t_2$ 期间,VT$_1$、VT$_2$ 均关断,VT$_1$、VT$_2$ 的集电极均承受 U_i 的电压,输出滤波电感 L 将经过副边 2 个线圈和 2 个整流二极管 VD$_3$、VD$_4$ 续流给负载供电。

$t_2 \sim t_3$ 期间,VT$_1$ 关断,VT$_2$ 导通,U_i 加到 N_{P_2} 上,所有带"＊"端为正。VT$_1$ 的集电极通过变压器耦合作用承受 $2U_i$ 的电压。副边绕组 N_{S_2} "＊"端为正,电流经 VD$_4$、L 加到负载上,这期间,VT$_2$ 集电极电流随时间而增加。

$t_3 \sim t_4$ 期间,VT$_1$、VT$_2$ 均关断,VT$_1$、VT$_2$ 的集电极均承受 U_i 的电压,输出滤波电感 L 将经过副边 2 个线圈和 2 个整流二极管 VD$_3$、VD$_4$ 续流给负载供电。

由于推挽变换器是由 2 个开关管的控制信号占空比相同,在相位上相差 180° 的正激变换器的输出并联得到,其输出电压(滤波之前)的占空比将是正激变换器的 2 倍,假设,$N_{P_1} = N_{P_2} = N_P$,$N_{S_1} = N_{S_2} = N_S$,则输出电压由下式决定:

$$U_o = 2 \times \frac{N_S}{N_P} \frac{t_{on}}{T} U_i = \frac{N_S}{N_P} 2DU_i = 2DU_S \qquad (3-49)$$

其中,D 为开关管的占空比;U_S 为副边绕组输出电压峰值。

3.6.3 推挽变换器的设计

推挽变换器的设计主要是指开关管(这里是指 IGBT)和输出整流二极管的选择,变压器的设计见本书第 4 章。IGBT 的主要稳态参数是最大的集-射极电压(V_{ceo})和最大的集电极电流(I_{CM});整流二极管的主要稳态参数为二极管的额定电流和额定电压。

(1)IGBT 的选择

稳态下,在开关管截止期间承受的最大集电极电压为 $2U_i$,考虑 2～3 倍安全裕量,选择晶体管时,$U_{ceo} \approx (4 \sim 6)U_i$。

在推挽变换器中,变压器次级 2 个绕组的匝数均为 N_S,经双半波整流后给直流负载供电,假设负载电流为 I_o,则副边每个绕组流过的电流有效值为 $I_o / \sqrt{2}$,电流峰值为 I_o,反射到初级总负载电流峰值为 $I_1 = (N_S / N_P) I_o$,考虑 1.5～2 倍安全裕量,选择晶体管时,$I_{CM} \approx (1.5 \sim 2) I_1$。

(2)整流二极管的选择

副边绕组中流过的电流就是流过整流二极管中的电流,其值的大小为 $I_{VD} = I_o / \sqrt{2}$,则流过整流二极管中通态平均电流为:$I_{TAV} = I_{VD} / 1.57 = 0.45 I_o$,考虑 1.5～2 倍的安全裕量,整流二极管的额定电流应选择 $(0.68 \sim 0.9) I_o$。

VT$_1$ 导通时,N_{S_1} 和 N_{S_2} 上均感应出电压 U_S,均为上正下负,VD$_3$ 导通,这时 VD$_4$ 承受反向电压为 $2U_S$,由式(3-18)可知,$U_S = U_o / 2D = U_i / n$,考虑安全裕量,整流二极管的额定电压应选择 $(4 \sim 6)U_i / n$。

3.7　全桥变换器

在推挽变换器中,要求功率管的电压额定值必须至少是 2 倍的直流输入电压。直流输出电压为低压 15～30V 时,若输入电压为小于 100V 的直流电压,选择合适开关速度、电流、电压的功率管是没有问题的。若直流变换器是从交流电网供电,整流后的直流电压为 161V(对国外 60Hz、115V 电网)或 308V(对国内 50Hz、220V 电网),需要开关管承受的电压为 322V 或 616V,再考虑 2～3 倍的安全裕量,功率管的额定电压分别为(2～3)×322=644～966V 和(2～3)×616=1232～1848V。

目前,具有合适的开关速度、电流以及电压额定值均满足的管子不多,而且价格比较昂贵。因此从交流电网直接供电的情况,尤其在国内是很少采用推挽电路的,在这种情况下,通常采用全桥或半桥变换器。

3.7.1　全桥变换器的构成

对图 3-16 所示的双管正激变换器,去掉续流二极管,电路仍能工作。若在副边加上一组反激绕组由 VD_6 将反激能量馈送到负载,则构成如图 3-19(a)所示的双管正反激变换器。

由于二极管 VD_2、VD_3 导通时的钳位作用,VT_1、VT_4 关断时所受的电压均在 U_i 左右。这 2 种变换器取用市电 110/220V 整流而得 U_i 均在 400V 以下,因此,该电路具有可靠性高、造价低的优点。

双管正反激变换器具有比较明显的优点,但是由于变压器的利用率比较低,因此很难在大功率的开关电源中应用。

为充分利用变压器,一般在大功率场合都使用全桥变换器,全桥变换器电路拓扑如图 3-19(b)所示,全桥变换器工作在交错的半周,对角线相对的管子 VT_1 和 VT_4 或 VT_2 和 VT_3 同时导通,变压器原边磁通在一个半周沿磁滞回线上移,在另外半周沿着磁滞回线反极性下移,从而使变压器得到充分的利用,主要工作波形如图 3-20 所示。

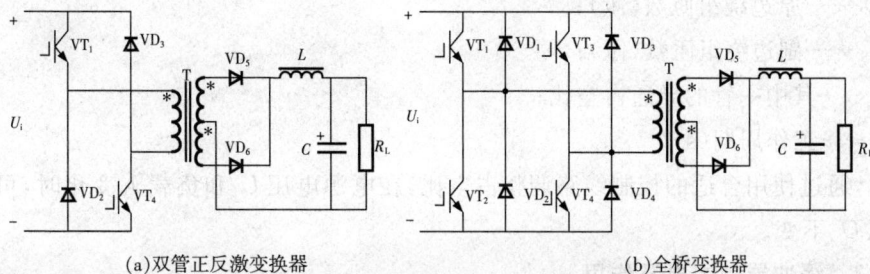

(a)双管正反激变换器　　　　　　　　　　　　　(b)全桥变换器

图 3-19　全桥变换器电路拓扑的演变过程

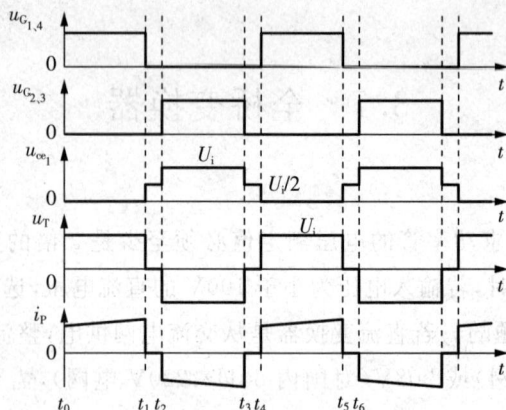

图 3 - 20　全桥变换器的工作波形

3.7.2　全桥变换器的工作原理

$t_0 \sim t_1$ 阶段,给 VT_1、VT_4 加驱动信号,VT_1、VT_4 饱和导通,集电极电流流过原边绕组,随着 VT_1 和 VT_4 的导通,原边绕组上的电流 i_P 逐渐上升,原边绕组承受电压为 U_i。同时,副边的整流二极管 VD_5 的电流增加,VD_6 的电流减少。当整流二极管 VD_5 的电流增加到在 VT_1 和 VT_4 导通前折算流过 L 的电流数值时,VD_6 反向偏置关断。

$t_1 \sim t_2$ 阶段,基极驱动信号为零,VT_1、VT_2、VT_3 和 VT_4 截止,变压器原边承受电压为零,每个开关管承受的电压为输入电压的 1/2。

$t_2 \sim t_3$ 阶段,给 VT_2、VT_3 加驱动信号,VT_2、VT_3 饱和导通,集电极电流反向流过原边绕组,随着 VT_2 和 VT_3 的导通,原边绕组上的电流 i_P 逐渐上升,原边绕组承受电压为 $-U_i$。同时,副边的整流二极管 VD_6 的电流增加,VD_5 的电流减少。当整流二极管 VD_6 的电流增加到在 VT_2 和 VT_3 导通前折算流过 L 的电流数值时,VD_5 反向偏置关断。

$t_3 \sim t_4$ 阶段,基极驱动信号为零,VT_1、VT_2、VT_3 和 VT_4 截止,变压器原边承受电压为零,每个开关管承受的电压为输入电压的 1/2。

忽略损耗,输出电压 U_o 如下式:

$$U_o = \frac{2U_i D}{n} = \frac{2U_i t_{on}}{N_P T} N_S \tag{3-50}$$

式中　U_i——电源电压(V);

　　　N_P——原边绕组匝数(匝);

　　　N_S——副边绕组匝数(匝);

　　　D——其中一管的导通占空比;

　　　T——工作周期(s)。

因此,通过使用合适的控制线路调整占空比,在电源电压 U_i 和负载 I_o 变化时,可以保持输出电压 U_o 不变。

3.7.3　缓冲器的组成及作用

以上分析是在未考虑变压器漏抗的情况下进行的,实际上,变压器漏抗是不可避免的。变压器漏抗和寄生电抗会造成开关管在关断时的电压尖峰，通常的办法是在每个开关管（$VT_1 \sim VT_4$）旁均并联一个阻容元件作为缓冲器。在 VT_1 断开瞬间，缓冲器元件阻容通过提供交流通道减少功率管断开时的集电极电压应力，也可以在变压器原边绕组两端并联单独的 *RC* 网络代替 4 个缓冲网络。但是，当所有的功率开关管都截止时，此法效果不佳。

由输出二极管提供反激续流作用是桥式推挽线路的一个重要特色。图 3 - 21 所示给出了推挽和单端工作时的磁芯 *B* 值范围，推挽式的比单端式的要宽一些。在图 3 - 19（b）中，VD_5 和 VD_6 均导通时，副边绕组两端电压为零，原边绕组两端电压也为零。因此，在 4 个晶体管都关断期间，磁芯磁感应强度不会恢复到 B_r，而会保持在磁感应强度峰值 $+B_{opt}$（或 $-B_{opt}$）。因此，当另一对开关管从关断转为导通时，磁密增加范围可以是 $2B_{opt}$。这是非常有用的，表征变压器的原边匝数可以设计得非常少。

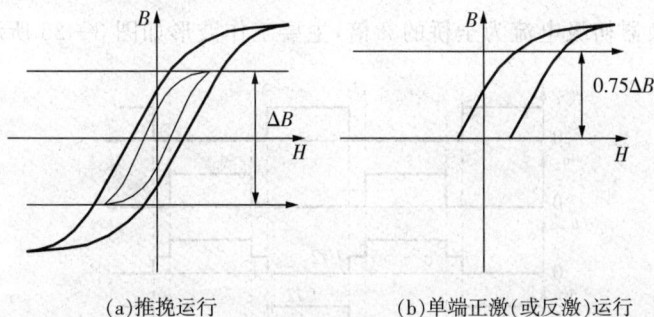

图 3 - 21　2 种运行方式的 *B-H* 范围

当负载下降到低于磁化电流时，副边二极管的钳位作用就会消失。然而，这不会引起问题，因为，在这种情况下，控制脉冲非常窄，而磁感应强度增量也很小。

由于大多数晶体管能承受 U_i 电压，而不能承受 $2U_i$ 电压，所以，采用桥式变换器代替推挽式变换器，虽然付出的代价成本高，但提高了可靠性。这样在 2 种电路形式中，工作在同样电源电压下，推挽变换器所需的管子电压为桥式变换器所需管子电压的 2 倍。在管子容量相同的情况下，全桥变换器输出的功率是推挽变换器的 2 倍。

3.8　半桥变换器

3.8.1　半桥变换器的构成

将变换器晶体管上所加的电压从 $2U_i$ 减小到 U_i，也可以用半桥式变换器实现，如图 3 - 22 所示。半桥是用 2 个相同的电容器代替 2 个晶体管，因此比较经济，而且大大降低了晶体管的价格，但是通常 2 个电容比 2 个管子占较大的体积。

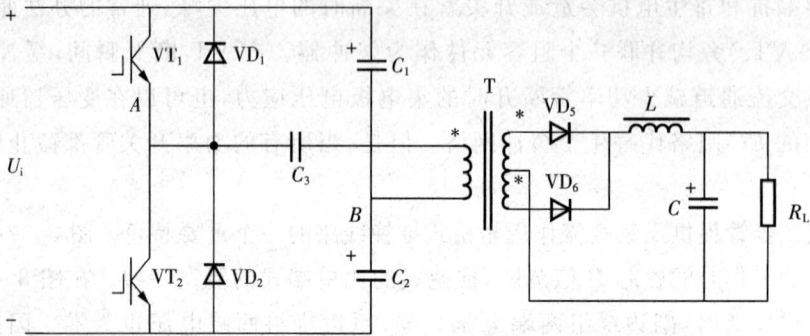

图 3-22　半桥式变换器的电路拓扑

在晶体管昂贵的情况下,常常采用半桥,特别在低功率变换器中,电容器的中点大约充电到 $U_i/2$ 的平均电位,变压器初级电压峰值为 $U_i/2$,而全桥时为 U_i,这样对于同样的次级输出功率,半桥变换器初级电流为全桥的 2 倍,主要工作波形如图 3-23 所示。

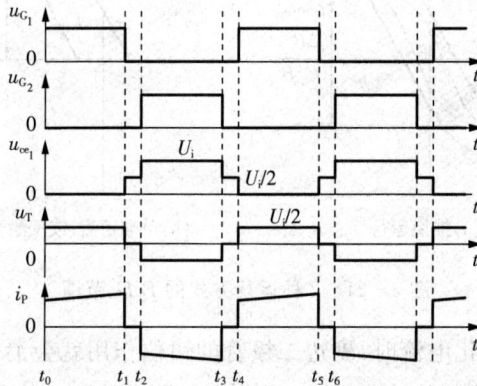

图 3-23　半桥式变换器的主要工作波形

3.8.2　半桥变换器工作原理

$t_0 \sim t_1$ 阶段,给 VT_1 加驱动信号,VT_1 饱和导通,C_1 上的 $U_i/2$ 加在原边线圈上,集电极电流流过原边绕组,随着 VT_1 的导通,原边绕组上的电流 i_P 从某一数值逐渐上升,原边绕组承受电压为 $U_i/2$。同时,副边的整流二极管 VD_5 的电流增加,VD_6 的电流减少。当整流二极管 VD_5 的电流增加到在 VT_1 导通前折算流过 L 的电流数值时,VD_6 反向偏置关断。

$t_1 \sim t_2$ 阶段,基极驱动信号为零,VT_1、VT_2 截止,变压器原边承受电压为零,每个开关管承受的电压为输入电压 U_i 的 1/2,这时副边整流二极管 VD_5 和 VD_6 均导通为 L 提供续流回路。

$t_2 \sim t_3$ 阶段,给 VT_2 加驱动信号,VT_2 饱和导通,C_2 上的 $U_i/2$ 加在原边线圈上,集电极电流反向流过原边绕组,随着 VT_2 的导通,原边绕组上的电流 i_P 某一数值反向增大,原边绕组承受电压为 $-U_i/2$。同时,副边的整流二极管 VD_6 的电流增加,VD_5 的电流减少。当整流二极管 VD_6 的电流增加到在 VT_2 导通前折算流过 L 的电流数值时,VD_5 反向偏置关断。

$t_3 \sim t_4$ 阶段,基极驱动信号为零,VT_1、VT_2 截止,变压器原边承受电压为零,每个开关管承受的电压为输入电压 U_i 的 $1/2$,这时副边整流二极管 VD_5 和 VD_6 均导通为 L 提供续流回路。

在稳态条件下,在晶体管导通期间通过 L 的电流增加,关断期间 L 的电流减小,其平均值等于输出电流 I_o。

忽略损耗,输出电压 U_o 如下式:

$$U_o = \frac{\frac{1}{2}U_i 2D}{n} = \frac{U_i t_{on}}{N_P T} N_S \qquad (3-51)$$

式中 U_i——电源电压(V);

　　　N_P——原边绕组匝数(匝);

　　　N_S——副边绕组匝数(匝);

　　　D——其中一管的导通占空比;

　　　T——工作周期(s)。

因此,通过使用合适的控制线路调整占空比,在电源电压 U_i 和负载 I_o 变化时,可以保持输出电压 U_o 不变。

由于变压器漏抗和寄生电抗的存在,半桥变换器与全桥变换器一样也必须加缓冲电路。

3.8.3　桥式分压电容器的选择

桥式电容器的值可从已知初级电流和工作频率计算,这样若总的输出功率为 P_o(包括变压器损耗),初级电流为 $I_P = P_o / (U_i / 2)$,工作频率为 f,半周时间为 $1/(2f)$,变压器初级由 C_1、C_2 并联馈电。当 VT_1 开启,通过初级电流流入 A 点,当 VT_2 导通时,从 A 点取出电流,在半周中由 2 个电容器补充电荷损失,电容器上电压变化为:

$$\Delta U = \frac{I_P \Delta t}{C_{总}} = \left[\frac{P_o}{(U_i/2)(C_1 + C_2)} \right] \frac{1}{2f} = \frac{P_o}{2U_i f C_F} \qquad (3-52)$$

其中,$C_1 = C_2 = C_F$。

电容器上直流电压变化的百分数与整流输出电压变化的百分数是相同的,这样输出电压纹波的百分数 U_r 为:

$$U_r = \frac{100\Delta U}{U_i/2} = \frac{100P_o}{U_i^2 f C_F}$$

为了满足输出电压纹波的百分数,C 的大小是:

$$C_F = \frac{100P_o}{U_i^2 f U_r} \qquad (3-53)$$

实际电路中,可以将滤波电容与桥路分压电容分别设置,滤波电容常取几百微法的电解电容直接并联在 U_i 两端,桥路分压电容 C_1、C_2 常取几微法的交流电容器或聚丙烯电容作为高频通路及分压电容。

3.8.4　偏磁现象及其防止方法

（1）偏磁的可能性

由于 2 个电容连接点 B 的电位是随 VT_1、VT_2 导通情况而浮动的，所以能自动地平衡每个晶体管开关的伏秒值。假定这 2 个晶体管开关具有不同的开关特性，即在相同的基极脉冲宽度 $t=t_1$ 作用下，开关管 VT_1 较慢关断，而开关管 VT_2 则较快关断时，则对 VT_1 连接点处的电压将有影响，如图 3-24(b)所示。图中阴影部分面积 A_1 和 A_2 不相等，表示伏·秒不平衡，其导致原因是开关管 VT_1 的延迟关断。由此可见，如果让这种不平衡的波形驱动变压器，将会发生偏磁现象，致使磁芯饱和并产生过大的开关管集电极电流，从而降低了变换器的效率，使开关管失控，甚至烧毁。

（2）串联耦合电容改善偏磁性能

当浮动情况不能满足要求时，可按图 3-24(a)所示，通过在变压器原边线圈中加入一个串联电容 C_3，则与不平衡的伏·秒值成正比的直流偏压将被此电容滤掉，即移动了直流电平，如图 3-24(c)所示，这样在开关管导通期间，就会平衡电压的伏·秒值。

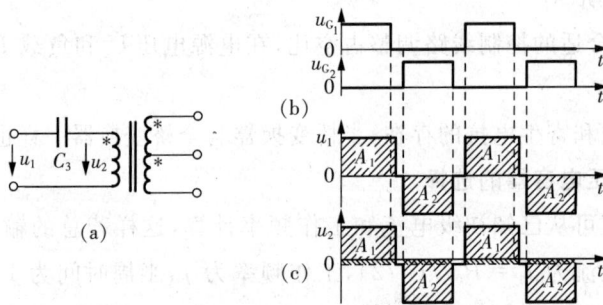

图 3-24　在变压器原边串联一个电容的工作波形图

关于 C_3 两端直流电压降，其变化速度的时间常数为：

$$\tau_S = R_r C_3$$

上式的 R_r 是变换器输出端的负载电阻折算到原边阻值，τ_S 的值应使 C_3 两端直流电压降的变化速度比 U_i 的最大变化速率小一些。

对另一个减少晶体管关断时间的方法，是在基极电路上加入钳位二极管，它将不允许晶体管完全饱和导通，从而减少了存储时间。

（3）串联耦合电容的选择

图 3-24 中的变压器耦合电容 C_3，是一种无极性的薄膜电容器。为了减少电流作用下的温升，必须使用具有较低等效串联电阻的电容器，或者为了达到一定的电容值，必须使用多个电容器并联连接，以降低其等效串联电阻。下面介绍正确选择耦合电容容量的一种方法。

① 初算电容量。由图 3-22 可知，耦合电容器 C_3 和电感 L 折算到原边的电感 L_R 组成了一个串联谐振电路，其谐振频率为：

$$f_R = \frac{1}{2\pi\sqrt{L_R C_3}} \tag{3-54}$$

$$L_R = \left(\frac{N_P}{N_S}\right)^2 L \tag{3-55}$$

式中　L_R——副边电感 L 折算至原边的电感值；

$\quad\quad N_P/N_S$——变压器原、副边匝数比；

$\quad\quad C_3$——耦合电容。

由式(3-54)、式(3-55)可解得：

$$C_3 = \frac{10^6}{4\pi^2 f_R^2 (N_P/N_S)^2 L} \tag{3-56}$$

为了使耦合电容器充电线性,必须很好地选定谐振频率 f_R。一般情况下,按下式选定：

$$f_R = 0.1 f_s \tag{3-57}$$

式中　f_s——半桥变换器的开关频率(kHz)。

例题：　已知变换器开关频率为 60kHz,输出端电感 L 为 $20\mu H$,变压器原、副边匝比为 10,试算耦合电容 C_3 值。

解：　$\quad\quad f_R = 0.1 f_s = 0.1 \times 60 = 6\text{kHz}$

$$C_3 = \frac{10^6}{4\pi^2 f_R^2 (N_P/N_S)^2 L} = \frac{10^6}{4 \times 3.14^2 \times (6 \times 10^3)^2 \times 10^2 \times 20 \times 10^{-6}} = 0.35\mu F$$

② 计算电容器充电电压是否过高或过低。分析线路工作可知,一开关导通,为电容充电；另一开关导通,则为放电并反向充电。电容上电压有变化,为使其变化率不致过大,以免产生电磁干扰 EMI,充、放电电压不宜大,要求在$(10\% \sim 20\%)U_s/2$ 为好。其充电电压为：

$$U_{C_3} = \frac{I_c}{C_3}\Delta t = \frac{I_c}{C_3}\frac{DT_s}{4} < (10 \sim 20)\% \frac{U_s}{2} \tag{3-58}$$

式中　U_{C_3}——充电电压(V)；

$\quad\quad I_c$——充电电流(A)；

$\quad\quad \Delta t$——充电时间(ms)；

$\quad\quad T_s$——开关周期(ms)；

$\quad\quad D$——开关管导通占空比。

3.8.5　直通的可能性及其防止

直通是半桥或全桥电路中一个极具威胁的问题。所谓直通,即是图 3-22 中 VT_1、VT_2 两晶体管在某一时间内同时导通的现象。这在行将关闭的晶体管有较大的存储时间时,容易出现。产生此现象时,短路了直流电压 U_i。

建议用 2 种方法避免这种情况。简单的方法是对驱动脉宽最大值加于限制,使导通角度不会宽到产生直通。这种方法实现的难点是存储时间本身是变量,它既取决于晶体管类型,也取决于工作温度和工作电流。因此,为安全起见,必须提供一个较宽的死区时间。但包括控制范围、变压器、晶体管和二极管的利用系数减小,原则上在相对较窄导通占空比即有额定功率时,可以优先采用。

另一种方法是从拓扑上解决,采用交叉耦合封闭电路。任何原因使一管导通时,另一管的驱动在封闭状态,直到前管关断,封闭才取消,后管才有导通的可能。这种自动封锁对存储时间、参数分散性有自动适应的优点,且允许占空比达到近似100%。这种互锁可以在控制驱动电路中,也可在主回路中。

3.9 双倍磁通效应及软启动

当半桥变换器刚加上电压 U_i 时,驱动脉冲逐渐增加宽度到设定值,使输出电压 U_o 慢慢建立,这个过程叫软启动。如果不提供软启动功能,可能在负载电流 I_o 上或输入电流 I_i 上有一大的冲击电流,负载上电压 U_o 超调,更主要的是可能产生双倍磁通效应。

3.9.1 双倍磁通效应

所谓双倍磁通是指启动瞬时饱和的现象,它存在于半桥、全桥和推挽电路里。为了减少绕组的匝数,在半桥、全桥、推挽变压器中因双向磁化,所以在设计中磁感应强度增量值,取单向磁化值的2倍,即其摆幅值在峰-峰之间。在稳态工作时,磁芯以该方式工作。磁芯在 t_{off}(关断)时间,因续流作用(输出电感和续流二极管的存在)已经钳位在最大值,磁通在每半周期开始的位置不是在 $+B$ 就是在 $-B$。最大磁感应强度摆幅值,在稳态半周期将是 $2B$。然而,这种设计存在潜在的问题,例如在变换器刚加上电压 U_i、开关开始导通及稳态运行下发生瞬变情况之时,可发生磁芯中有双倍磁通。因为原始磁通起始点(当系统第1次接通或在非常轻负载,脉冲宽度很窄)磁偏移非常接近于0,从这个开始点,$2B$ 的突变磁通(峰-峰摆幅)将导致在第1个半周内就磁芯饱和,引起毁坏元件。

为了防止这种双倍磁通效应,一是可把工作磁通密度值减小,但这将减小磁芯的利用率;二是增加软启动环节,启动时减小导通脉冲宽度,直至磁芯在每周期开始工作时,逐渐建立在不是 $-B$ 就是 $+B$ 时为止。

3.9.2 软启动线路

软启动线路很多,多数采用 RC 延时电路,图3-25所示为典型的软启动电路。

当电源接通时,10V辅助电源建立比较快(相对300V而言)。设 C_1 原始端压为0.10V,经 R_3 对 C_1 充电,R_3 上电压经 VD_3 加到放大器 A_1 的反相端。A_1 输出为负,不可能有脉冲到驱动电路。当 C_1 充电到一定电压时,电压加在 VT_{r1} 的发-集极、R_2 的存在使 VT_{r1} 导通,构成 C_1 的放电回路,这一状态的维持使其一直没有脉冲产生。当 $U_s = 300V$ 电压加到变换器系统已达到200V数值时,稳压管 VZ 击穿,VT_{r1} 关断,C_1 没有了放电回路,在辅助电源10V作用下经 R_3 充电,随着充电电流的减少,R_3 上电压逐渐降低,反相端电压由正逐渐变0。在同相端三角波作用下,放大器 A_1 有逐渐加宽的脉冲输出,这样就达到了软启动的目的。

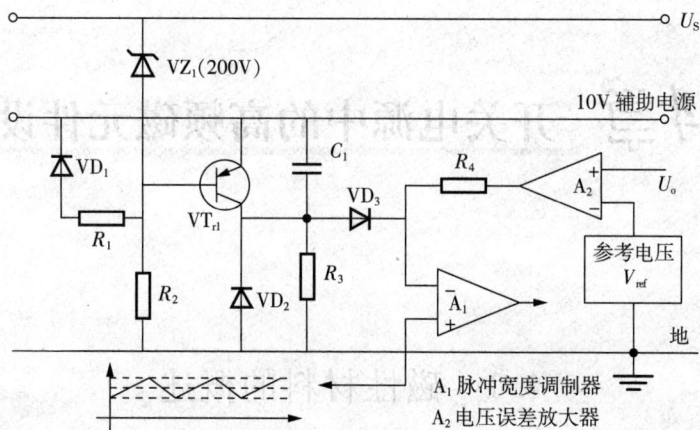

图 3-25　典型的软启动电路

所要的电压 U_o 加到电压误差放大器 A_2 的同相端,A_2 输出经 R_4 控制 A_1 的反相输入端,C_1 虽经 R_3 继续充电,但 VD_3 二极管反偏,C_1 再也不影响脉宽调制,当电源关断时,C_1 又使 VT_{r1} 导通,把 C_1 上的电放完,为下一次启动复位。

这个电路不仅提供导通延迟和软启动,而且给了低电压封锁功能和其他保护功能,调整好后可以防止启动瞬间的双倍磁通效应的危害。

第4章 开关电源中的高频磁元件设计

4.1 磁性材料的概述

4.1.1 磁元件在开关电源中的作用

磁元件是由绕组和磁芯构成,绕组可以是一个绕组,也可以是 2 个或多个绕组。磁性元件是储能、转换及隔离所必备的元件,常把它作为变压器或电感器使用。

(1)当变压器用时的主要作用

① 电气隔离、能量传递、根据变比不同,可实现升、降压,即基本功能;

② 电压、电流测量,即电压互感器、电流互感器;

③ 大功率整流副边相移不同,有利纹波系数减小,即多脉波整流电路。

(2)当电感器用时的主要作用

① 储能、滤波;

② 抑制电流尖峰,保护易受电流损坏的电子元器件;

③ 在开关变换电路中,与电容产生谐振,实现开关管的软开关。

4.1.2 磁元件设计的重要意义

磁元件是开关变换电路中必不可少的元件,但不像电子元件那样有现成品选择,绝大多数磁元件都是要自行设计。由于变压器和电感器涉及的参数太多,例如,电压、电流、频率、温度、能量、电感量、变比、漏电感、磁材料参数、铜损耗、铁损耗等,同时,磁材料特性的非线性、特性与温度、频率、气隙的依赖性和参数不易测量性,使人们不易透彻掌握其工作情况。以 Magnetics 公司生产的其中一种 MPP 磁芯材料来说,它有 10 种 μ 值,26 种尺寸,能在 5 种温升限额下稳定工作。这样,便有 $10\times26\times5=1300$ 种组合,再加上前述电压、电流等电参数不同额定值的组合,将有不计其数的规格,厂家为用户备好现货是不可能的。因此,绝大多数磁元件要自行设计,或提供参数委托设计、加工。

4.1.3 磁性材料的磁化

物质的磁化需要外磁场,相对外磁场而言,被磁化的物质称为磁介质。将磁性材料放到磁场中,磁感应强度显著增大,磁场使得磁性材料呈现磁性的现象称为磁性材料的磁化。磁性材料之所以能被磁化,是因为这类材料不同于非磁材料,在其内部有许多自发磁化的小区域,即磁畴。如图 4-1 所示,在没有外磁场作用时,这些磁畴排列方向杂乱无章,见图 4-1(a),小磁畴间的磁场是相互抵消的,整个磁介质对外不呈现磁性。

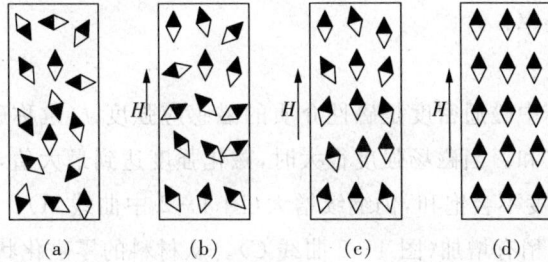

图 4-1　铁磁物质磁化过程中的磁畴排列

　　如给磁性材料加外磁场,将磁性材料放在一个载流线圈中,在电流产生的外磁场作用下,材料中的磁畴顺着磁场方向转动,加强了材料内的磁场。随着外磁场加强,转到外磁场方向的磁畴就越来越多,与外磁场同向的磁感应强度就越强,见图 4-1(b)~图 4-1(d),这就是说材料被磁化了。

　　(1)磁性材料的磁化过程

　　如将完全无磁状态的铁磁物质放在磁场中,磁场强度从零逐渐增加,测量铁磁物质的磁通密度 B,得到磁通密度和磁场强度 H 之间关系,并用 B-H 曲线表示,该曲线称为磁化曲线,如图 4-2 曲线 C 所示。没有磁化的磁介质中的磁畴完全是杂乱无章的,所以对外界不表现磁性(图 4-1(a))。当磁介质置于磁场中,外磁场较弱时,随着磁场强度的增加,与外磁场方向相差不大的那部分磁畴逐渐转向外磁场方向(图 4-1(b)),磁感应 B 随外磁场增加而增加(图 4-2 中 Oa 段)。如果将外磁场 H 逐渐减少到零时,B 仍能沿 aO 回到零,即磁畴发生了"弹性"转动,故这一段磁化是可逆的。当外磁场从 a 点继续增大时,与外磁场方向相近的磁畴已经趋向于外

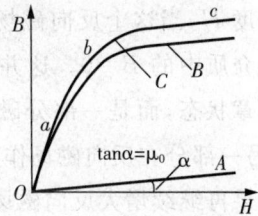

图 4-2　铁磁物质的磁化特性

磁场方向,那些与外磁场方向相差较大的磁畴克服"摩擦",也开始转向外磁场方向(图 4-1(c)),因此磁感应 B 随 H 增大急剧上升,如磁化曲线 ab 段。如果把 ab 段放大了看,曲线呈现阶梯状,说明磁化过程是跳跃式进行的。如果这时减少外磁场,B 将不再沿 ba 段回到零,过程是不可逆的。

　　磁化曲线到达 b 点后,大部分磁畴已趋向了外磁场,此后再增加磁场强度,可转动的磁畴越来越少了,故 B 值增加的速度变缓,这段磁化曲线附近称为磁化曲线膝部。从 b 点进一步增大磁场强度,只有很少的磁畴可以转向(图 4-1(d)),因此磁化曲线缓慢上升,直至基本上停止上升(c 点),材料磁性进入所谓饱和状态。随着磁场强度的增加,B 增加很少,该段磁化曲线称为饱和段,这段磁化过程也是不可逆的。

铁磁材料的 B 和 H 的关系可表示为：

$$B = J + \mu_0 H \qquad (4-1)$$

式中　J——磁化强度；

　　　μ_0——真空磁导率；

　　　H——磁场强度。

式(4-1)表示磁芯中磁通密度是磁性介质的磁感应强度 J(也称磁化强度)和介质所占据的空间磁感应强度之和。当磁场强度很大时，磁化强度达到最大值，即饱和(图 4-2 曲线 B)，而空间的磁感应强度不会饱和，仍继续增大(图 4-2 中曲线 A)。合成磁化曲线随着磁场强度 H 的增大，B 仍稍有增加(图 4-2 曲线 C)。从材料的零磁化状态磁化到饱和状态的磁化曲线，通常称为初始磁化曲线。

（2）饱和磁滞回线

如果将磁性材料沿磁化曲线 OS 由完全去磁状态磁化到饱和 B_s，如图 4-3 所示，此时如将外磁场 H 减小，B 值将不再按照原来的初始磁化曲线(OS)减小，而是更加缓慢地沿较高的 B 减小，这是因为发生刚性转动的磁畴保留了外磁场方向。即使外磁场 $H=0$ 时，$B \neq 0$，即尚有剩余的磁感应强度 B_r 存在。这种磁化曲线与退磁曲线不重合特性称为磁化的不可逆性，磁感应强度 B 的改变滞后于磁场强度 H 的现象称为磁滞现象。

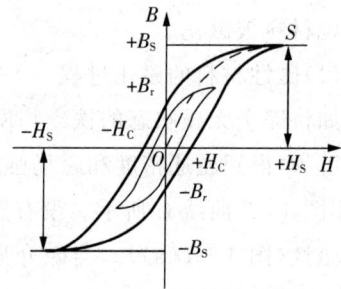

如要使 B 减少，必须加一个与原磁场方向相反的磁场强度 H，当这个反向磁场强度增加到 $-H_c$ 时，才能使磁介质中的 $B=0$。这并不意味着磁介质恢复了杂乱无章状态，而是一部分磁畴仍保留原磁化磁场方

图 4-3　磁芯的磁带回线

向，而另一部分在反向磁场作用下改变为外磁场方向，两部分相等时，合成磁感应强度为零。

如果再继续增大反向磁场强度，铁磁物质中反转的磁畴增多，反向磁感应强度增加，随着 $-H$ 值的增加，反向的 B 也增加。当反向磁场强度增加到 $-H_s$ 时，则 $B=-B_s$ 达到反向饱和。如果使 $H=0$，$B=-B_r$，要使 $-B_r$ 为零，必须加正向 H_c。如 H 再增大到 H_s 时，B 达到最大值 B_s，磁介质又达到正向饱和。这样磁场强度由 $H_s \rightarrow 0 \rightarrow -H_c \rightarrow -H_s \rightarrow 0 \rightarrow H_c \rightarrow H_s$，相应地，磁感应强度由 $B_s \rightarrow B_r \rightarrow 0 \rightarrow -B_s \rightarrow -B_r \rightarrow 0 \rightarrow B_s$，形成了一个对原点 O 对称的回线，称为饱和磁滞回线，或最大磁滞回线。

4.1.4　磁性材料的基本特性

（1）初始磁导率 μ_i

初始磁导率是磁性材料的初始磁化曲线始端磁导率的极限值，即

$$\mu_i = \frac{1}{\mu_0} \lim_{H \to 0} \frac{B}{H} \qquad (4-2)$$

式中　μ_0——真空磁导率($4\pi \times 10^{-7}$ H/m)；

H——磁场强度（A/m）；

B——磁感应强度（T）。

（2）有效磁导率 μ_r

在闭合磁路中，或多或少地存在着气隙，若气隙很小可以忽略，则可以用有效磁导率来表征磁芯的导磁能力：

$$\mu_r = \frac{L}{4\pi N^2}\frac{l}{A_e}\times 10^7 \tag{4-3}$$

式中 L——线圈的自感量（mH）；

N——线圈匝数；

l/A_e——磁芯常数，是磁路长度 l 与磁芯截面积 A_e 之比值（mm^{-1}）。

（3）饱和磁感应强度 B_S

随着磁芯中磁场强度 H 的增加，磁感应强度出现饱和时的 B 值，称饱和磁感应强度 B_S（如图 4-3）。

（4）剩余磁感应强度 B_r

磁芯从磁饱和状态去除磁场后，剩余的磁感应强度或残留磁通密度（如图 4-3）。

（5）矫顽力 H_C

磁芯从饱和状态去除磁场后，继续反向磁化直至磁感应强度减小到零，此时的磁场强度称为矫顽力或保磁力（见图 4-3）。

（6）温度系数 α_μ

温度系数为温度在 $T_1 \sim T_2$ 范围内变化时，温度每变化 1℃，磁导率的相对变化量，即

$$\alpha_\mu = \frac{\mu_2 - \mu_1}{\mu_1}\frac{1}{T_2 - T_1} \qquad (T_2 > T_1) \tag{4-4}$$

式中 μ_1——温度为 T_1 时的磁导率；

μ_2——温度为 T_2 时的磁导率。

（7）居里温度 T_C

在该温度下，磁芯的磁状态由铁磁性转变成顺磁性，其定义如图 4-4 所示，即在 $\mu - T$ 曲线上，80% 的 μ_{max} 与 20% 的 μ_{max} 连线与 $\mu=1$ 的交叉点相对应的温度，即为居里温度 T_C。

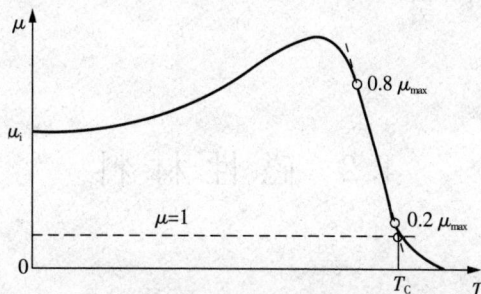

图 4-4 居里温度 T_C 定义图

（8）磁芯损耗（铁损）P_C

磁芯在工作磁感应强度时的单位体积损耗，该工作磁感应强度可表示为：

$$B_w = \frac{U_S}{4.44fNA_e} \times 10^6 \qquad (4-5)$$

式中　B_w——工作磁感应强度（mT）；

　　　U_S——线圈两端的电压（V）；

　　　f——频率（kHz）；

　　　N——线圈匝数；

　　　A_e——有效截面积（mm²）。

磁芯损耗包括磁滞损耗、涡流损耗、残留损耗。磁滞损耗是每次磁化所消耗的能量，表示为：

$$P_H = \int_0^T H dB \qquad (4-6)$$

作为工程计算，可用下式表示为：

$$P_H = K_h f B_m^{1.6}$$

式中　f——频率；

　　　B_m——最大磁通密度；

　　　K_h——比例系数，因材质而异。

涡流损耗是交变磁场在磁芯中产生环流引起的欧姆损耗，表示为：

$$P_w = \frac{1}{6\rho}\pi^2 d^2 B_w^2 f^2 \qquad (4-7)$$

其中，d 为密度，即单位体积材料的质量；ρ 为磁芯的电阻率。

残留损耗是由磁化延迟及磁矩共振等造成，一般可不考虑。

（9）电感系数 A_L

电感系数是磁芯上每一匝线圈产生的自感量，即

$$A_L = \frac{L}{N^2}(H/N^2) \qquad (4-8)$$

式中　L——磁芯线圈的自感量（H）；

　　　N——线圈匝数。

4.2　磁　性　材　料

4.2.1　磁芯磁性能

各种磁芯材质表面虽相似，但磁性能可能差别很大。在开关电源中，高频变压器磁芯大

多是低磁场下使用的软磁材料，它有较高的磁导率、较低的矫顽力、较高的电阻率。磁导率高，在线圈匝数和外加电压一定时，很小的激磁电流就能有较高的磁感应强度，因此在输出一定功率要求下，可减小变压器体积；磁芯矫顽力低，磁滞回环面积小，则磁芯磁滞损耗小；电阻率高，则磁芯涡流损耗小。金属软磁材料在开关电源中用得较少，只是如铁-镍合金、铁-铝合金薄片的磁芯有所应用。铁氧体是一种复合氧化物烧结体软磁材料，电阻率很高，适合高频下使用，但 B_S 值比金属软磁材料小很多，在开关电源中普遍使用。各种磁芯材料之特性比较见表 4-1 所列。

表 4-1　三类磁芯的基本特性参数

类别	名　称	材　料	μ_r	$B_S/10^{-4}$ T	$f_{max}/$kHz	特点说明
金属磁芯	硅钢片（silicon steel）	Si-Fe	~1800	20000	约 10	除坡莫合金外，余皆高磁感应强度。除非晶合金外，宜 30kHz 以下使用，这些材料电阻率低
	坡莫合金（permalloy）	Ni-Fe	~20000	7500	约 30	
	超级坡莫合金（supermalloy）	Ni-Fe	~100000	7800	约 30	
	钴铁合金（permendur）	Co-Fe	~800	24500	约 30	
	非晶合金（Amorphous）	Fe(Ni, Co)	~100000	15000	约 1000	
铁粉磁芯	碳基铁粉芯（carbony Iron）	Fe	3~120	约 9000	约 300000	低磁导率，高磁感应强度，低损失，宜中、高频使用
	铝硅铁粉芯（Sendust）	Al,Si,Fe	10~80	约 9000	约 1000	
	坡莫合金铁粉芯	Mo,Ni,Fe	14~145	约 8000	约 300	
铁氧体磁芯	锰锌铁氧体（Mn-Zn Ferrite）	Mn,Zn,Fe	1000~18000	约 5000	约 1000	锰锌铁氧体磁导率高，磁感应强度小等，电阻率高，损失低，价格低，宜高频使用
	镍锌铁氧体（Ni-Zn Ferrite）	Ni,Zn,Fe	15~500	约 3000	约 100000	
	铜镁锌铁氧体（Cu-Mg-Zn Ferrite）	Cu,Mg,Zn,Fe	约 10		约 200000	

4.2.2 磁芯的分类

按使用时磁化过程所产生磁力线的路径,磁芯可分为开路磁芯和闭路磁芯两类。

(1)开路磁芯

这类磁芯的磁路是开启的,通过磁芯的磁通同时要通过周围空间(气隙)才能形成闭合磁路。开路磁芯的气隙占磁路总长度的相当部分,磁阻很大,磁路中的部分磁通在达到气隙以前就已离开磁芯形成漏磁通。因而,开路磁芯在磁路各个截面上的磁通不相等,这是开路磁芯的特点。由于开路磁芯存在大的气隙,磁路受到退磁场作用,使磁芯的有效磁导率 μ_r 比初始磁导率 μ_i 有所降低,降低的程度决定于磁芯的几何形状及尺寸。

开路磁芯有棒形、螺纹形、管形、片形、轴向引线磁芯等。IEC1332《软磁铁氧体材料分类》标准中称开路磁芯为 OP 类磁芯。

(2)闭路磁芯

这类磁芯的磁路是闭合的或基本闭合的,IEC1332 称闭路磁芯为 CL 类磁芯,最典型的闭路磁芯是环形磁芯。

在高频开关电源中大都使用闭路磁芯,目前大量生产和使用的闭路磁芯是组合型的闭磁路磁芯,它由 2 个相同形状尺寸或不同形状尺寸的磁芯配对后才能形成闭合磁路。这类磁芯的接触面间可能存在气隙,组合后磁路不一定完全闭合,因此,组合型闭路磁芯的有效磁导率基本上等于初始磁导率,但不完全等于初始磁导率。

闭路磁芯的形状主要有:①罐形磁芯,它是磁芯在外、线圈在里,免去环形线圈绕线不便的一种结构形式,可以减少 EMI。缺点是内部线圈散热不良,温升较高,因此只在小功率变换器中使用。②E 形磁芯,E 形磁芯都是配对使用,组成 EE、EI、EC、ETD、EP 等成套磁芯,用于通信设备中的各种变压器、开关电源变压器和扼流圈等。③C 形磁芯,此种磁芯可免去环形磁芯绕线困难的缺点,一般由 2 个 C 型磁芯对接而成,可用机械绕线,线圈也可填满整个窗口。④环形磁芯,一般用磁性氧化物或铁粉制成,主要用作脉冲变压器和宽带变压器。这种磁芯,绕线困难。几种常见的磁芯外形结构示意图如图 4-5 所示(图中阴影部分为磁芯截面形状)。

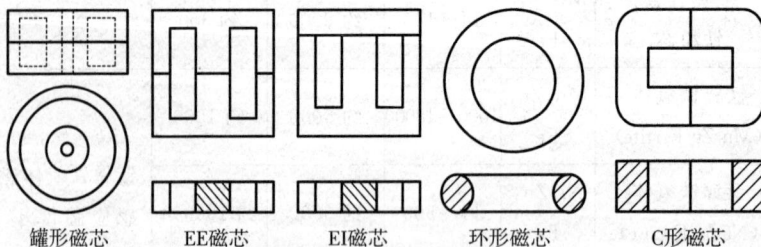

罐形磁芯　　EE磁芯　　EI磁芯　　环形磁芯　　C形磁芯

图 4-5　几种常见的磁芯外形结构示意图

如果把罐形磁芯外圆切掉一部分,或与其他形状的磁芯综合,则变成通风良好的磁芯,解决了罐形磁芯温升过高的问题,如图 4-6 所示。其对应名称分别为 PM 型、Q 型、EP 型、RM 型、X 型、TT 型、EC 型等。

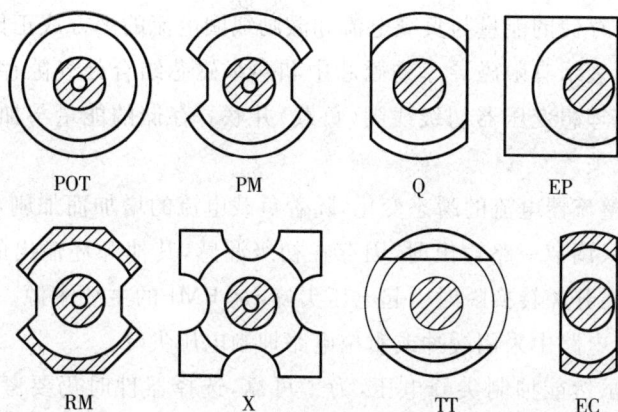

POT   PM   Q   EP

RM   X   TT   EC

图 4 - 6 为解决 PQ 型散热出现的各种磁芯示意图

磁芯的使用一定要在居里温度以内,这是选择磁芯材质首先要顾及的问题,然后在磁导系数大小、脆度、硬度、温度稳定性、磁导系数与磁感应强度关系等方面进行综合考虑。

最后考虑的是工作频率和噪声,工作频率可参见表 4 - 1。如果磁芯用金属叠片构成,则引起机械振动的噪声可能性较大,铁氧体磁芯产生这种噪声的可能性小。但是,铁氧体磁芯在磁场的作用下,会使材料产生收缩或膨胀的现象,称为磁致伸缩现象。磁致伸缩材料在磁场的作用下,其长度发生变化,可发生位移而做功或在交变磁场作用下发生反复伸张与缩短,从而产生振动或噪声。

4.3 高频变压器设计方法

设计变压器时,应当预先知道电路拓扑、工作频率、输入和输出电压、输出功率或输出电流以及环境条件,同时还应当知道所设计的变压器允许多大损耗。总是以最坏情况设计变压器,保证设计的变压器在规定的任何情况下都能正常工作。

4.3.1 变压器设计一般问题

1. 变压器功能

开关电源中功率变压器的主要目的是传输功率,将电源的能量瞬时地传输到负载。此外,变压器还提供其他重要的功能。

(1)通过改变初级与次级匝比,获得所需要的输出电压;

(2)增加多个不同匝数的次级,获得不同的多路输出电压;

(3)变压器能方便地实现输入和输出之间的电气隔离。

2. 变压器的寄生参数及其影响

理想变压器和实际变压器的区别在于理想变压器不储存任何能量,即所有的能量瞬时由输入传输到输出。实际上,所有实际变压器都储存一些不希望的能量。

(1)漏感能量表示线圈间不耦合磁通经过的空间存储的能量。在等效电路中,漏感与理想变压器线圈串联,其存储的能量与负载电流和激励线圈电流的平方成正比。

(2)激磁电感能量表示有限磁导率的磁芯中和两半磁芯结合处气隙存储的能量。在等效电路中,激磁电感与理想变压器初级线圈(负载)并联。存储的能量与加到线圈上每匝伏特有关,与负载电流无关。

漏感阻止开关和整流器电流的瞬态变化,随着负载电流的增加而加剧,使得输出的外特性变软。在多路输出只调节一路输出时,因存在初级漏感,其他开环输出的稳压性能变差。激磁电感和漏感能量在开关转换瞬时引起电压尖峰,是 EMI 的主要来源。为防止电压尖峰造成开关器件的损坏,电路中采用缓冲或钳位电路抑制电压尖峰。

缓冲和钳位电路虽然能抑制尖峰电压,为了可靠,选择器件时仍要考虑一定的安全裕量,一般选择开关器件的额定电压为实际承受电压的 2～3 倍;如果缓冲和钳位电路损耗过大,还必须应用更复杂的无损缓冲电路回收能量。即使这样,缓冲电路中元件也不是无损的,环流损失了相当多的能量。总之,漏感和激磁电感降低变换器的效率。因此,通常在设计变压器时,应尽量减少变压器的漏感。

3. 温升和损耗

在设计开关电源开始时,根据输出功率、输出电压和输出电压调节范围、输入电压、环境条件等因素,设计者凭经验或参照同类样机,给出一个可能达到的效率,由此得到总损耗值。再将总损耗分配到各损耗部件,得到变压器的允许损耗。

变压器损耗使得线圈和磁芯温度提高,线圈中心靠近磁芯表面温度最高,此最大"热点"限制了变压器的温升。根据"热路"欧姆定律,温升 $\Delta T(\degree C)$ 等于变压器热阻 $R_{th}(\degree C/W)$ 乘以功率损耗 $P(W)$,即

$$\Delta T = R_{th} P$$

对于一般工业产品,环境温度最高为 $40\degree C$。变压器内部最高温度受磁芯和绝缘材料限制,如果采用铁氧体与 A 或 E 级绝缘,变压器一般允许 $40\degree C \sim 50\degree C$ 温升,内部热点温度为 $80\degree C \sim 90\degree C$。如果温升过高,则应当采用较大尺寸的磁芯。如果要求较小的体积,则应当采用合金磁芯和高绝缘等级的绝缘材料,允许较高温升,但效率会降低。

变压器损耗分为磁芯损耗和线圈损耗两部分,很难精确估计。磁芯损耗包括磁滞损耗和涡流损耗,线圈损耗包括直流损耗和高频损耗。引起变压器温升主要是稳态损耗,而不是瞬态损耗。

(1)磁芯损耗

① 磁芯磁滞损耗与频率和磁通摆幅有关。在所有Ⅱ类和Ⅲ类磁芯工作状态(正激和推挽类拓扑)中,$U_o = DU_i/n(n = N_1/N_2$——变压器变比)。当工作频率固定,伏·秒积即磁通变化量是常数,所以磁滞损耗是常数,与 U_i 和负载电流无关。

② 磁芯涡流损耗实际上即磁芯材料的电阻损耗 I^2R。涡流大小正比于磁通变化率,即与变压器伏/匝成正比。因此,如 U_i 加大一倍,涡流增加一倍,峰值损耗 I^2R 增加 4 倍;如保持输出稳定,占空比下降 $1/2$,则平均损耗 I^2R 增加一倍。可见磁芯涡流损耗正比于 U_i,最

坏情况是电压最高。磁芯涡流损耗还与磁芯结构有关,如果磁芯由相互绝缘的叠片或几块较小的截面组成,涡流比整体磁芯的小。

开关电源变压器磁芯大多数应用铁氧体材料。在Ⅲ类工作状态(推挽类拓扑),50kHz 以下,大多数功率铁氧体材料工作磁感应强度选取 0.16T。而在 50kHz 以上,工作磁感应强度应随频率升高而下降,如图 4 - 7 所示。图 4 - 7 中所示的材料损耗曲线是正弦波激励下试验取得的,没有给出高压脉冲、小占空比的损耗曲线。一般在给定的工作频率下,按比损耗 $100 \sim 200 \text{mW/cm}^3$ 选取磁感应强度摆幅。在 $200 \sim 300 \text{kHz}$ 以下,磁滞损耗为主。在更高频率时,因为涡流损耗随频率平方(相同磁通摆幅和波形)上升,超过磁滞损耗。

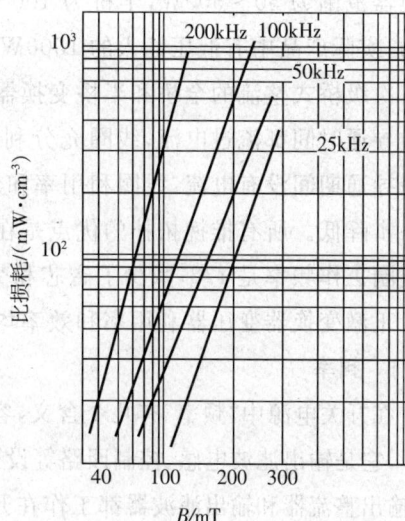

图 4 - 7　不同频率下比损耗与峰值
磁感应强度的关系(100℃)

(2)线圈损耗

低频线圈损耗是容易计算的,但高频时由于集肤效应的存在使得线圈损耗很难精确确定,因为开关电流矩形波包含高次谐波。在正激或推挽类拓扑中,如果纹波低于斜坡中心值的 1/5 时,次级峰值电流可近似等于负载电流,即 $I_{2P} = I_o$,而初级峰值电流等于负载电流除以匝比,$I_{1P} = I_{2P}/n$。

峰值电流与 U_i 无关,而在峰值电流为常数时(负载不变),电流有效值的平方,即线圈损耗(I^2R 损耗)正比于占空比 D,反比于 U_i,线圈损耗在最低 U_i 时最大。

4. 窗口填充系数

(1)高压时,为满足安全绝缘要求,线圈端部有留边、爬电距离以及绝缘材料占窗口面积很大的百分比。小变压器更严重,因为骨架进一步减少了窗口的有效面积,可考虑采用加重绝缘的绝缘导线,如三重绝缘导线,可不必预留爬电距离。

(2)导线形状不同,窗口的利用不同。圆导线间排比叠层排列充填系数高,但线圈导线之间的空隙和导线绝缘占据较大窗口面积。即使用全部圆绝缘导线组成的单线圈,铜截面积也仅占骨架窗口的 $70\% \sim 75\%$。对于利兹线,铜面积进一步减少。

多股绞线,附加 75%(近似)系数。铜箔或铜带多层线圈没有空隙,仅匝间绝缘,骨架窗口的线圈利用率高达 $80\% \sim 90\%$ 铜面积。实际上,铜箔或铜带绕制时不可能绕制的非常伏贴,一般利用率为 $0.35 \sim 0.5$。考虑到层间绝缘、骨架、屏蔽以及爬电距离等因素,一般实际窗口总利用率为 $0.25 \sim 0.5$。

5. 电路拓扑

各种电路拓扑适用一定的功率范围,但不是绝对的,大多数情况下相互覆盖,因此电路拓扑的选择对变压器设计有决定性影响。反激电路主要用于功率范围 $0 \sim 150\text{W}$,单端正激

变换器范围为 $50\sim500\mathrm{W}$，半桥为 $100\sim1000\mathrm{W}$，而全桥应为 500W 以上。以上范围不是绝对的，实际产品中有低压输入的 1500W 的反激变换器。

次级桥式整流的全桥和半桥变换器变压器利用率最好，因为磁芯是双向磁化，而线圈在整个导通时间都流过电流，线圈充分利用。带有中心抽头次级，在一个周期中，总有一个线圈在导通期间没有电流，线圈利用率和效率降低。中心抽头初级和次级，线圈和磁芯利用率进一步降低。所有推挽拓扑的优点是在给定开关频率、相同纹波滤波和闭环能力时，变压器和线圈工作频率是 1/2，减少了磁芯和交流线圈损耗。

正激变换器变压器利用率和效率均最差，线圈和磁芯的最大工作时间都只有 1/2 周期。

6. 频率

在开关电源中"频率"有几个含义，容易发生混淆。"开关频率"f_S 定义为开关驱动脉冲的频率，它是输出滤波电感、控制回路等设计的重要依据。在单端正激变换器中，功率开关、变压器、输出整流器和输出滤波器都工作在开关频率，不会发生混淆。"时钟频率"是控制 IC 芯片产生的时钟脉冲频率。

通常情况下，单端 IC 控制芯片用于单端变换器时，IC 芯片的时钟频率与变换器开关频率相同。推挽 IC 控制芯片用于推挽类（推挽、半桥和全桥）功率变换电路时，功率变换电路每个功率开关的开关频率是 IC 芯片时钟频率的 1/2，变压器和输出整流器都以开关频率工作，而输出滤波以时钟频率工作。推挽 IC 控制芯片用于单端正激变换器，仅用 2 个开关驱动中的一个，保证最大占空比不超过 50%。在这种情况下，开关频率是时钟频率的 1/2。

7. 占空比

占空比 D 定义为功率开关导通时间 T_on 与开关周期 T 的比：$D=T_\mathrm{on}/T$。在单端正激变换器中，这很容易明白。但在推挽类变换器中，时常发生混乱。例如，在半桥电路工作于最低电压时，假设占空比 $D=0.45$，则变压器在 90% 的时间传输功率、90% 的时间电压脉冲加在输入滤波器上等。

但对于单个功率开关和单个整流器，总是交替导通，占空比仅 45%。输出滤波器可以看成 $2D=2\times0.5T_\mathrm{on}/0.5T=2T_\mathrm{on}/T$。在整个电源设计中，应保持 D 的定义一致。

当输出电压恒定时，稳态情况下变压器线圈上的伏秒为常数，与电网电压和负载电流无关。当输入电压最低（U_imin）时，占空比最大，还要考虑到对最大占空比的限制。

(1)根据输入、输出电压调节范围，在输入电压最低时应保证输出最高电压，即最大占空比 D_max。实际电路中，存在整流二极管压降、初级和次级线圈电阻、滤波电感电阻以及开关管压降，也影响最大占空比的选择。

(2)正激变换器的变压器，在每个开关周期中导通磁化后必须使磁芯复位。如果复位反向电压被 U_i 钳位，同时复位线圈与初级线圈匝数相等，必须限制最大占空比小于 0.5，因为复位所需时间等于导通时间，同时还应考虑开关管的关断延迟时间。

在推挽类变换器（桥式、半桥、推挽）中，考虑互补开关管转换时的逻辑延时时间，每只开关管的占空比也应小于 0.5。

（3）如果在低输入电压 U_i 正好达到最大占空比 D_{max}，当出现突加负载时，调节器没有备份的伏秒能力，不能响应负载的突变，造成电压较大的跌落，因此希望在这种情况下占空比仍有一定的增大空间，不至于突加负载时造成较大的电压跌落，这时的占空比称极限占空比 D_{lim}，通常 $D_{max} < D_{lim}$。

（4）在电源启动或突加负载时，瞬时造成输出电压跌落。反馈电路将占空比推向 D_{lim}。由于输出滤波电感限制了输出电流的上升率，输出电压不能很快回升，以至于几个开关周期工作在极限 D_{lim}。如果这时输入电压又是最高，变压器伏秒比正常大很多，即磁通变化量比额定变化量大很多，可能使磁芯饱和。为解决以上问题，电路可采用软启动，软启动并不影响快速增大的负载。绝大部分控制芯片没有伏秒限制功能，具有软饱和特性的磁芯材料可容忍磁芯饱和，不至于产生过大的磁化电流。但对陡峭饱和的矩形回线的磁芯材料，将会产生很大的磁化电流，使开关器件损坏。解决办法是选择在最恶劣的情况下（最高输入电压下电源启动或突加负载），磁感应强度摆幅也达不到饱和值的磁芯。

8. 匝数和匝比选取

变压器初级一般电压较高，调整初级线圈匝数不困难。次级一般匝数较少，工作频率越高，次级有可能只有一匝，甚至少于一匝。如果取整，将带来很大的匝比误差。

（1）匝数的取整

在输出电压比较低时，例如 5V，甚至 1V 左右，限制了匝数和匝比的选择。5V 输出次级可能是 1 匝或 2 匝。若计算结果为 1.5 匝，取整可能选择 2 匝，为保持原来的匝比，所有线圈匝数增加 25%。相同尺寸的磁芯和窗口，在原来的窗口中可能绕不下总线圈。如果加大了电流密度，选择较细的导线，将大大增加线圈损耗。反之，选择 1 匝，但磁芯中的磁通密度增加 1/3，磁芯损耗大约增加一倍。

首先，决定额定 U_iD 时达到希望输出电压的线圈之间的理想匝比；接着，在选择某磁芯尺寸后，求得各线圈匝数，但不是实际需要的整数。

在取整数匝前最好折中处理，一般从最低电压次级开始，因为小的数字整数化百分比最大，对整个线圈影响也最大。匝数下降将增加磁芯损耗，上升将增加线圈损耗。如果增加的损耗太大，必须重新选择磁芯。

多低压次级匝数和匝比选择更加困难，例如 12V 和 5V 次级希望匝比是 2.5∶1，很容易做到 5V 的次级 2 匝，12V 为 5 匝。但如果 5V 次级仅 1 匝，那么 12V 次级仅可选 3 匝，这样使铜损耗增加很大，这个问题可通过分数匝解决。较高电压次级因匝数多取整数困难较少，但一般是开环，电压精度和稳压性能变差，通常需要一个后继线性的或开关调节器，应用较多的是磁调节器。

（2）分数匝

现代集成电路供电电压越来越低，例如 1.2～1.8V，工作频率在 100kHz 以上时，计算出的变压器的匝数很少，如 1 匝，或少于 1 匝，而且常常不是整数。如果取整数，使得变压器体积或损耗大大增加；此外，如果变压器多路输出，只有一路闭环调节，而其他各路需要较精确的匝数获得满意的输出电压精度。如果取整数匝，电压误差大，需要后继线性稳压和开关调节，在这些场合采用分数匝，可减少体积和损耗。但是，如果处理不好，有分数匝变压器的固有漏感太大。

9. 磁通偏移

根据电磁感应定律，一个线圈包围的磁通等于每匝伏秒的积分，这意味着在任何磁器件的任何线圈上的电压在一个周期内平均电压必须为零。一个交流波形中，如果存在即使非常小的直流分量，也会慢慢地将磁芯磁化到饱和。

在低频率变压器中，初级线圈的电阻压降足以限制磁芯趋向饱和，这是因为当小的直流分量将磁通慢慢推向饱和时，磁化电流开始不对称。直流分量增加的磁化电流在线圈电阻上产生一个 IR 降落，抵消了激励波形中的直流电压分量，避免磁芯饱和。

在高频开关电源中，理论上推挽驱动波形是对称的，开关期间相等的正负伏秒交替加到线圈上，将磁芯磁化然后复位到初始状态。但是，通常由于功率器件的导通电阻 R_{on} 或开关速度不等，使得驱动波形的伏秒不对称，产生小的直流分量引起磁通的偏移。高频变压器一般初级匝数很少，直流电阻极低，直流磁化电流分量压降 IR 在磁芯饱和前，不足以消除伏秒不对称。

正激变换器磁通偏移不是问题。当开关关断时，变压器磁化电流减少使电压反极性，一般引入钳位电路，反向电压使磁化电流减少到零，回到磁化的起始状态。反向伏秒精确地等于开关导通时的伏秒，正激变压器自动复位（通过限制最大占空比，保证有足够的复位时间）。

任何电压型推挽电路拓扑（全桥、半桥和中心抽头推挽），磁通偏移问题最为严重。解决办法之一是在磁芯的磁路中串联一个小气隙，这将使磁化电流增加，同时非矩形磁化曲线，有利于避免饱和。电路电阻的 IR 压降可以抵消驱动波形的不对称，但磁化电流增加表示激磁电感能量的增加，通常用缓冲和钳位吸收，增加了电路损耗。

解决不对称问题比较好的方法，是采用电流型控制模式（峰值或平均电流型控制）自动平衡。由于伏秒不对称，磁通开始向一个方向偏移，峰值磁化电流在若干周期逐渐不对称。电流型控制中监测电流，在每个开关周期峰值电流相同时关断开关，峰值电流大的导通时间短；反之加长。直流分量造成的伏秒不平衡因此被纠正，峰值磁化电流在 2 个方向相等，磁通偏移最小。

然而采用电流控制对于半桥出现了新的问题，当电流型控制通过交替加长或缩短脉冲宽度来纠正伏秒不等时，交替开关期间产生了安秒（电荷）不等。电荷不等将引起电容分压向正或负母线偏移。如果电容分压离开中心点，伏秒不平衡更坏，引起电流控制型进一步地纠正脉宽，导致恶性循环，电压偏移到一边母线。这在全桥或中心抽头推挽是不存在的，所以半桥仍回到电压型控制。

在桥式电路中，解决磁偏的最简单方法是在变压器初级串联一个电容，利用电容隔离激励波形中的直流分量。

10. 磁芯选择

(1)磁芯材料

功率铁氧体材料在高频下具有很高电阻率,因而涡流损耗低,同时具有价格低的优势,是高频变压器磁芯首选材料。但磁导率通常较低,磁化电流因此较大,有时需用缓冲和钳位电路处理。

由于合金材料磁芯,如钴基非晶合金和微晶合金,具有较高的电阻率,因此可以在较高频率下工作。合金材料虽然饱和磁通密度比铁氧体材料大很多,但磁通密度摆幅受磁滞损耗和涡流损耗限制,一般不会用到太大的工作磁通密度。同时,合金材料磁芯价格较高,一般只在高温和冲击、振动大的地方采用合金材料磁芯,通常的变压器磁芯最好选择铁氧体。

(2)磁芯形状

磁芯窗口应尽可能宽,加大线圈宽度可减少线圈的层数,使交流电阻 R_{ac} 和漏感减少。还有,固定的爬电尺寸对宽窗口影响较小。宽窗口需要线圈高度低,因此更好利用线圈窗口面积。

铁氧体磁芯有罐型(国产 GU 型,国际 P 型)、PM、RM、PQ、EE、EC、EP、ETD、EI、RC、UU 和 UI 各种型号,以及新近发展的平面磁芯,如 EFD、EPC、LP 型等磁芯。

罐型和 PQ 型磁芯具有较小的窗口面积,窗口形状几乎是正方形的。罐型和 PQ 型磁芯比 EE 磁芯有较好的磁屏蔽优点,减少了 EMI,用于 EMC 要求严格的地方。缺点是散热困难、引出线缺口小,大电流出线困难,一般只用于 125W 以下小功率场合,也不适宜用于多路输出和高压场合。

EE、EI、EC、ETD、LP 磁芯都是 E 型磁芯,相对于外形尺寸来说有较大的窗口面积,同时窗口宽而高度低的结构,漏磁及线圈层数少,高频交流电阻小。开放式的窗口没有出线问题,线圈与外界空气接触面大,有利于空气流通,散热方便,可处理大功率,但电磁干扰较大。EC、ETD 磁芯的中柱圆形截面与 EE 型相同矩形截面积时,圆形截面每匝线圈比矩形短大约 11%,即电阻少 11%,线圈损耗和温升也相应降低。但是 EE 型磁芯尺寸齐全,根据不同的工作频率和磁通摆幅,传输功率范围从 5W 到高达 5kW。如果将 2 副 EE 型磁芯合并作为一体使用,传输功率甚至可达 10kW。2 副磁芯合并使用时,磁芯面积加倍,如磁通摆幅和频率保持不变,匝数减少 1/2,功率加倍,比应用下一个大尺寸的磁芯体积要小。

RM 和 PM 磁芯是罐型和 E 型磁芯的折中,比罐型有更大的出线窗口和好的散热条件,因而可传输更大的功率。因磁芯没有全部包围线圈,磁场干扰介于罐型和 EE 型之间。RM 型磁芯有中心孔和没有中心孔 2 种结构。在有些谐振电路中要求准确地调谐,调节电感方便,可以用带有中心孔的 RM 磁芯,通过中心孔插入磁棒调节电感量,调节范围可达 30%。一般在功率磁芯中不采用,磁棒损耗较大。

PQ 型具有最佳的体积与辐射表面和线圈窗口面积之比,因磁芯损耗正比于磁芯体积,而散热能力正比于辐射表面,PQ 磁芯在给定输出功率下具有最小的温升,并因此在给定输出功率下体积最小。

LP、EFD 和 EPC 型磁芯主要为平面变压器设计的,中柱长,漏感最小,但是因为体积小,磁通密度和磁场强度变化处处都是重要的区域,所以计算相当困难。

UU 型和 UI 型主要用在高压和大功率场合,很少用在 1kW 以下。它们比 EE 型有更大的窗口,可以用更粗的导线和更多的匝数,但磁路长度长,比 EE 型有更大的漏感。

鉴于环形磁芯所固有的圆形磁路,应将线圈均匀地绕在整个磁芯上。这样使得线圈宽度在本质上就围绕整个磁芯,使得漏感最低和线圈层数最少,杂散磁通和 EMI 扩散都很低。因为没有线圈端部,没有爬电距离的要求(但有引出线问题)。环形磁芯的最大问题是绕线困难,1 匝次级如何均匀分布在整个磁芯上,用自动绕线机事实上是不可能实现的。为此,环形磁芯很少用于开关电源变压器。

(3)磁芯尺寸选择

磁芯尺寸的选择最常用的有 3 种方法:第 1 种是先求出磁芯窗口面积 A_w 与磁芯有效截面积 A_e 的乘积 A_P($A_P = A_w A_e$,称磁芯面积乘积)。根据 A_P 值,查表找出所需磁性材料之编号,称之 A_P 法;第 2 种是先求出几何参数,查表找出磁芯编号,再进行设计,称为 kg 法;第三种是直接根据电路拓扑、输出功率、开关频率、磁芯材料和形状查表得出磁芯型号,为查表法。常用的是 A_P 法——面积乘积法。

在用面积乘积决定需要的磁芯时,与许多因素有关。磁芯处理功率的能力并不是随面积乘积或磁芯体积线性变化的。较大的变压器必须工作于低功率密度,因为散热面增长低于产生损耗的体积增加。例如一个球体,体积是随半径的立方增长,而表面积随半径的平方增长。热环境也很难精确估计,强迫通风还是自然冷却都影响允许损耗和温升。

实际应用时通常使用下面的经验公式,即

$$A_P = A_e A_W = \left(\frac{P_o}{K f \Delta B}\right)^{4/3} \tag{4-9}$$

式中 P_o——输出功率(W);

ΔB——磁通密度变化量(T);

f——变压器工作频率(Hz);

K——0.014(正激变换器,推挽中心抽头),0.017(全桥,半桥)。

公式是基于线圈电流密度 420A/cm² ,并假定窗口充填系数是 40%。在低频时,饱和限制磁通密度最大摆幅,而在 50kHz(铁氧体)以上,磁芯损耗通常限制了 ΔB。这里采用磁芯比损耗为 100W/cm³ 时,工作频率 f_S 对应的 ΔB 值。

用经验公式估算磁芯尺寸不是很精确,但可减少试算的次数。最终检验设计结果,应在应用环境中,对电路中工作样件变压器,用热电偶粘贴在中心柱的中心,检测热点温升。或利用线圈电阻的正温度系数,测量热态线圈电阻,计算出线圈平均温升。

除用经验公式估算磁芯尺寸之外,还可推导出不同电路拓扑下变压器磁芯的 A_P 值。

工作频率为 50kHz 以下时,绝大多数磁材料损耗较低,工作磁感应强度选择受饱和磁感应强度的限制。铁氧体在 100℃ 时饱和磁感应强度在 0.3T 左右。当磁感应强度大于 0.2T 时,只要磁感应强度微微增大,磁场强度将明显增加,即磁化电流迅速增加,使线圈损耗增加。为避免在瞬态时磁芯进入饱和,一般选取磁感应强度摆幅为 0.16T 左右。

如果频率超过 50kHz,在磁芯损耗曲线上按 $100 \sim 200 \mathrm{mW/cm^3}$(参见图 4-7),选择磁感应强度摆幅 ΔB,输出功率应当乘以系数 $\Delta B/0.16$。

① 单端正激变换器。假定单端正激变换器总变换效率 $\eta = 80\%$,线圈骨架的窗口充填系数为 0.4,线圈的电流密度为 $4\mathrm{A/mm^2}$。单端正激变换器和主要波形如图 4-8 所示。

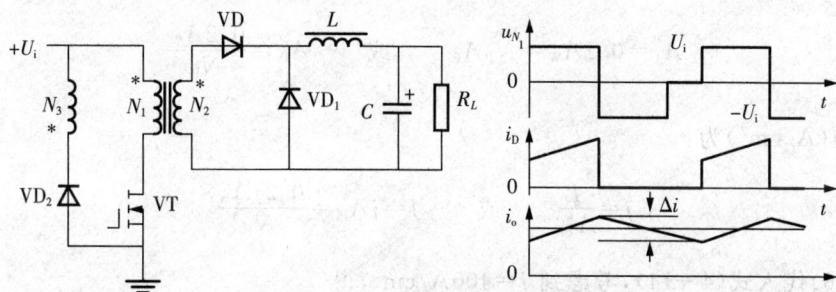

图 4-8　单端正激变换器

一般输出电流脉动分量 $\Delta I = 0.2 I_{\mathrm{o}}$,$I_{\mathrm{o}}$ 为次级斜坡电流的中值。如忽略磁化电流,且不考虑输出电流纹波,初级电流峰值为 $I_{\mathrm{i}} = I_{\mathrm{o}}/n$。在最低输入电压时保证输出电压,正激变换器的最大占空比应当小于 0.5。同时为了能承受突加负载等影响,最大占空比选择为 0.4,则输出功率为:

$$P_{\mathrm{o}} = \eta P_{\mathrm{i}} = \eta D U_{\mathrm{imin}} I_{\mathrm{i}} = 0.8 \times 0.4 U_{\mathrm{imin}} I_{\mathrm{i}} = 0.32 U_{\mathrm{imin}} I_{\mathrm{i}} \qquad (4-10)$$

因线圈导线直径是用电流有效值计算的,矩形波电流有效值与电流峰值的关系为:

$$I = I_{\mathrm{i}} \sqrt{D} = I_{\mathrm{i}} \sqrt{0.4} = 0.632 I_{\mathrm{i}} \qquad (4-11)$$

或
$$I_{\mathrm{i}} = 1.58 I$$

代入式(4-10),得

$$P_{\mathrm{o}} = 0.32 U_{\mathrm{imin}} I_{\mathrm{i}} = 0.32 \times 1.58 U_{\mathrm{imin}} I = 0.506 U_{\mathrm{imin}} I \qquad (4-12)$$

由电磁感应定律,得

$$U_{\mathrm{i}} = N_{\mathrm{P}} A_{\mathrm{e}} \frac{\Delta B}{t_{\mathrm{on}}} \qquad (4-13)$$

式中　U_{i}——变压器初级电压(V);

N_{P}——变压器初级匝数;

A_{e}——磁芯的有效截面积($\mathrm{m^2}$);

ΔB——在导通时间内磁通密度摆幅（T）；

t_{on}——导通时间（s）。

在 U_{imin} 时，$f=1/T$，$\Delta B/t_{on\ max}=B_{max}/0.4T$。将式（4－13）代入式（4－12）中，得

$$P_o=0.506U_{imin}I=\frac{0.506IN_PA_eB_{max}f}{0.4}=1.265N_PB_{max}A_efI \qquad (4-14)$$

若假定初级和所有次级线圈的电流密度相同，忽略复位线圈所占的窗口，仅流过磁化电流。令磁芯窗口面积、初级线圈面积、所有次级线圈面积和初级 1 匝线圈截面积分别为 A_W、A_1、A_2 和 A_{Pi}（cm^2）。如果充填系数为 0.4，且 $A_1=A_2$，有

$$A_1=0.2A_W=N_PA_{Pi} \qquad 或 \qquad A_{Pi}=\frac{0.2A_W}{N_P} \qquad (4-15)$$

电流密度 j（A/cm^2）为：

$$j=\frac{I}{A_{Pi}} \qquad 或 \qquad I=jA_{Pi}=\frac{0.2jA_W}{N_P} \qquad (4-16)$$

将式（4－16）代入式（4－14），考虑到 $j=400A/cm^2$，得

$$P_o=1.265N_PB_{max}A_efI=1.265N_PB_{max}A_ef\frac{0.2jA_W}{N_P}\times10^{-4}$$

$$=1.012fB_{max}A_eA_W\times10^{-2} \qquad (4-17)$$

或

$$A_P=A_eA_W=\frac{99P_o}{fB_{max}} \qquad (4-18)$$

式中　P_o——变换器输出功率（W）；

　　　A_e——磁芯截面（cm^2）；

　　　A_W——磁芯窗口面积（cm^2）；

　　　f——变压器工作频率（Hz）。

根据工作频率 f，选择磁芯材质，然后在材质损耗曲线上由 $100mW/cm^3$ 及工作频率求得允许磁通密度摆幅，用式（4－18）求得 A_P 值，再根据 A_P 值选取磁芯型号。

② 推挽变换器。推挽功率变换器实际是 2 个正激变换器组合而成的，假设条件与正激一样，$\eta=0.8$，$2D_{max}=2\times0.4=0.8$。初级电流的峰值与有效值的关系 $I_i=1.58I$，因此有：

$$P_o=\eta2DU_{imin}I_i=1.01U_{imin}I \qquad (4-19)$$

仍假定充填系数为 0.4，初级、次级电流密度相同，初级和次级线圈各占骨架窗口 1/2。初级有 2 个线圈，由式（4－15）有：

$$A_1=0.2A_W=2N_PA_{Pi} \qquad 或 \qquad A_{Pi}=\frac{0.1A_W}{N_P} \qquad (4-20)$$

式中符号同正激变换器。由式(4-13)得：

$$U_i = N_P A_e \frac{\Delta B}{t_{on}} = N_P \frac{2B_{max}A_e}{0.4T} = 5N_P f A_e B_{max} \qquad (4-21)$$

考虑到式(4-20)，得：

$$P_o = 1.01 U_{imin} I = 5.05 N_P f A_e B_{max} j \frac{0.1 A_W}{N_P} \times 10^{-4}$$

$$= 5.05 j f A_e A_W B_{max} \times 10^{-5} = 2.02 f A_e A_W B_{max} \times 10^{-2} \qquad (4-22)$$

面积乘积为：

$$A_P = A_e A_W \approx \frac{50 P_o}{f B_{max}} \qquad (4-23)$$

式中　P_o——变换器输出功率(W)；

　　　A_e——磁芯截面(cm^2)；

　　　A_W——磁芯窗口面积(cm^2)；

　　　f——变压器工作频率(Hz)。

比较式(4-22)和式(4-17)可见，相同磁芯、频率和电流密度条件下，推挽拓扑比正激输出功率大一倍。这是很容易理解的，初级每边线圈承受与正激相同的输入电压，但推挽磁通摆幅是 $2B_{max}$。匝数比正激少 1/2，初级总匝数与正激是相等的，初级线圈的导线尺寸也是相同的。每个推挽初级传输 1/2 输出功率，如两者输出功率相同，推挽变换器峰值和有效值电流也是正激变换器的 1/2，因此相同的窗口，推挽变换器输出功率是正激变换器输出功率的 2 倍。

注意，推挽变换器变压器磁芯双向磁化，每周期磁化经过整个磁化曲线。在 50kHz 以下频率时，由于工作磁感应强度摆幅选定为 0.16T，磁芯损耗至少增加一倍，铜损基本不变。在 50kHz 以上频率时，由频率 f_S 和允许磁芯损耗选择磁感应强度摆幅，相同磁芯尺寸，推挽变换器与正激变换器额定输出功率相差并非 2 倍。

③ 半桥和全桥变换器。仍然假定在最低输入电压时，开关管最大导通占空比 $D_{max}=0.4$，效率 $\eta=0.8$，线圈铜充填系数为 0.4，其余符号与推挽、正激一致。

半桥变压器初级线圈正向和反向对称流过电流，初级电流有效值为：

$$I = I_i \sqrt{2 \times 0.4} = 0.894 I_i \qquad 或 \qquad I_i = 1.12 I \qquad (4-24)$$

则输出功率为：

$$P_o = \eta \frac{U_{imin}}{2} 2 D_{max} I_i = 0.358 U_{imin} I \qquad (4-25)$$

初级线圈铜面积为：

$$A_1 = 0.2A_W = N_P A_{Pi} \quad 或 \quad A_{Pi} = \frac{0.2A_W}{N_P} \tag{4-26}$$

于是

$$I = jA_{Pi} = \frac{0.2jA_W}{N_P} \tag{4-27}$$

变压器初级电压 $U_P = U_i/2$，根据电磁感应定律得到：

$$U_i = 2N_P A_e \frac{\Delta B}{D_{max} T} = N_P \frac{4B_{max} A_e}{0.4T} = 10N_P f A_e B_{max} \tag{4-28}$$

其中，$\Delta B = 2B_{max}$，$D_{max} = 0.4$。

将式(4-27)、式(4-28)代入式(4-25)，得

$$P_o = 0.358 U_{imin} I = 0.358 \times 10N_P f A_e B_{max} j \frac{0.2A_W}{N_P} \times 10^{-4}$$

$$= 0.0286 f A_e A_W B_{max} \tag{4-29}$$

面积乘积为：

$$A_P = A_e A_W \approx \frac{35P_o}{fB_{max}} \tag{4-30}$$

式中　P_o——变换器输出功率(W)；

　　　　A_e——磁芯截面(cm^2)；

　　　　A_W——磁芯窗口面积(cm^2)；

　　　　f_s——变压器工作频率(Hz)。

全桥变压器初级电压比半桥大一倍，相同的磁芯，线圈匝数大一倍。如果输出相同的功率，半桥初级比全桥导线截面积大一倍，因此半桥和全桥初级线圈所占窗口面积是相同的。磁芯相同，工作条件相同，输出功率也相同。

工作频率在 50kHz 以下，可选电流密度为 $4A/mm^2$。当开关频率升高时，考虑到集肤效应，电流密度可适当减小。

(4)常见磁芯的结构参数

① EE 型磁芯。EE 型磁芯外形和结构示意图如图 4-9 所示，外形参数见表 4-2 所列。

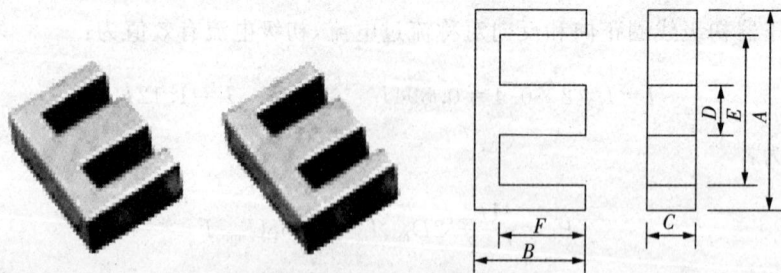

图 4-9　EE 磁芯外形和结构示意图

表 4 - 2 EE 磁芯结构参数

型号	尺寸/mm						磁芯参数			$A_L/(nH \cdot N^{-2})$		
	A	B	C	D	E	F	A_e /mm²	A_W /mm²	A_P /mm⁴	HP1	HP2	LP3
EE5	5.25	2.65	1.95	1.35	3.85	2.0	2.63	5.00	13.16	450	530	285
EE8	8.30	4.00	3.60	1.85	6.0	3.00	6.66	12.45	82.92	900	1100	610
EE10	10.0	5.40	4.65	2.40	7.0	4.20	11.16	19.32	215.61	—	870	—
EE11	11.0	5.50	5.00	2.40	8.0	4.20	12.00	23.52	282.24	—	970	—
EE13	12.9	5.00	6.00	2.85	8.5	3.65	17.10	20.62	352.64	—	1000	—
EE13A	13.0	6.00	5.90	2.60	10.2	4.60	15.34	34.96	536.29	1750	2200	1000
EE16A	16.0	7.20	4.80	3.80	12.0	5.20	18.24	42.64	777.75	1900	2300	1100
EE16B	16.1	8.05	4.50	4.55	11.3	5.90	20.48	39.83	815.42	2000	2600	1100
EEL16	16.0	12.2	4.80	4.00	12.0	10.2	19.20	81.60	1566.72	—	—	800
EE19	19.1	8.00	4.80	4.80	14.0	5.70	23.04	52.44	1208.22	—	1730	1150
EEL19	19.0	13.65	4.85	4.85	14.0	11.4	23.52	104.3	2453.63	1550	2050	840
EE20	20.5	10.7	7.00	5.00	14.0	7.00	35.00	63.00	2205	—	2340	1700
EE22	22.0	10.25	5.50	4.00	16.5	7.80	22.00	97.50	2145.00	—	1740	1000
EE25	25.0	10.0	6.55	6.55	18.6	6.80	42.90	81.94	3515.43	3550	4450	1950
EE25.4	25.4	10.0	6.30	6.50	18.7	6.60	40.95	80.52	3297.29	—	2630	2000
EEL25.4	25.4	15.85	6.35	6.35	19.0	12.7	40.32	160.66	6478.01	—	2500	1330
EE33	33.0	13.75	12.7	9.70	23.5	9.25	123.19	127.65	15725.2	—	—	3940
EE33A	33.4	13.95	12.7	9.70	24.6	9.65	123.19	143.79	17712.9	—	—	3700
EE42	42.15	21.1	15.0	12.0	29.5	15.2	180.00	266.00	47880	—	—	4700
EE42A	42.15	21.1	19.75	12.0	29.5	15.2	237.00	266.00	63042	—	—	6400
EE50	50.0	21.55	14.6	14.6	34.2	13.1	213.16	256.76	54731	—	—	6110
EE55	55.15	27.5	20.7	17.0	37.5	18.8	351.90	385.40	135622	—	—	7100
EE55B	55.15	27.5	24.7	17.0	37.5	18.8	419.90	385.40	161829	—	—	7200
EE65	65.2	32.5	27.0	19.65	44.2	22.55	530.55	553.60	293714	—	—	7800
EE70	70.5	35.5	24.5	16.7	48.0	24.65	409.15	771.55	315678	—	—	6500
EEL70B	70.75	33.2	30.5	21.5	48.0	22.0	655.75	583.00	382302	—	—	9000
EE80	80.5	38.0	20.0	20.0	59.8	28.0	400.00	1114.4	445760	—	—	4800
EE85A	85.0	44.0	26.5	27.2	55.0	28.7	720.80	797.86	575097	—	—	8300
EE85B	85.0	44.0	31.5	27.2	55.0	28.7	856.80	797.86	683606	—	—	10000

型号	尺寸/mm						磁芯参数			$A_L/(nH \cdot N^{-2})$		
	A	B	C	D	E	F	A_e /mm²	A_W /mm²	A_P /mm⁴	HP1	HP2	LP3
EE90	90.0	28.2	16.5	25.0	64.0	15.7	412.50	612.30	252574	—	—	5760
EE110	110	56.0	36.0	36.0	74.2	37.2	1296	1421	1841668	—	—	11500
EE118	118	86.5	35.0	35.0	82.0	69.0	1225	3243	3972675	—	—	7000
EE128	130	63.0	20.0	40.0	89.0	43.0	800	2107	1685600	—	—	12000
EE160	162	83.0	20.0	40.0	120	64.0	800	5120	4096000	—	—	9000

② EI 型磁芯。EI 型磁芯外形和结构示意图如图 4-10 所示,结构参数见表 4-3 所列。

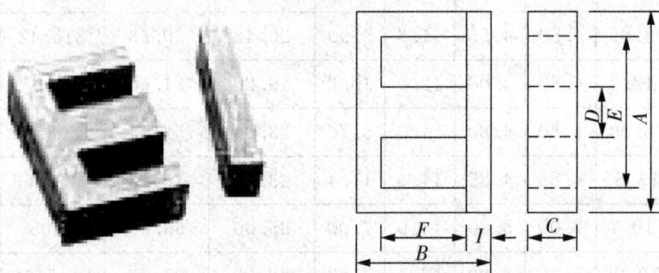

图 4-10　EI 磁芯外形和结构示意图

表 4-3　EI 型磁芯结构参数

型号	尺寸/mm							磁芯参数			$A_L/(nH \cdot N^{-2})$		
	A	B	C	D	E	F	I	A_e /mm²	A_W /mm²	A_P /mm⁴	HP1	HP2	LP3
EI16B	16.1	6.5	9.0	3.0	12.5	5.0	1.5	27.00	23.75	641.25	—	—	—
EI16	16.0	14.7	4.8	4.00	11.8	10.8	2.00	19.20	42.12	808.70	1950	2400	—
EI19	19.0	15.9	4.85	4.85	14.0	11.3	2.35	23.52	51.70	1216.05	2350	2900	—
EI22	22.2	14.4	5.75	5.80	12.8	10.5	4.5	33.35	36.75	1225.61	4500	7150	—
EI22A	22.0	19.0	5.75	5.75	16.0	11.0	4.00	33.06	56.38	1863.90	3500	4350	—
EI25	25.1	19.0	6.75	6.50	19.1	13.25	2.75	43.88	83.48	3662.47	3500	4300	—
EI28	28.0	20.8	10.7	7.20	18.6	12.8	3.50	77.04	72.96	5620.84	7000	9000	—
EI30	30.0	21.25	10.7	10.7	19.5	16.25	5.50	114.49	71.50	8186.04	8900		—
EI33	33.0	23.5	12.7	9.7	23.6	19.0	5.00	123.19	132.05	16267.24	—	—	—
EI41	41.0	26.2	11.8	11.8	28.0	20.2	7.20	139.24	163.62	22782.45	—	—	—
EI50	50.0	33.3	14.8	14.8	34.0	24.8	9.00	219.04	238.08	52149.04	11300		—
EI70	70.0	45.5	19.5	19.5	50.0	35.5	10.5	380.25	541.38	205857.8			—

③C型磁芯。C型磁芯外形和结构示意图如图4-11所示,结构参数见表4-4所列。

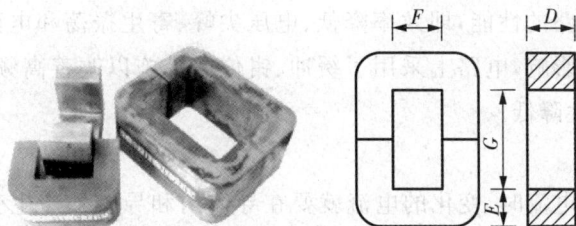

图4-11 C型磁芯结构示意图

表4-4 C型磁芯结构参数

型号	尺寸/mm				磁芯参数							
	D	E	F	G	$L_{磁路}$/mm	$H_{磁路}$/mm	$W_{磁路}$/mm	MLT/mm	A_e/mm^2	A_W/mm^2	A_P/mm^4	A_S/mm^2
CL-2-E	9.52	4.76	7.94	15.87	61	25	17	45	40	126	5100	1903.8
CL-4	6.35	6.35	6.35	22.22	74	35	13	39	36	141	5100	2096.5
CL-45	4.76	6.35	7.94	34.92	104	48	13	39	27	277	7500	2469.1
CL-3-D	12.70	4.76	6.35	15.87	56	25	19	51	54	101	5400	2216.7
CL-5-A	9.52	6.35	6.35	15.87	61	29	16	46	54	101	5400	2216.7
CL-260	4.76	6.35	11.11	34.92	109	48	16	44	27	388	10400	2610.0
CL-149-A	8.73	5.56	5.56	26.19	79	37	14	41	43	146	6100	2450.4
CL-71	9.52	4.76	7.94	25.40	79	35	17	45	40	202	8100	2448.2
CL-7-A	9.52	3.97	6.35	44.45	112	52	16	41	34	282	9500	3169.6
CL-2-C	6.35	7.94	7.94	22.22	81	38	14	45	45	176	7900	2631.6
CL-76	9.52	4.76	9.52	25.40	81	38	19	48	40	242	9800	2538.4
CL-5	9.52	6.35	6.35	22.22	74	35	16	46	54	141	7600	2619.8
CL-6-E	12.70	5.16	6.35	22.22	71	33	19	52	58	141	8200	2778.3
CL-62	6.35	6.35	12.70	28.57	99	41	19	49	36	363	13000	2741.7
CL-7	9.52	5.56	7.94	25.40	81	37	17	47	47	202	9500	2681.8
CL-37	9.52	5.56	7.94	26.99	84	38	17	47	47	214	10100	2777.7
CL-69	6.35	6.35	12.70	31.75	107	44	19	49	36	403	14500	2903.2

11. 线圈

在低频时,依据线圈直流电阻引起的允许损耗设计线圈,在给定损耗和散热条件下,选取磁芯和导线尺寸。低频变压器的寄生参数如漏感和激磁电感对变压器影响较小,结构工艺已十分成熟。在高频开关电源中,损耗仍然是高频磁元件设计的重要依据。但随着开关电源工作频率的增加,高频电流在线圈中流通产生严重的高频效应,加之寄生电感、电容严重影响了开关电源电路的性能,即效率降低、电压尖峰、寄生振荡和电磁干扰等。为了减小寄生效应产生的有害影响,电路上采用了缓冲、钳位等措施以改善高频开关电源的性能,但使电路复杂化,可靠性降低。

(1)集肤效应

当导体通过高频电流时,变化的电流就要在导体内和导体外产生变化的磁场垂直于电流方向,根据电磁感应定律,高频磁场在导体内沿长度方向产生感应电势,此感应电势在导体内整个长度方向产生的涡流阻止磁通的变化。主电流和涡流之和在导线表面加强,越向导线中心越弱,电流趋向于导体表面,这就是集肤效应,如图 4-12 所示。

集肤效应的存在使导体表面的电流密度大于中心的电流密度,这无形中减少了导体的有效导电截面,从而增加了损耗。集肤效应使导体中心电流密度大大下降,为了减小集肤效应的影响,通常取导线直径小于 2δ,其中集肤深度 δ(工程上规定从导体表面到电流密度为导体表面的 $1/e = 0.368$ 的距离 δ 为集肤深度,又称穿透深度)为:

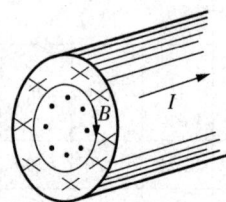

图 4-12 高频电流引起集肤效应

$$\delta = \sqrt{\frac{2}{\omega\mu\sigma}} \qquad (4-31)$$

式中 ω——$2\pi f$,角频率;

σ——电导率,20℃时,铜导线的电导率 $\sigma_{20} = 58\text{m}/\Omega \cdot \text{mm}^2$;

μ——磁导率,铜的磁导率 $\mu = \mu_0 = 4\pi \times 10^{-7}\text{H/m}$。

故 $\delta = \dfrac{66.1}{\sqrt{f}}(\text{mm})$,制成表格供参考,见表 4-5 所列。

表 4-5 铜导体的穿透深度(20℃时)

f/kHz	20	30	50	100	200	300	500	1000
δ/mm	0.467	0.381	0.295	0.209	0.147	0.12	0.093	0.066

一般磁性元件的线圈温度高于 20℃,在导线温度为 100℃时,$\sigma_{100} = 43.5\text{m}/\Omega \cdot \text{mm}^2$,则穿透深度为:

$$\delta = \frac{76.5}{\sqrt{f}} \qquad (4-32)$$

将式(4-32)制成表格,见表 4-6 所列。

表 4-6 铜导体的穿透深度(100℃时)

f/kHz	20	30	50	100	200	300	500	1000
δ/mm	0.541	0.442	0.342	0.242	0.171	0.14	0.108	0.077

（2）线圈磁场和邻近效应

导线通过高频电流时导线内部磁场对电流产生了集肤效应,外部磁场与直流或低频磁场一样,由导线表面向径向方向辐射开来,对周围其他通电导体也会产生影响。

如图 4-13(a)所示,2 根流过相反电流导线之间的磁场叠加,磁场强度最强。而在两导线外侧,两磁场抵消,磁场强度减弱。"·"表示流出纸面,"×"表示流入纸面。在导体内部,由两导体外侧向内逐渐加强,到达导体的内表面时磁场最强。

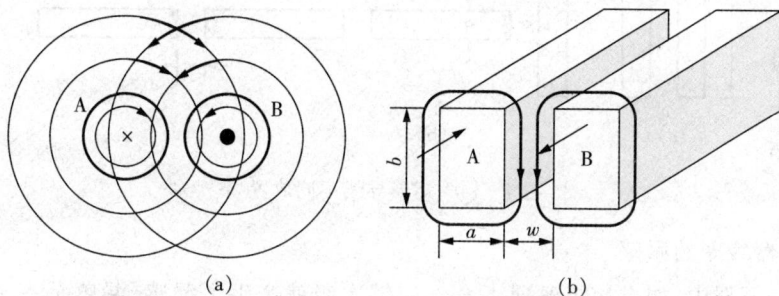

图 4-13　邻近效应示意图

若 2 根导线直径大于穿透深度 d,流过相反的且相等的高频电流 i_A 和 i_B 时,导体 A 流过的电流 i_A 产生的磁场 Φ_A 穿过导体 B,与集肤效应相似,在导体 B 中产生涡流 i_{AB}。在靠近 A 的一边涡流与 i_B 的方向一致,相互叠加;而在远离 A 的一边,涡流与 i_B 方向相反而抵消。同理导线 A 中的电流受到导线 B 中电流 i_B 产生的磁场作用,在靠近导线 B 的一边流通,使得导体中电流挤在两导体接近的一边,这就是邻近效应。

如果两矩形截面的导体相距 w 很近(图 4-13(b)),邻近效应使得电流在相邻内侧表面流通,磁场集中在两导线间,导线的外侧,既没有电流,也没有磁场,合成磁场为零,没有磁场的地方不存储能量,能量主要存储在导线之间。如果宽度 $b \gg w$,则单位长度上的电感为:

$$L = N^2 \mu_0 \frac{wl}{bl} = 4\pi \frac{w}{b} (\text{nH/cm}) \tag{4-33}$$

其中,$N=1$ 为匝数;l 为导电带料的长度(cm);b 为带料的宽度(cm);w 为导线间距离(cm)。

若忽略外磁场的能量,单位长度两导线间存储的能量为:

$$W_m = \frac{\mu_0}{2} H^2 V/l = \frac{\mu_0}{2} \left(\frac{I}{b}\right)^2 bw = \frac{\mu_0 w}{2b} I^2 \tag{4-34}$$

式中　I——导电带料流过的电流;

H——导线之间的磁场强度。

可见,如果导线宽度越窄(b 变小),存储能量越大。如图 4-14 所示,根据式(4-34),比较几种导线的排列可以看到,由于邻近效应,电流集中在导线之间穿透深度的边缘上,b 越小,表面间的磁场强度越强。如两导线距离 w 相同、两导线电流数值相等,图 4-14(a)导线宽度比图 4-14(c)宽,导线间存储的能量与导线的宽度成反比。所以,图 4-14(c)比

图 4-14(a)存储更多的能量,导线电感也更大。邻近效应使图 4-14(c)导线有效截面积减少最严重,损耗最大。为减少分布电感,图 4-14(a)最好,图 4-14(b)次之,图 4-14(c)最差。因此,在布置印刷电路板导线时,流过高频电流的导线与回流导线分为上、下层最好,而且铜层的厚度不应当超过穿透深度。平行靠近放置在同一层最差,即使导线很宽,实际上仅在导线靠近的边缘有高频电流流通,损耗很大。

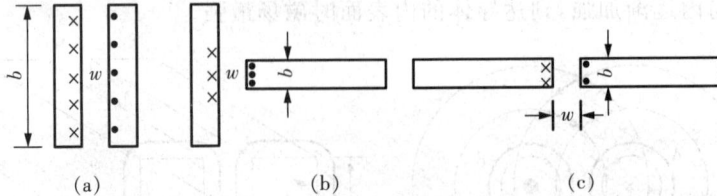

图 4-14 矩形导线不同放置

（3）变压器线圈的漏感

在实际变压器中,如果初级磁通不全部交链次级就产生了漏感,漏感是一个寄生参数。以单端变换器为例,功率开关由导通状态转变为断开时,漏感存储的能量就要释放,从而产生很大的尖峰电压,造成电路器件损坏和很大的电磁干扰。虽然在电路中可增加缓冲或钳位电路抑制电压尖峰,但造成变换器效率降低。所以在设计变压器时,从磁芯选择、绕组结构和制作工艺等方面尽可能减少漏感。

① 典型变压器磁芯的漏感分析。图 4-15 所示为一个典型的 E 型磁芯变压器,假设变压器的初级线圈为 4 匝,次级为 1 匝。如果次级流过电流 I_2（例如 10A）,根据变压器原理,如不考虑磁化电流,初级安匝等于次级安匝,初级电流应为 $I_1 = I_2 N_2 / N_1 = 2.5A$。

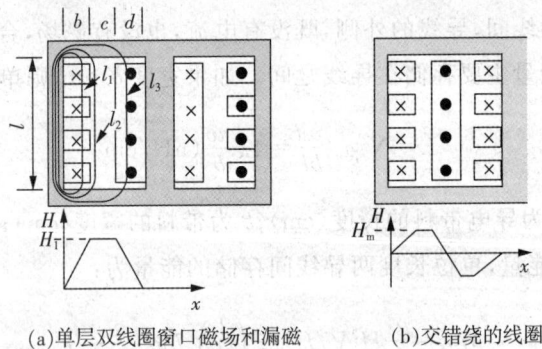

(a)单层双线圈窗口磁场和漏磁　　(b)交错绕的线圈

图 4-15 线圈绕制方法比较

线圈安放在中柱上,初级在外,占窗口高度为 b;次级在内,占窗口高度为 d;两线圈间间隙为 c。没有磁芯时,线圈外磁场很弱;有高磁导率磁芯时,线圈外磁场被磁芯短路,磁芯中磁压降为零,线圈整个磁势 $I_1 N_1$ 主要降落在窗口空气路径上。取初级最外层为参考点,当 $x < b$ 时（环路 l_1）,根据安培环路定律沿环路 l_1 线积分,得

$$\frac{I_1 N_1}{b} x = H_x l$$

$$H_{\mathrm{x}}=\frac{I_1 N_1}{bl}x=H_1\,\frac{x}{b} \qquad (4-35)$$

式中 $I_1 N_1$——初级安匝数；

H_1——全部初级安匝在窗口产生的磁场强度；

l——窗口高度。

从式(4-35)可见，在初级线圈宽度内，磁场强度随 x 线性增加。当 $x=b$ 时，环路包围了整个初级，磁场强度等于 H_1。

当 $b<x<b+c$ 时(环路 l_2)，在两线圈之间包围的环路中没有增加电流，磁场强度不变，即 $H_x=H_1$，一直保持到 $x=b+c$。

当 $x>b+c$ 时(环路 l_3)，包围了次级反向电流，这里的磁场强度为：

$$H_{\mathrm{x}}=H_1-\frac{N_2 I_2}{dl}(x-(b+c))$$

因为 $N_2 I_2=N_1 I_1$，则

$$H_{\mathrm{x}}=H_1-\frac{N_2 I_2}{dl}(x-(b+c))=H_1\left(1-\frac{x-b-c}{d}\right) \qquad (4-36)$$

初级线圈送入磁场的能量为：

$$W_{\mathrm{m}}=W_{\mathrm{b}}+W_{\mathrm{c}}+W_{\mathrm{d}}=\frac{1}{2}L_{\mathrm{S}_1}I_1^2 \qquad (4-37)$$

其中 W_{b}、W_{c}、W_{d} 分别为初级线圈、线圈间隙和次级线圈所占空间存储的磁能。分别为：

$$W_{\mathrm{b}}=\int_0^b\frac{\mu_0}{2}H_{\mathrm{x}}^2 l_{\mathrm{av1}}l\mathrm{d}x=\frac{\mu_0 l_{\mathrm{av1}}l}{2}\int_0^b\left(\frac{N_1 I_1}{bl}\right)^2\mathrm{d}x=\frac{\mu_0 l_{\mathrm{av1}}b\,(N_1 I_1)^2}{6l} \qquad (4-38)$$

$$W_{\mathrm{c}}=\frac{\mu_0 l_{\mathrm{av2}}c\,(N_1 I_1)^2}{2l} \qquad (4-39)$$

$$W_{\mathrm{d}}=\frac{\mu_0 l_{\mathrm{av3}}d\,(N_2 I_2)^2}{6l} \qquad (4-40)$$

其中，l_{av1}、l_{av2} 和 l_{av3} 分别为初级、线圈间隔带和次级平均长度。

将式(4-38)、式(4-39)、式(4-40)代入式(4-37)，考虑到 $N_2 I_2=N_1 I_1$，经化简得到初级漏感为：

$$L_{\mathrm{S}_1}=\frac{\mu_0 N_1^2}{l}\left(\frac{bl_{\mathrm{av1}}}{3}+cl_{\mathrm{av2}}+\frac{dl_{\mathrm{av3}}}{3}\right) \qquad (4-41)$$

实际上应当考虑端部磁通，同时式(4-41)中平均长度的计算复杂，通常用绕组平均长度 l_{av} 代替，式(4-41)改写为：

$$L_{\mathrm{S}_1}=\frac{\mu_0 N_1^2 l_{\mathrm{av}}k_{\mathrm{S}}}{l}\left(c+\frac{b+d}{3}\right) \qquad (4-42)$$

其中

$$k_S = 1 - \frac{b+c+d}{\pi l} + 0.35 \left(\frac{b+c+d}{\pi l}\right)^2$$

由式(4-42)可见,漏感与初级匝数 N 的平方成正比,与窗口的宽度 l 成反比。因此减少匝数,选取大的窗口宽度可减少漏感。还应当看到,线圈之间的间隔越小,漏感也越小。

同时由图4-15(a)可知,在线圈间隔 c 段,磁场强度最高。因磁场能量正比于 H 的平方,磁场能量最大,由此对漏感影响也最大。

② 其他结构的漏磁。对于环形磁芯,如果是一个高磁导率磁芯的变压器,将磁环沿径向切断沿圆周展开,与图4-15(a)相似,初级与次级之间的相对位置和间隔是产生漏磁的基本原因。要减少漏磁,初级和次级线圈应均匀分布在整个圆周上。因环形变压器的窗口宽度比 E 型宽得多,相同的匝数,环形变压器漏感要比 E 型磁芯小得多。

在反激变换器中,次级线圈电流与初级线圈电流不是同时发生的。如果是电感线圈,采用环形低磁导率的磁粉芯材料作为磁路,线圈均匀分布在整个环的圆周上,在整个环圆周上没有磁位差,也就没有散磁通。但是由于初级线圈与次级线圈位置不同,次级线圈并没有交链初级线圈的全部磁通,初级还是有漏磁,除非双线并绕。

反激变压器如果采用高磁导率气隙磁芯,由于高磁阻的气隙存在,初级线圈产生的磁通除了大部分经过磁芯和串联气隙(端面磁通和边缘磁通)外,还有一部分磁通只经过部分磁芯磁路的散磁。激励线圈的结构(集中还是分布)以及在磁芯长度上的相对气隙位置不同,对整个磁场的分布有较大的影响。从漏磁的观点出发,首先,应当像图4-15所示的一样,将初级和次级线圈分布地绕在一起,并尽量增加分布长度,即窗口宽度;其次,应将线圈放置在气隙上,保证初、次级磁通有良好的耦合。

③ 减少漏磁的主要方法(线圈交错绕)。如果将初级线圈分成两半,将次级线圈夹在中间,如图4-15(b)所示,同样可用式(4-35)、式(4-36)作出磁场分布图。如果与图4-15(a)相同的磁芯和安匝数,线圈窗口中最大磁场强度比图4-15(b)大一倍($H_m = H_1/2$)。图4-15(b)初级和次级间隔处总磁场强度降低到图4-15(a)中的1/2,初级线圈空间磁场总能量为图4-15(a)的1/4,次级空间磁场能量也降低为1/4,就可以大大降低漏感。

如果是多层线圈,同理可作出更多层线圈的磁场分布图。为了减少漏感,可将初级和次级都分段。例如,分成初级1/3→次级1/2→初级1/3→次级1/2→初级1/3,或初级1/3→次级2/3→初级2/3→次级1/3等,最大磁场强度降低到1/9。但是,线圈分得太多,绕制工艺复杂,线圈间间隔比例加大,充填系数降低,同时初级与次级之间的屏蔽困难。

在输出与输入电压都比较低的情况下,又要求漏感非常小,如驱动变压器,可以采用双线并绕,同时采用窗口宽高比较大的磁芯,像罐型、RM 型、PM 铁氧体磁性,这样在窗口中磁场强度很低,可以获得较小的漏感。

实际上,变压器线圈大多为多层,由于邻近效应,电流仅集中在初级与次级靠近的一边导线中 δ 宽度流通。在远离的一边导体中没有磁场,也应当没有电流,它比集肤效应引起更严重的交流损耗。

(4)变压器线圈及导线的选择

根据电路拓扑和输入、输出参数就可以计算出磁元件的设计参数,磁元件的损耗是线圈设计的出发点之一。

图 4-16 所示为一个变压器铜损耗和磁芯损耗定性关系图。在给定绝缘等级和应用环境条件(温升)下,选取较高的 ΔB 值,可以减少匝数,但磁芯损耗 P_C 增加;线圈匝数减少,导线电阻减少,线圈损耗 P_W 下降;反之,P_C 增加,而 P_W 减少。变压器的总损耗 P 是两者之和,在某一个匝数 $N(B)$ 下有一个最小值,即当 $P_W = P_C$ 时变压器损耗最小,体积也最小。实际上,完全达到最优是困难的,但在图 4-16 虚线包围的范围内已相当满意。

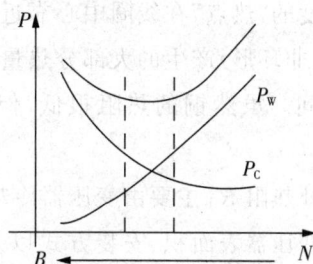

图 4-16　变压器损耗图

铁氧体磁芯变压器线圈铜损耗与磁芯损耗之比,一般在 0.25~4 范围内,相应的效率在 80%~90% 内,90% 相应的比为 1。

线圈和磁芯损耗决定了磁元件的能量损耗,给定损耗下线圈的散热性能决定线圈的温升,而绝缘等级决定了温升限制,即最大允许温升。如果超过绝缘温升限制,将导致绝缘加速老化,缩短绝缘寿命。

① 绝缘、热阻和电流密度

a. 绝缘。为了避免导线之间短路和电气隔离,导线之间都加有绝缘材料。绝缘材料的寿命就是磁元件的寿命,绝缘材料绝大部分是有机化合物。在热的作用下,材料产生分解、挥发,导致绝缘性能下降、耐潮性变差和机械强度下降,这就是热老化。

因此,热是绝缘材料老化的主要因素。在达到某一评定终结的情况下,材料在热作用下能工作的时间称为寿命,从寿命角度规定材料的极限工作温度。IEC 规定了绝缘材料 7 个耐温等级,见表 4-7 所列。

表 4-7　IEC 绝缘等级极限温度

绝缘等级	Y	A	E	B	F	H	C
工作温度/℃	90	105	120	130	155	180	>180

如果磁芯材料采用非晶合金或磁粉芯,居里温度一般在 250℃ 以上,磁特性的温度稳定性好,采用 B 级以上绝缘。铁氧体居里温度一般在 250℃ 以下,同时损耗曲线大约在 100℃ 以上是正温度系数,即温度增加,损耗增加。一般磁芯平均温度控制在 100℃ 以下,变压器热点温度不应当超过 120℃,与其相应的绝缘一般采用 E 级绝缘,最高工作温度为 100℃ 左右。如果磁芯损耗与线圈损耗相等,自然冷却时温升 40℃,磁芯比损耗为 $100 \, \mathrm{mW/cm^3}$。

b. 热阻。磁元件线圈的温升是线圈总损耗和它表面散热能力的综合结果。热阻有 2 个主要部分:热源(磁芯和线圈)和变压器表面之间的内热阻 R_i;变压器表面到外部环境的外热阻 R_{th}。

内热阻主要取决于线圈物理结构,因为热源分布在整个变压器中,很难定量决定。而最高温度的"热点"在线圈中心靠近磁芯表面的位置,R_i 与表面的内热点无关,是一个平均值。磁芯(非环形)产生的大部分热量靠近变压器内表面,而线圈内产生的热分布在表面与内磁芯之间。虽然铜的热阻很低,但绝缘和空隙增大了线圈内的热阻,这些参数常常由经验决定。

外热阻 R_{th} 主要由变压器冷却方式(自然冷却或强迫冷却)决定,自然冷却时 R_{th} 主要取决于变压器表面积、安装方式以及周围空气流有无障碍。变压器水平安装相比垂直安装,R_{th} 要大得多。对于强迫冷却,R_{th} 可降低到很小,取决于气流速度,此时内热阻 R_i 成为主要因素。温升是指平均温升,并非磁芯"热点"温度与表面温度之差。

通常内热阻 R_i 远小于外热阻 R_{th}(强迫通风除外),根据"热路"欧姆定律,温升和损耗的关系为:

$$\Delta T = R_{th} P \tag{4-43}$$

式中　R_{th}——热阻(W/℃);

　　　　P——磁元件总的损耗功率(W)。

虽然有不少文献介绍电磁元件的温升估算方法,但是尚无简单而精确的分析方法。精确计算可用计算机有限元分析,通常应用磁性元件热阻与表面辐射和自然对流散热经验关系计算温升,精度可在 10℃ 以内。热阻的经验公式为:

$$R_{th} = 295 A^{-0.7} P^{-0.15} \tag{4-44}$$

简单经验公式为:

$$R_{th} = \frac{800}{A} = \frac{800}{k A_W} \tag{4-45}$$

线圈温升为:

$$\Delta T = R_{th} P = 295 A^{-0.7} P^{0.85} \tag{4-46}$$

式中　P——磁元件总的损耗功率(W);

　　　　A——磁元件的计算表面积(cm^2);

　　　　A_W——磁元件磁芯窗口面积(cm^2);

　　　　k——系数,E 形或 PM、PR 形磁芯,$k=22$,罐形或 PQ 形磁芯,$k=25\sim50$。

热阻不仅与辐射表面有关,而且还与磁元件的耗散功率有关。通常"热点"温度比表面温度高 10℃~15℃。表面与周围空气较大的温度差使得表面更容易散热,即热阻更低。

　　c. 电流密度。线圈损耗为:

$$P_W = \sum R I^2 = \sum \frac{\rho_t l}{A_{Cu}} I^2 = j \rho_t \sum I l \tag{4-47}$$

式中　$R = \rho_t / A_{Cu}$;

j—— 电流密度，$j = I/A_{Cu}$；

A_{cu}—— 铜导线截面积；

ρ_t—— 温度 t 时的电阻率；

$\sum Il$—— 所有线圈各个电流的有效值和其线圈长度的乘积之和。

可见线圈的功率损耗与线圈的电流密度成正比，电流密度越大，线圈损耗越大。低频（50kHz 以下）时，A 级绝缘可以选择允许电流密度为 $2.5\sim3A/mm^2$（$250\sim300A/cm^2$），E 级绝缘可选择电流密度为 $4.50A/mm^2$。开关电源中，磁元件一般体积较小，表面体积比大，散热容易，在自然冷却条件下，一般选取电流密度在 $4\sim6.5A/mm^2$。而模块电源中，磁元件有良好的散热条件，一般电流密度达到 $8A/mm^2$，甚至达到 $10A/mm^2$。

电流密度选择高，导线截面积小，相同窗口绕更多的导线。但导线电阻大，铜损耗大，当自然冷却温升超过绝缘等级最高允许值时，应当考虑采用强迫风冷。但是，高的电流密度引起高损耗，降低了整个变换器效率。一般从效率出发，将损耗功率分解到各个元件，根据磁元件分配到的耗散功率，并使得 $P_W = P_C$ 选取相应线圈的电流密度。

② 计算有效值电流

线圈发热是功率损耗引起的，线圈功率损耗是电流有效值在线圈电阻上的损耗，因此计算线圈损耗前应当计算线圈电流的有效值。在高频情况下，由于集肤效应的存在，使导线有效界面变小（即使导线直径小于 2δ），因此，高频时应考虑选择更低的允许电流密度。在开关电源中，有如图 4-17 所示的几种可能的电流波形。

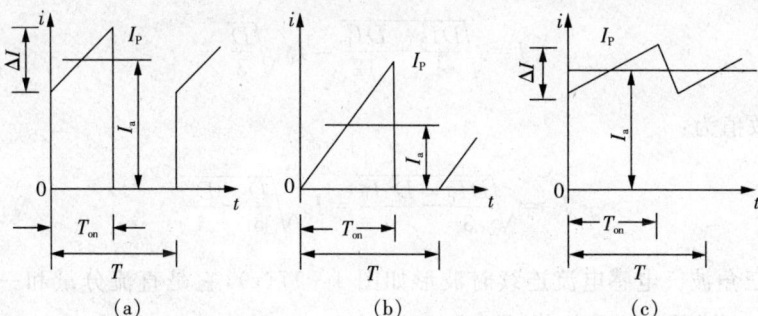

图 4-17　开关电源中典型的电流波形

其峰值 I_P、平均值 I_{dc} 和有效值 I 关系分别计算如下：

a. 梯形波。开关电源中最常见的电流波形是梯形波（图 4-17(a)），例如推挽变压器初级电流、正激变压器初级和次级电流、磁通连续模式单端反激变压器初级电流等。

高电平时间定义为 T_{on}，周期为 T，峰值电流为 I_P，脉动分量为 ΔI，占空比 $D = T_{on}/T$，梯形波中值 $I_a = I_P - \Delta I/2$，电流波形的表达式为：

$$i = I_a - \frac{\Delta I}{2} + \frac{\Delta I}{T_{on}}t \qquad (0 < t < T_{on})$$

$$i = 0 \qquad (T_{on} < t < T) \tag{4-48}$$

对电流平均值,即直流分量 I_{dc} 为:

$$I_{dc} = \frac{1}{T} \int_0^{T_{on}} i \, \mathrm{d}t = \frac{1}{T} \int_0^{T_{on}} \left(I_a - \frac{\Delta I}{2} + \frac{\Delta I}{T_{on}} t \right) \mathrm{d}t = D I_a \qquad (4-49)$$

对电流总有效值 I,根据有效值定义:

$$I = \sqrt{\frac{1}{T} \int_0^{T_{on}} i^2 \, \mathrm{d}t} = \sqrt{\frac{1}{T} \int_0^{T_{on}} \left(I_a - \frac{\Delta I}{2} + \frac{\Delta I}{T_{on}} t \right)^2 \mathrm{d}t} = \sqrt{D \left(I_a^2 + \frac{(\Delta I)^2}{12} \right)} \qquad (4-50)$$

近似得到:

$$I = I_a \sqrt{D} \qquad (4-51)$$

交流分量的有效值为:

$$I_{ac} = \sqrt{I^2 - I_{dc}^2} = \sqrt{D I_a^2 - D^2 I_a^2} = I_a \sqrt{D(1-D)} \qquad (4-52)$$

b. 断续三角波。三角波电流波形(图 4-17(b))通常出现在电感电流断续状态,根据式 (4-48)~式(4-52)可以得到三角波各个电流关系。

电流平均值为:

$$I_{dc} = \frac{D I_P}{2} \qquad (4-53)$$

电流总有效值为:

$$I = \sqrt{\frac{D I_P^2}{4} + \frac{D I_P^2}{12}} = I_P \sqrt{\frac{D}{3}} \qquad (4-54)$$

交流分量有效值为:

$$I_{ac} = \sqrt{\frac{D I_P^2}{3} - \frac{D^2 I_P^2}{4}} = I_P \sqrt{\frac{D}{3} - \frac{D^2}{4}} \qquad (4-55)$$

c. 连续三角波。电感电流连续时波形如图 4-17(c),它是直流分量和一个幅度 $\Delta I/2$ 的三角波叠加而成的电流平均值,即

$$I_{dc} = I_a \qquad (4-56)$$

电流总有效值为:

$$I = \sqrt{\left(I_a^2 + \frac{(\Delta I)^2}{12} \right)} \approx I_a \qquad (4-57)$$

交流分量有效值为:

$$I_{ac} = \frac{\Delta I}{\sqrt{12}} = \frac{\Delta I}{2\sqrt{3}} \qquad (4-58)$$

其他波形按照上述方法求得平均值、总有效值、交流分量有效值。根据直流分量计算直

流电阻损耗;按交流分量和交流电阻计算交流损耗;按总有效值选择导线尺寸。

③ 变压器线圈导线选择

电流较小时可直接选择圆导线,导线直径小于 2δ。AWG 圆导线规格见表 4-8 所列。

表 4-8　AWG 导线规格表

AWG 线编号	裸线		电阻率	有关参数			
	A_{XP} /mm²	Cir-Mil（圆密尔）	$\mu\Omega \cdot mm$（20℃）	截面积		直径	
				mm²	Cir-Mil	mm	Inch
10	5.261	10384	3.27	5.59	11046	2.67	0.1051
11	4.168	8226	4.137	4.45	8798	2.38	0.938
12	3.308	6529	5.2	3.564	7022	2.13	0.0838
13	2.626	5184	6.564	2.836	5610	1.9	0.0749
14	2.082	4109	8.28	2.295	4556	1.71	0.0675
15	1.651	3260	10.43	1.837	3624	1.53	0.0602
16	1.307	2581	13.18	1.473	2905	1.37	0.0539
17	1.039	2052	16.58	1.168	2323	1.22	0.0482
18	0.8228	1624	20.95	0.9326	1857	1.09	0.0431
19	0.6531	1289	26.39	0.7539	1490	0.98	0.0386
20	0.5188	1024	33.23	0.6065	1197	0.879	0.0346
21	0.4116	812.3	41.89	0.4837	954.8	0.785	0.0309
22	0.3243	640.1	53.14	0.3857	761.7	0.701	0.0275
23	0.2588	510.8	66.6	0.3135	620.0	0.632	0.0249
24	0.2047	404.0	84.21	0.2514	497.3	0.566	0.0223
25	0.1623	320.4	106.2	0.2002	396.0	0.505	0.0199
26	0.128	252.8	134.5	0.1603	316.8	0.452	0.0178
27	0.1021	201.6	168.76	0.1313	259.2	0.409	0.0161
28	0.08046	158.8	214.27	0.10515	207.3	0.366	0.0144
29	0.0647	127.7	266.43	0.08548	169.0	0.33	0.0130
30	0.05067	100.00	340.22	0.06785	134.5	0.294	0.0116
31	0.04013	79.21	429.46	0.05596	110.2	0.267	0.0105
32	0.03246	64.00	531.49	0.04559	90.25	0.241	0.0095
33	0.02554	50.41	674.86	0.03662	72.25	0.216	0.0085
34	0.02011	39.69	857.28	0.02863	56.25	0.191	0.0075
35	0.01589	31.36	1084.9	0.02268	44.89	0.17	0.0067

（续表）

AWG 线编号	裸线		电阻率	有关参数			
	A_{XP} /mm²	Cir-Mil （圆密尔）	$\mu\Omega \cdot mm$ （20℃）	截面积		直径	
				mm²	Cir-Mil	mm	Inch
36	0.01266	25.00	1360.8	0.01813	36.00	0.152	0.0060
37	0.01026	20.25	1680.1	0.01538	30.25	0.14	0.0055
38	0.008107	16.00	2126.6	0.01207	24.01	0.124	0.0049
39	0.006207	12.25	2777.5	0.00932	18.49	0.109	0.0043
40	0.004869	9.61	3540	0.00723	14.44	0.096	0.0038
41	0.003972	7.84	4340.5	0.00584	11.56	0.0863	0.0034
42	0.003166	6.25	5442.9	0.004558	9.00	0.0762	0.0030
43	0.002452	4.84	7030.8	0.003683	7.29	0.0685	0.0027
44	0.00202	4.00	8507.2	0.003165	6.25	0.0635	0.0025

注：圆密尔是面积单位，即直径为1密尔（1密尔＝0.001Inch）的金属丝面积，1Inch＝2.54mm。

电流较大时，可采用多股单独绝缘圆导线绞绕，也可以选择利兹线或铜箔。每股圆导线或利兹线中单股线的直径必须小于 2δ，或铜箔的厚度小于 δ。

利兹线（Litz Wire）是由多根单独绝缘的导线经绞合或编织而成的电磁线，电磁线是一种具有绝缘层的电线，它是以绕组形式来实现电磁能的转化，又称为绕组线。由于这种结构的每一根单线都可处于整个导线截面的任何位置，因而使通过的电流分布均匀，磁通量均衡，同时能有效抑制"集肤效应"和"邻近效应"。

用于制造利兹线的单线多为现有的各种单一或复合涂层的漆包铜圆线，其规格一般在 $0.05\sim1mm$ 之间。利兹线的绞合方式有同心绞合、集合绞合（束绞）和复合绞合等3种，普通绞合或编织的利兹线也可再用涂敷、挤包或绕包的方法，制成具有外部包覆层的利兹线，即漆包利兹线、挤包利兹线和绕包利兹线。

4.3.2 变压器设计基本步骤

设计开始应当首先决定使用参数，例如输入输出电压及其变化范围、功率、工作频率等，前面指出了若干预计的方法，磁芯、线圈的决定是一个迭代过程，一旦不满足要求，计算则重新开始。

以设计一个正激变压器为例说明变压器设计步骤，为了便于对设计步骤的理解，在设计步骤相应括号中作简要说明。

步骤1：确定变压器设计的电源参数。

U_i 范围：248～372V；

输出：5V，50A（输出功率250W，有时输出有一定调节范围或多路输出）；

开关频率 f_s：200kHz（即变压器频率，根据使用的器件、磁芯材料、效率决定）；

最大损耗(绝对):2.5W(变换器效率决定总损耗,根据经验分配到每个单元);

最大温升:40℃(由磁芯和绝缘允许温度和变换器工作环境温度决定);

冷却方式:自然通风。

步骤 2:确定占空比绝对限制 D_{lim},假定 U_{imin} 时 D_{max}(保证动态响应)和额定 U_iD。

绝对限制 D_{lim}:0.47(考虑了复位线圈与初级线圈匝数相等以及动态时磁芯不饱和);

额定 D_{max}:0.42(最低输入电压时保证输出的最大占空比,与极限值有 5% 的余量);

额定 U_iD:$U_{imin}D_{max}=104$V(当输入电压变化时,初级伏秒不变,也是次级伏秒);

$U_{imax}D_{lim}$:174.8V(保证在极限伏秒-瞬态下不饱和)。

步骤 3:计算输出电压加上满载时二极管(肖特基二极管的导通管压降为 0.4V)正向压降和次级电阻 R 的压降,即

$$U_o' = 5.0 + 0.4 = 5.4V$$

步骤 4:计算希望的匝比,如果多路输出,一般首先从最低电压开始,即

$$n = \frac{N_P}{N_{S_1}} = \frac{U_P}{U_o'} = \frac{104}{5.4} = 19.3$$

可能选择的匝比为 19.5 : 1、19 : 1 或 20 : 1。

步骤 5:根据工作频率 200kHz、输出功率 250W,在手册上选择磁芯材料,例如选择 Philips 公司的 3C90 材料,材料的损耗曲线如图 4-7 所示。比损耗为 100mW/cm^3,对应峰值磁感应强度为 0.068T。应用面积乘积公式(4-9)得到:

$$A_P = A_e A_W = \left(\frac{P_o}{K f_s \Delta B}\right)^{4/3} = \left(\frac{250}{0.014 \times 200 \times 10^3 \times 0.068}\right)^{4/3} = 1.438 \text{cm}^4$$

根据计算结果(根据式(4-18)可求得 $A_P = 1.82 \text{cm}^4$),由生产厂家提供的数据手册(本题查表 4-2),选择磁芯 EE33A($A_P = 1.77 \text{cm}^4$),确定了磁芯尺寸。根据工作频率选择磁芯材质,相同比损耗时,好的材质允许的磁通密度摆幅大,A_P 值小,磁芯体积亦小,这里第一次选择磁通密度摆幅。

步骤 6:对于选定的磁芯,查阅表 4-2 得到磁芯有效截面积、窗口面积、体积、有效磁路长度为

$$A_e = 1.23 \text{ cm}^2; A_W = 1.44 \text{ cm}^2; V_e = 7.69 \text{ cm}^3; l_e = 6.74 \text{cm}; 2F = 1.93 \text{cm}$$

考虑骨架、爬电距离和绝缘层后的有效窗口面积为:$1.44 \times 0.5 = 0.72 \text{cm}^2 = 72 \text{mm}^2$。

步骤 7:由手册或使用的 EE 系列磁芯近似热阻公式(式(4-45))获得热阻(或参照磁芯生产厂家提供的热阻值),即

$$R_T = \frac{800}{22 A_W} = \frac{800}{22 \times 1.44} = 25.3 °C/W$$

根据最大温升 ΔT,计算允许的损耗:

$$P_{\lim}=\Delta T/R_T=40/25.3=1.58\mathrm{W}<2.5\mathrm{W}$$

因为少于绝对允许损耗 2.5W,故允许损耗取 1.58W。假定磁芯和线圈损耗各一半,即 $P_{C\lim}=0.78\mathrm{W}$,$P_{W\lim}=0.8\mathrm{W}$。如果按照 2.5W 计算,线圈温升超过 40℃。如果绝对允许损耗小于根据最大温升计算的允许损耗,应以绝对允许损耗计算线圈,否则电源效率不能保证。

步骤 8:损耗限制磁通变化量 $\Delta\Phi$。

计算磁芯单位体积(cm^3)损耗:

$$P_{C\lim}/V_e=0.8/7.69=104\mathrm{mW/cm}^3$$

利用磁芯损耗值,在所选择的 3C90 材料损耗曲线上,根据变压器频率决定"磁通密度"(实际峰值磁通密度),在图 4-7 曲线上,$104\mathrm{mW/cm}^3$/频率 $200\mathrm{kHz}\rightarrow B_{\max}=0.07\mathrm{T}$(磁通密度第二次迭代)。

相同损耗,单向磁化时将加倍获得损耗限制峰值磁通密度变化量 ΔB,$\Delta B=2\times0.07\mathrm{T}=0.14\mathrm{T}$,额定磁通 $\Delta\Phi=\Delta BA_e$。

步骤 9:根据电磁感应定律计算次级匝数。因为

$$U_o'T_s=N_{S_1}\Delta\Phi$$

则
$$N_{S_1}=\frac{U_o'T_s}{\Delta\Phi}=\frac{5.4\times5\times10^{-6}}{0.14\times1.23\times10^{-4}}=1.57\text{ 匝}$$

如果取 1 匝,将大大增加了伏/匝、磁感应变化量和磁芯损耗。如果取 2 匝,减少了磁芯损耗,但是增加了线圈损耗。因为以上的结果接近 2 匝,所以选取 2 匝。

步骤 10:重新计算 2 匝时的磁感应变化量和损耗。

$$\Delta B=\Delta B'\frac{N_{S_1}'}{N_{S_1}}=0.14\times\frac{1.57}{2}=0.11\mathrm{T}\text{(磁通密度第 3 次迭代)}$$

由磁芯损耗曲线图 4-6,查得 $0.11\mathrm{T}/2$(505Gs)时为 $40\mathrm{mW/cm}^3$。磁芯损耗为:

$$P_c=40\times7.69=308\mathrm{mW}=0.308\mathrm{W}$$

步骤 11:确定初级匝数。

由步骤 4 决定的值,试算得到最好的选择是 $N_P=39$ 匝(变比 19.5:1)。重新计算额定 U_iD 和最坏情况下的 $U_{i\max}D_{\lim}$ 条件:

$$U_iD=nU_o=19.5\times5.4=105.3\mathrm{V}$$

$$\Delta B_{\lim}=\frac{\Delta B}{U_iD}U_{i\max}D_{\lim}=\frac{0.11}{105.3}\times174.8=0.183\mathrm{T}\quad\text{(满足}<B_s\text{)}$$

步骤 12:决定线圈结构。

为减少漏感和线圈损耗采用交错结构,如图 4 - 18 所示。交错结构使线圈分成 2 段,每段初级线圈 39 匝,2 段并联。初级电流均等地分配在 2 个线圈中,因为这样能量损耗最低。次级每层 1 匝铜箔,2 匝串联。每层 1 匝使得线圈厚度可能超过穿透深度 δ,这样减少了直流电阻,而增加了交流电阻。

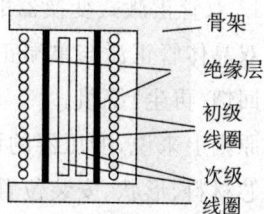

图 4 - 18 线圈绕制结构

步骤 13:计算 200kHz 时的穿透深度。

$$\delta = \frac{76.5}{\sqrt{f}} = \frac{76.5}{\sqrt{2 \times 10^5}} = 0.17 \text{mm}$$

步骤 14:在 U_{imin} 和 D_{max}(步骤 11)条件下,根据式(4 - 51)可计算每个线圈的电流有效值。即

$$I_2 = I_a \sqrt{D} = 31.82 \text{A}$$

$$I_1 = I_2/n = 31.82/19.5 = 1.63 \text{A}$$

每个并联的初级线圈电流是初级总电流的 1/2,即 0.82A。

步骤 15:确定初级线圈。

考虑到高频集肤效应影响,导线等效电阻加大,为减小线圈损耗,导线允许电流密度可选择小一些,假设选择电流密度 $j = 2.5 \text{A/mm}^2$。

选择导线截面积:$A_{1i} = I_1/j = 0.82/2.5 = 0.328 \text{mm}^2$。占用窗口面积为:$A_1 = 0.328 \times 78 = 25.9 \text{mm}^2$。

步骤 16:确定次级线圈。

选择导线截面积:$A_{2i} = I_2/j = 31.82/2.5 = 12.73 \text{mm}^2$。占用窗口面积为:$A_2 = 12.73 \times 2 = 25.6 \text{mm}^2$。次级夹在 2 个 1/2 初级之间,次级 2 匝。考虑骨架窗口高度为 17mm,因此可选择带宽为 16mm(整个线圈有效宽度),厚度小于 0.17mm 的多层铜箔(10 层,层与层之间要加绝缘层绝缘)并绕,等效为 2 段,每段一层。

由于导体所占窗口截面不到其有效截面的 75%,原边线圈可考虑采用利兹线或多股直径小于 0.34mm 的导线绞绕,以减小集肤效应和邻近效应引起的附加损耗。在产品设计时,设计完需要进行线圈损耗校验。

注意在大电流(通常是次级电流在 15A 以上)情况下,一般不用利兹线和多股线并联,而采用厚度比集肤深度小的铜箔绕制。铜箔的厚度可以比穿透深度大,但铜箔太厚绕制困难,造成线圈松散增加漏感,因此铜箔厚度一般可以比穿透深度大 37%,铜箔之间需加绝缘层绝缘。

4.3.3 高频变压器设计

前面的设计方法需要磁芯厂家提供详细的资料和有完整的设计手册,在一般对效率和体积要求不是太高的情况下,可采用如下的简便方法。

1. 双管正激式变换器的高频变压器的设计

双晶体管正激与单端正激变换器的差别是前者不需要能量再生绕组,即工作绕组也是能量回馈(再生)绕组。

原则上来说,变压器的设计非常复杂,以致无固定章法可循。它与一系列情况有关,例如磁芯材料、形状、安装位置、冷却通道、允许的温升、所用绝缘材料和运行的频率等有关。

大多制造磁芯的厂都提供一定前提下的设计例子,但如果前提改变,参考价值就受影响,所以设计例子只是个思想说明。

设计一个输出为 5V、20A 离线双管正激式变换器的高频变压器,变换器输入为交流电压经二极管全桥整流,电容滤波获得。其交流电压范围是 $U_{ac}=110V\pm20\%$,变压器传输效率为 98%,转换效率为 85%,允许温升 40℃,开关频率 50kHz,指定用 3C90 锰锌铁氧体材质的 EE 型磁芯。

(1)确定变压器设计的电源参数

U_i 范围:124~186V;

输出:5V,20A,输出功率 100W;

开关频率 f_s:50kHz;

变压器最大损耗(绝对):2W;

最大温升:40℃;

冷却方式:自然通风。

(2)确定占空比绝对限制 D_{lim},假定 U_{imin} 时 D_{max}(保证动态响应)和额定 U_iD

绝对限制 D_{lim}:0.47;

额定 D_{max}:0.42;

额定 U_iD:$U_{imin}D_{max}=52V$,$U_{imax}D_{lim}=87.4V$。

(3)计算输出电压加上满载时二极管正向压降

$$U_o'=5.0+0.4=5.4V$$

肖特基二极管的导通管压降为 0.4V。

(4)计算希望的匝比

$$n=\frac{N_P}{N_{s_1}}=\frac{U_P}{U_o'}=\frac{52}{5.4}=9.63$$

可能选择的匝比为 9:1、10:1 或 19:2。

(5)计算 A_P 值

根据频率和输出功率要求可选择 EI 型锰锌铁氧体磁芯,其 A_P 值为:

$$A_P=A_eA_W=\frac{99P_o}{f_sB_{max}}=\frac{99\times100}{50\times10^3\times0.16}=1.24cm^4$$

查表 4-3 得 EI33 的 A_P 值为 1.63cm⁴,满足要求,其中 $A_e=1.23cm^2$,$A_W=1.28cm^2$,$V_e=8.28cm^3$。

（6）使用 EE 系列磁芯近似热阻公式（式（4-45））

由窗口面积获得热阻为：

$$R_{\mathrm{T}} = \frac{800}{22A_{\mathrm{W}}} = \frac{800}{22 \times 1.28} = 28.4 \,℃/\mathrm{W}$$

根据最大温升 ΔT，计算允许的损耗：

$$P_{\mathrm{lim}} = \Delta T / R_{\mathrm{T}} = 40/28.4 = 1.41\mathrm{W} < 2\mathrm{W}$$

因为少于绝对允许损耗 2W，故允许损耗取 1.41W。假定磁芯和线圈损耗各为 1/2，即 $P_{\mathrm{Clim}} = 0.7\mathrm{W}$，$P_{\mathrm{Wlim}} = 0.71\mathrm{W}$。如果按照 2W 计算，线圈温升超过 40℃。如果绝对允许损耗小于根据最大温升计算的允许损耗，应以绝对允许损耗计算线圈，否则电源效率不能保证。

（7）计算损耗限制磁通变化量 $\Delta\Phi$

磁芯单位体积损耗：

$$P_{\mathrm{Clim}}/V_{\mathrm{e}} = 0.7/8.28 = 84.5\mathrm{mW/cm^3}$$

利用磁芯损耗值，在所选择的 3C90 材料损耗曲线（图 4-7）上，根据变压器频率决定"磁通密度"（实际峰值磁通密度），在图 4-7 曲线上，84.5mW/cm³/频率 50kHz→$B_{\max} = 0.15\mathrm{T}$（磁通密度第 2 次迭代）。

相同损耗，单向磁化时将其加倍获得损耗限制峰值磁通密度变化量 ΔB，由于实际峰值磁通密度已达到 0.15T，若加倍获得损耗限制峰值磁通密度变化量，则实际工作时有可能磁芯饱和，故磁通密度不能加倍，仍取 $\Delta B = 0.15\mathrm{T}$，额定磁通 $\Delta\Phi = \Delta B A_{\mathrm{e}}$。

（8）根据电磁感应定律计算次级匝数

$$N_{\mathrm{S_1}} = \frac{U_{\mathrm{o}}' T_{\mathrm{S}}}{\Delta\Phi} = \frac{5.4 \times 20 \times 10^{-6}}{0.15 \times 1.23 \times 10^{-4}} = 5.85 \text{ 匝}$$

如果取 5 匝，将增加了伏/匝、磁感应变化量和磁芯损耗。如果取 6 匝，虽减少了磁芯损耗，但是增加了线圈损耗。因为以上的结果接近 6 匝，所以选取 6 匝。

（9）确定初级匝数

匝比大，峰值电流低，占空比 D 大，铜损耗大。由步骤 4 决定的值，试算得到最好的选择是 $N_{\mathrm{P}} = 60$ 匝（匝比 10:1）。

重新计算额定 $U_{\mathrm{i}}D$ 和最坏情况下的 $U_{\mathrm{imax}}D_{\mathrm{lim}}$ 条件：

$$U_{\mathrm{i}}D = nU_{\mathrm{o}}' = 10 \times 5.4 = 54\mathrm{V}$$

$$B_{\mathrm{lim}} = \frac{B_{\max}}{U_{\mathrm{i}}D} U_{\mathrm{imax}} D_{\mathrm{lim}} = \frac{0.15}{54} \times 87.4 = 0.243\mathrm{T} \quad (\text{满足} < B_{\mathrm{S}})$$

（10）计算 50kHz 时的穿透深度

$$\delta = \frac{76.5}{\sqrt{f}} = \frac{76.5}{\sqrt{50 \times 10^3}} = 0.342\mathrm{mm}$$

(11)根据式(4-51)计算每个线圈的电流有效值

$$I_2 = 20\sqrt{D_{max}} = 12.96A$$

$$I_1 = I_2/n = 12.96/10 = 1.3A$$

(12)确定初级线圈,取电流密度 $j = 4A/mm^2$

$$A_{X1} = \frac{I_1}{j} = \frac{1.3}{4} = 0.325mm^2$$

查表 4-8 可选 2 股 AWG25$^{\#}$ 线并绕,单根裸线截面为 0.2002mm^2,直径 0.505mm$<2\delta$。

(13)确定次级线圈

$$A_{X2} = \frac{I_2}{j} = \frac{12.96}{4} = 3.24 \ mm^2$$

查表 4-8 可选 18 股 AWG25$^{\#}$ 线绞绕,单根裸线截面积为 0.2002mm^2,直径 0.505mm$<2\delta$,或选用厚度小于 0.342mm 的铜箔绕制。

2. 推挽式高频开关电源变压器的设计

某一推挽方式工作的开关电源,直流输入电压 $U_i = (28\pm4)V$,副边带中心抽头全波整流线路,输出电压 $U_o = 18V$,$I_o = 5A$,工作频率 $f_s = 40kHz$,变压器传输效率 $\eta = 0.98$,允许温升为 40℃,指定用 3C90 锰锌铁氧体材质的 EE 型磁芯,试设计高频变压器。

(1)确定变压器设计的电源参数

U_i 范围:24~32V;

输出:18V,5A,输出功率 90W;

开关频率 f_s:40kHz;

最大损耗(绝对):1.8W;

最大温升:40℃;

冷却方式:自然通风。

(2)确定占空比绝对限制 D_{lim},假定 U_{imin} 时 D_{max}(保证动态响应)和额定 $U_i D$

绝对限制 D_{lim}:0.47;

额定 D_{max}:0.42;

额定 $U_i D$:$U_{imin} D_{max} = 10.08V$,$U_{imax} D_{lim} = 15.04V$。

(3)计算输出电压加上满载时二极管正向压降

$$U_o' = 18.0 + 0.6 = 18.6V$$

快恢复二极管的管压降为 0.6V。

(4)计算希望的匝比

$$n = \frac{N_P}{N_S} = \frac{U_P}{U_o'} = \frac{2 \times 10.08}{18.6} = 1.08$$

可能选择的匝比为 1:1 或 1.1:1。

（5）计算 A_P 值

根据要求选择 EE 型锰锌铁氧体磁芯，其 A_P 值为：

$$A_P = A_e A_W = \frac{50 P_o}{f_s B_{max}} = \frac{50 \times 90}{40 \times 10^3 \times 0.16} = 0.703 \text{cm}^4$$

查表 4 - 2 得 EE33 的 A_P 值为 1.57cm^4，满足要求，其 $A_e = 1.23$cm^2，$A_W = 1.28$cm^2，$V_e = 8.28$cm^3。

（6）使用 EE 系列磁芯近似热阻公式（式（4 - 45））

由窗口面积获得热阻为：

$$R_T = \frac{800}{22 A_W} = \frac{800}{22 \times 1.28} = 28.4 \text{℃/W}$$

根据最大温升 ΔT，计算允许的损耗：

$$P_{lim} = \Delta T / R_T = 40 / 28.4 = 1.41 \text{W} < 1.8 \text{W}$$

因为少于绝对允许损耗 1.8W，故允许损耗取 1.41W。假定磁芯和线圈损耗各 1/2，即 $P_{Clim} = 0.7$W，$P_{Wlim} = 0.71$W。如果按照 1.8W 计算，线圈温升超过 40℃。如果绝对允许损耗小于线圈允许损耗，应以绝对允许损耗计算线圈，否则电源效率不能保证。

（7）计算损耗限制磁通变化量 $\Delta \Phi$

磁芯单位体积损耗：

$$P_{Clim} / V_e = 0.7 / 8.28 = 84.5 \text{mW/cm}^3$$

利用磁芯损耗值，在所选择的 3C90 材料损耗曲线（图 4 - 7）上，根据变压器频率决定"磁通密度"（实际峰值磁通密度），在图 4 - 7 曲线上，84.5mW/cm^3/频率 50kHz→$B_{max} = 0.15$T（磁通密度第 2 次迭代）。

（8）根据电磁感应定律计算次级匝数

$$N_S = \frac{U_o' T_S}{\Delta \Phi} = \frac{U_o' T_S}{2 B_{max} A_e} = \frac{18.6 \times 25 \times 10^{-6}}{2 \times 0.15 \times 0.4 \times 10^{-4}} = 38.75 \text{ 匝}$$

N_{S1} 可选取 39 匝。

（9）确定初级匝数

由步骤 4 决定的值，试算得到最好的选择应是 $N_P = 42$ 匝（匝比 1.08 : 1），对应这时的 $D_{max} = 0.42$。

重新计算额定 $U_i D$ 和最坏情况下的 $U_{imax} D_{lim}$ 条件：

$$U_i D = n U_o' / 2 = 1.08 \times 18.6 / 2 = 10 \text{V}$$

$$B_{lim} = \frac{B_{max}}{U_i D} U_{imax} D_{lim} = \frac{0.15}{10} \times 15.04 = 0.226 \text{T} \quad （满足 < B_S）$$

(10)计算 40kHz 时的穿透深度

$$\delta=\frac{76.5}{\sqrt{f}}=\frac{76.5}{\sqrt{40\times10^3}}=0.3825\text{mm}$$

(11)根据式(4-51)计算每个线圈的电流有效值

由于副边为双半波整流,副边绕组通过负载电流的时间各占50%,其值为:

$$I_2=5\sqrt{0.5}=3.54\text{A}$$

$$I_1=I_2/n=3.54/1.1=3.22\text{A}$$

(12)确定初级线圈

$$A_{X1}=\frac{I_1}{J}=\frac{3.22}{4}=0.805\text{ mm}^2$$

查表 4-8 可选 AWG18# 线,裸线截面积为 0.9326mm²,直径 1.09mm>2δ,不满足要求,因此可选择 4 股 AWG24# 线绞绕,单根裸线截面积为 0.2047mm²,总面积为 0.8188mm²,直径 0.566mm<2δ,满足要求。

(13)确定次级线圈

$$A_{X2}=\frac{I_2}{J}=\frac{3.54}{4}=0.885\text{ mm}^2$$

查表 4-8 可选 5 股 AWG24# 线绞绕,单根裸线截面为 0.2047mm²,总面积为 1.0235mm²,直径 0.566mm<2δ,满足要求。

3. 半桥式开关电源高频变压器的设计

输入电压为 DC380V±5%,输出为 38V/100A,开关频率 40kHz,变压器效率为 99.5%,允许温升为 40℃,指定用锰锌铁氧体材质的 EE 型磁芯,试设计高频变压器。

(1)确定变压器设计的电源参数

U_i范围:361~399V;

输出:38V,100A,输出功率3800W;

开关频率 f_s:40kHz;

按效率计算,最大损耗(绝对)为 19W;

最大温升:40℃;

冷却方式:自然通风。

(2)确定占空比绝对限制 D_{lim},假定 U_{imin} 时 D_{max}(保证动态响应)和额定 U_iD

绝对限制 D_{lim}:0.47×2;

额定 D_{max}:0.42×2;

额定 U_iD:$U_{imin}D_{max}/2=151.62\text{V}$,$U_{imax}D_{lim}/2=187.54\text{V}$。

（3）计算输出电压加上满载时二极管正向压降

$$U_o' = 38.0 + 1 = 39\text{V}$$

快恢复二极管的管压降为 1V。

（4）计算希望的匝比

$$n = \frac{N_P}{N_{S_1}} = \frac{U_P}{U_o'} = \frac{151.62}{39} = 3.89$$

（5）计算 A_P 值

根据要求选择 EE 型锰锌铁氧体磁芯，其 A_P 值为：

$$A_P = A_e A_W = \frac{35 P_o}{f_S B_{max}} = \frac{35 \times 3800}{40 \times 10^3 \times 0.16} = 20.781 \text{ cm}^4$$

查表 4-2 得 EE65 的 A_P 值为 29.37cm^4，满足要求，$A_e = 5.31\text{cm}^2$，$A_W = 5.54\text{cm}^2$，$V_e = 94.83\text{cm}^3$。

（6）使用 EE 系列磁芯近似热阻公式（式（4-45））

由窗口面积获得热阻为：

$$R_T = \frac{800}{22 A_W} = \frac{800}{22 \times 5.54} = 6.56\text{℃}/\text{W}$$

根据最大温升 ΔT，计算允许的损耗：

$$P_{lim} = \Delta T / R_T = 40/6.56 = 6.1\text{W} < 19\text{W}$$

因为少于绝对允许损耗 19W，故允许损耗取 6.1W。假定磁芯和线圈损耗各为 1/2，即 $P_{Clim} = 3\text{W}$，$P_{Wlim} = 3.1\text{W}$。

（7）计算损耗限制磁通变化量 $\Delta\Phi$

磁芯单位体积损耗：

$$P_{Clim}/V_e = 3/94.83 = 31.6\text{mW}/\text{cm}^3$$

利用磁芯损耗值，在所选择的 3C90 材料损耗曲线（图 4-7）上，根据变压器频率决定"磁通密度"（实际峰值磁通密度），在图 4-7 曲线上，31.6mW/cm^3/频率 40kHz→$B_{max} = 0.13\text{T}$（磁通密度第 2 次迭代）。

（8）根据电磁感应定律计算次级匝数

$$N_{S_1} = \frac{U_o' T_S}{\Delta\Phi} = \frac{U_o' T_S}{2 B_{max} A_e} = \frac{39 \times 25 \times 10^{-6}}{0.26 \times 5.31 \times 10^{-4}} = 7.06 \text{ 匝}$$

为保证整数匝，N_{S_1} 可选取 7 匝。

（9）确定初级匝数

由步骤 4 决定的值，试算得到最好的选择是 $N_P = 27$ 匝（变比 27/7）。重新计算额定

U_iD 和最坏情况下的 $U_{imax}D_{lim}$ 条件：

$$U_iD=nU_o'=\frac{27}{7}\times39=150.4\text{V}$$

$$B_{lim}=\frac{B_{max}}{U_iD}U_{imax}D_{lim}=\frac{0.13}{150.4}\times187.54=0.162\text{T}\quad(\text{满足}<B_S)$$

（10）计算 40kHz 时的穿透深度

$$\delta=\frac{76.5}{\sqrt{f}}=\frac{76.5}{\sqrt{40\times10^3}}=0.3825\text{mm}$$

（11）根据式（4-51）计算每个线圈的电流有效值

由于副边为双半波整流，副边绕组通过负载电流的时间各占 50%，其值为：

$$I_2=100\sqrt{0.5}=70.7\text{A}$$

$$I_1=\sqrt{2}I_2/n=100/(27/7)=25.93\text{A}$$

（12）确定初级线圈

$$A_{X1}=\frac{I_1}{J}=\frac{25.93}{4}=6.48\text{ mm}^2$$

查表 4-8 可选择 32 股 AWG24$^\#$ 线绞绕，总截面积为 6.55mm^2，单根裸线截面为 0.2047mm^2，直径 0.566mm$<2\delta$，满足要求。

（13）确定次级线圈

$$A_{X2}=\frac{I_2}{J}=\frac{70.7}{4}=17.675\text{ mm}^2$$

由于导线截面较大，一般可采用厚度小于穿透深度 $\delta=0.3825$mm 的铜箔绕制。

4. 全桥式开关电源高频变压器的设计

试设计一个以铁氧体为磁芯的桥式变换器使用的变压器，它需符合以下要求：变换器输入电压 252～370V，工作频率为 40kHz，输出电压 $U_o=5$V，电流 $I_o=100$A，变压器传输效率为 99%，允许温升 40℃，指定用锰锌铁氧体材质的 EE 型磁芯，试设计高频变压器。

（1）确定变压器设计的电源参数

U_i 范围：252～370V；

输出：5V，100A，输出功率 500W；

开关频率 f_s：40kHz；

最大损耗（绝对）：5W；

最大温升：40℃；

冷却方式：自然通风。

（2）确定占空比绝对限制 D_{lim}，假定 U_{imin} 时 D_{max}（保证动态响应）和额定 U_iD

绝对限制 D_{lim}：0.47×2；

额定 D_{max}:0.42×2；

额定 U_iD：$U_{imin}D_{max}=206.64V$，$U_{imax}D_{lim}=347.8V$。

(3)计算输出电压加上满载时二极管正向压降

$$U_o'=5.0+0.6=5.6V$$

大功率肖特基二极管导通管压降为 0.6V。

(4)计算希望的匝比

$$n=\frac{N_P}{N_{S1}}=\frac{U_P}{U_o'}=\frac{206.64}{5.6}=36.9$$

可能选择的匝比为 37:1。

(5)计算 A_P 值

根据要求选择 EE 型锰锌铁氧体磁芯，其 A_P 值为：

$$A_P=A_eA_W=\frac{35P_o}{f_sB_{max}}=\frac{35\times500}{40\times10^3\times0.16}=2.734\ cm^4$$

查表 4-2 得 EE42 的 A_P 值为 4.78cm⁴，满足要求。其 $A_e=1.80cm^2$，$A_W=2.66cm^2$，$V_e=18.7cm^3$。

(6)使用 EE 系列磁芯近似热阻公式(式(4-45))，由窗口面积获得热阻为：

$$R_T=\frac{800}{22A_W}=\frac{800}{22\times2.66}=13.7℃/W$$

根据最大温升 ΔT，计算允许的损耗：

$$P_{lim}=\Delta T/R_T=40/13.7=2.92W<5W$$

因为少于绝对允许损耗 5W，故允许损耗取 2.92W。假定磁芯和线圈损耗各为 $1/2$，即 $P_{Clim}=1.46W$，$P_{Wlim}=1.46W$。

(7)计算损耗限制磁通变化量 $\Delta\Phi$

磁芯单位体积损耗：

$$P_{Clim}/V_e=1.46/18.7=78.07mW/cm^3$$

利用磁芯损耗值，在所选择的 3C90 材料损耗曲线(图 4-7)上，根据变压器频率决定"磁通密度"(实际峰值磁通密度)，在图 4-7 曲线上，78.07mW/cm³/频率 40kHz→0.15T(磁通密度第 2 次迭代)。

额定磁通 $\Delta\Phi=\Delta BA_e$。

(8)根据电磁感应定律计算次级匝数

$$N_{S_1}=\frac{U_o'T_S}{\Delta\Phi}=\frac{U_o'T_S}{2B_{max}A_e}=\frac{5.6\times25\times10^{-6}}{0.30\times1.82\times10^{-4}}=2.56\ 匝$$

为保证为整数匝，N_{S_1}可选取 3 匝。

（9）确定初级匝数

由步骤（4）决定的值，试算得到最好的选择是 $N_P = 111$ 匝（变比 37∶1）。重新计算额定 $U_i D$ 和最坏情况下的 $U_{imax} D_{lim}$ 条件：

$$U_i D = n U_o' = 37 \times 5.6 = 207.2 \text{V}$$

$$B_{lim} = \frac{B_{max}}{U_i D} U_{imax} D_{lim} = \frac{0.15}{207.2} \times 347.8 = 0.252 \text{T} \quad （满足 < B_S）$$

（10）计算 40kHz 时的穿透深度

$$\delta = \frac{76.5}{\sqrt{f}} = \frac{76.5}{\sqrt{40 \times 10^3}} = 0.3825 \text{mm}$$

（11）根据式（4-51）计算每个线圈的电流有效值

由于副边为双半波整流，副边绕组通过负载电流的时间各占 50%，其值为：

$$I_2 = 100 \sqrt{0.5} = 70.7 \text{A}$$

$$I_1 = \sqrt{2} I_2 / n = 100 / 37 = 2.703 \text{A}$$

（12）确定初级线圈

$$A_{X1} = \frac{I_1}{J} = \frac{2.703}{4} = 0.676 \text{ mm}^2$$

查表 4-8 可选择 AWG 18$^\#$ 线，裸线面积为 0.8228mm²，直径 1.09mm > 2δ，不满足要求，故可选 3 股 AWG 23$^\#$ 线绞绕，总截面积为 0.7764mm²，单线直径为 0.632mm < 2δ，满足要求。

（13）确定次级线圈

$$A_{X2} = \frac{I_2}{J} = \frac{70.7}{4} = 17.575 \text{ mm}^2$$

由于导线截面较大，一般可采用厚度小于穿透深度 $\delta = 0.3825$mm 的铜箔绕制。

4.4　电感器和反激变压器的设计

滤波电感、升压电感和反激变压器都是"功率电感"家族的成员，它们的功能是从电源取得能量，存储在磁场中，然后将这些能量（减去损耗）传输到负载。反激变压器实际上是一个多绕组的耦合电感，与上一节变压器不同，变压器不希望存储能量，而反激变压器首先要存储能量，再将磁能转化为电能传输出去。耦合滤波电感不同于反激变压器，反激变压器先储能后释放；而耦合滤波电感同时储能，同时释放。

4.4.1　应用场合

1. 电感设计因素

应用电路拓扑、工作频率以及纹波电流等不同,电感设计时考虑的因素也不同。如图 4-19 所示,用于开关电源的电感有:

(1)单线圈电感-输出滤波电感(Buck)、升压电感(Boost)、反激电感(Buck-Boost)和输入滤波电感。

(2)多线圈电感-耦合输出滤波电感、反激变压器。

(3)EMI 共模滤波电感。

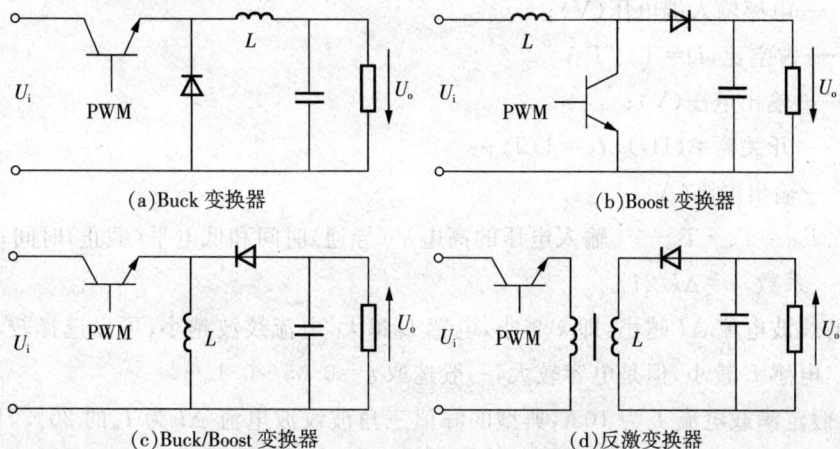

(a)Buck 变换器　　　　(b)Boost 变换器

(c)Buck/Boost 变换器　　　(d)反激变换器

图 4-19　电感应用

2. 电感工作模式

电路中,电感有 2 种工作模式,如图 4-20 所示。

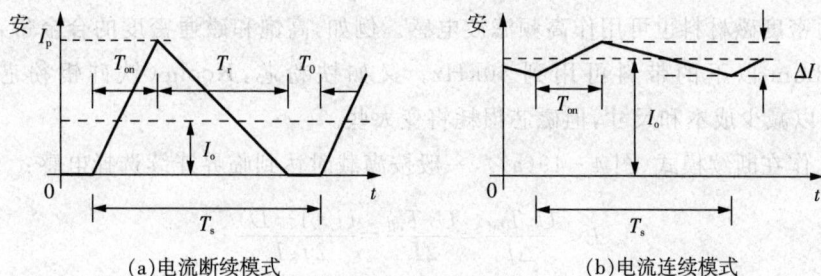

(a)电流断续模式　　　　(b)电流连续模式

4-20　电感电流模式

(1)电感电流断续模式,瞬时安匝(在所有线圈中)在每个开关周期内有一部分时间停留在零状态。

(2)电感电流连续模式,在一个周期内,电感电流尽管可以过零(如倍流电路中滤波电感),电感的安匝没有停留在零的时间。

在电流连续模式中,纹波电流通常非常小(同步整流除外),线圈交流损耗和磁芯交流损耗一般不重要,尽可能选择较大的磁通密度以便减少电感的体积,饱和是限制选择磁通密度大小的主要因素。但在电流断续模式中,交流损耗占主导地位,磁芯和线圈设计与前面正激变压器相似,主要考虑的是磁芯损耗和线圈的交直流损耗引起的温升和对效率的影响。

① 输出滤波电感(Buck)

正激类输出滤波电感和 Buck 变换器输出滤波电感(图 4-19(a))相同,一般工作在电流连续模式(图 4-20(b))。电感量为:

$$L \geqslant \frac{U_o T_{off}}{\Delta I} = \frac{U_o T_{off}}{2k I_o} = \frac{U_o(1-D)}{2k f_s I_o} \qquad (4-59)$$

式中 U_i——电感输入端电压(V);

$\quad\quad D$——占空比,$D = T_{on}/T_s$;

$\quad\quad U_o$——输出电压(V);

$\quad\quad f_s$——开关频率(Hz),$f_s = 1/T_s$;

$\quad\quad I_o$——输出电流(A);

$\quad\quad T_{on}$、$T_{off} = T_s - T_{on}$——输入电压的高电平(导通)时间和低电平(截止)时间;

$\quad\quad k$——系数,$k = \Delta I/2I_o$。

允许的纹波电流 ΔI 越小,即 k 越小,电感 L 越大,电流纹波越小,可以选择较小的滤波电容;反之,电感 L 较小,但是电容较大,一般选取 $k = 0.05 \sim 0.1$。

例如,假定满载电流 I_o 为 10A,典型的峰值三角波纹波电流 ΔI 为 I_o 的 20%,即 2A(在高 U_i 时最坏)。最坏情况下的纹波电流有效值是 0.58A,而纹波电流有效值的平方仅 0.333A,直流电流的平方是 100,因此,在这种情况下一般可不考虑集肤效应。

此外,磁芯有很大的直流偏磁,纹波电流小,相应的磁通密度摆幅也很小,磁芯交流损耗也很小。因此磁芯的磁通密度选择得越高越好,当然不应当饱和。这样,普通的损耗较大的高饱和磁通密度磁材料也可用作高频滤波电感。例如,高饱和磁通密度的合金带,像硅钢片 DG0.05~3mm 以下的带料可用到 40kHz。又如铁粉芯,Koolμ(铁硅铝粉芯)可用到 100kHz,可以减少成本和尺寸,但磁芯损耗将变大些。

如果工作在断续模式(图 4-19(a)),一般按满载时达到临界连续选择电感:

$$L < \frac{U_o T_{off}}{\Delta I} = \frac{U_o T_{off}}{2I_o} = \frac{U_o(1-D)}{2f_s I_o} \qquad (4-60)$$

其中,$\Delta I = 2I_o$,其他符号同式(4-59)。比较式(4-59)和式(4-60)可见,工作在电流断续时的电感值远小于电流连续时的电感值。

不管是单线圈还是多线圈电感,很少工作在电流断续模式中。断续模式虽然电感小,但也存在缺点。首先,输出滤波电容的纹波电流增加了,要满足输出纹波电压要求,电容量大,损耗也大。其次,磁芯磁通主要是脉动分量,磁芯损耗大。线圈交流分量大,要考虑集肤效应,线圈损耗增加。第三,电流连续时,峰值电流近似等于输出电流;电流断续时,峰值电流至少是输出电流的 2 倍,加大了功率器件的定额。第四,虽然减少了功率器件开通和二极管反向恢复损耗,但功率管关断损耗由于电流加倍也成倍增加。第五,高频时,电流断续要求较小的电感量(式(4-60)),电感体积似乎可以减少,但在一定的比损耗下,随着频率升高允许磁感应摆幅下降,电感体积不会下降很多。第六,在多路输出时,电感工作在断续模式中,交叉调节性能差,所以电感电流断续一般用于小功率。

② Boost 和 Boost/Buck 电感

由图 4-19(b)、图 4-19(c)可知,Boost 和 Boost/Buck 电感通常设计在电流连续模式中,所需的电感量为:

$$L \geqslant \frac{U_i T_{on}}{\Delta I} = \frac{U_i D}{2k f_s I_i} \tag{4-61}$$

其中,$I_i = I_o / \eta(1-D)$ 为输入电流,Boost 变换器中 I_i 为输入电流平均值;Boost/Buck 变换器中 I_i 为输入电流导通时间内电流的中值;η 为变换器效率,其余符号和式(4-59)相同。

如同前面讨论的滤波电感一样,电感设计通常受直流线圈损耗和磁芯饱和限制。但是不少 Boost 和反激电感设计在电流断续模式中,这是因为希望电感值小,从而电感体积小,导致与滤波电感相似的问题。断续时需要的电感量为:

$$L < \frac{U_i T_{on}}{\Delta I} = \frac{U_i T_{on}}{2I_i} = \frac{\eta U_i D}{2 f_s I_i} \tag{4-62}$$

式中符号和式(4-61)相同。

在开关电源中,Boost 变换器广泛应用于功率因数校正电路(PFC)和低电压变换电源中。在 APFC(Active Power Factor Correction)电路中,因输入电压不是直流,而是连续变化的电网整流的全波波形,这就使得 Boost 电感设计复杂化。由于 U_i 随电网电压波形改变时,高次谐波也随之发生很大变化,高频纹波电流、磁通摆幅、磁芯损耗和线圈损耗在整个整流电网周期中随之改变。

不同的 APFC 应用,情况进一步复杂,Boost 变换器可设计在极其不同的工作模式中,即固定频率连续型、变频连续型、临界连续变频型、固定频率断续型、变频断续型和连续模式以及在电网电压低、小电流期间和轻载时工作断续型。

和 Buck 型电感一样,Boost 电感设计的限制因素是整个电网周期中平均损耗和在最大峰值电流时磁芯饱和。

磁芯最坏情况是在最大峰值电流时可能饱和。APFC 最常用的控制方法是平均电流控制法,电感设计相似于电感电流连续 Boost 电感,设计时应保证最坏情况(最低输入电压时输入电流峰值最大)时磁芯不饱和。在输入电压 U_i 等于 1/2 输出电压 U_o 时 ΔI 最大,是磁芯和线圈交流损耗最坏情况。但因为通常 ΔI 远小于低频电流,一般线圈交流损耗忽略不计,按低频电流有效值计算线圈损耗,磁芯损耗比一般的 Boost(非 APFC)电感大些。

基本 Boost 变换器没有电流限制能力,因此,常在轻载和空载时启动 APFC。即使这样,启动时,输入电源通过电感要给输出电容从零电压充电,将引起电路谐振或引起电感瞬态饱和,产生的冲击电流基本上与简单的电容滤波相同。在低功率场合,选取更大容量的整流器件,并在主输入电路串联一个小的功率电阻限流。在高功率场合,通常要设计专门电路限制冲击电流过大,保护整流器。

③ 反激变压器

反激变压器即使工作在安匝连续模式,尽管总安匝不会停留在零,但是,对于反激变压器的每个线圈来说,线圈电流总是处于断续状态,当然安匝断续更是如此。这是因为开关期间,电流在初级和次级之间来回转换,如图 4-21 所示。即初级安匝减少时,次级安匝等量增加,反之亦然。虽然总安匝是连续的,纹波很小,但每个

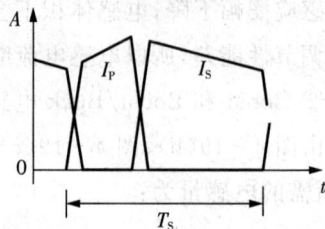

图 4-21 反激变压器电流

线圈的电流交替由零到最高峰值之间变化。无论什么工作模式,线圈交流损耗大。因总安匝纹波很小,磁芯有很大的直流偏磁,很小的磁通密度摆幅。因此和先前讨论的电感电流连续模式一样,磁芯损耗很小。

安匝连续时所需的电感量为:

$$L \geqslant \frac{U_i T_{on}}{\Delta I_i} = \frac{U_i D}{2kf_s I_1} = \frac{U_i D(1-D)}{2kf_s I_2} \frac{N_1}{N_2} \tag{4-63}$$

式中 k——系数,$k = \Delta I_1 / 2I_1 = \Delta I_2 / 2I_2$;

I_1、I_2——初级和次级脉冲电流斜坡的中值;

N_1、N_2——初级和次级匝数;其余符号与前面相同。

安匝断续模式线圈和磁芯损耗都大,在最大负载时,仍保持断续,根据输入功率等于输出功率与功率级的损耗之和,则要求的电感为:

$$L_1 \leqslant \frac{(U_{imin} D_{max})^2 \eta}{2P_o f_s} \tag{4-64}$$

式中 U_{imin}——最低输入电压(V);

D_{max}——对应最低输入电压时最大占空比;

P_o——输出功率(W);

f——开关频率(Hz);

η——效率,初始设计可定为 80%。

4.4.2 损耗和温升

在变压器设计中讨论的温升限制、损耗和变压器热阻等关系,通常也适用于电感。设计电流断续模式电感时,磁芯损耗大。如磁芯损耗近似等于线圈损耗,总损耗最小,电感体积也最小。当电感电流连续时,磁芯损耗通常忽略不计,因此线圈损耗就是总的损耗。

4.4.3 磁芯

1. 磁芯气隙

理想的具有高矩形度的磁芯材料是不储能的,实际高磁导率材料磁芯存储很少的能量,送入到磁芯能量的一部分为磁滞损耗,最终消耗掉。电感是一个能量存储元件,为了有效地

存储和返回能量到电路中去，并要求体积最小，由式(4-64)得：

$$W_m = V \int_0^B \frac{B}{\mu} \mathrm{d}B = V \frac{B^2}{2\mu} = \frac{BH}{2} V = \frac{\mu V H^2}{2} \tag{4-65}$$

可知，在磁芯不饱和情况下，磁导率不能太高，但又不能太小。因此，在高磁导率材料磁芯中串联一个非磁气隙，用来调整有效磁导率 μ_e。在铁氧体或合金带料磁芯中，需要一个单独的气隙。但在粉末金属磁芯中，气隙分布在磁性金属粉末之间，即黏结剂所占的空间。

磁元件在储存和释放磁能时，磁芯中存在有能量的存储和释放伴随着磁通的变化，由此引起磁芯损耗；磁芯会饱和。在一定磁通密度以上，磁芯组成的磁路磁阻迅速增大，磁芯损耗引起的温升和有限的饱和磁感应强度限制了气隙磁芯存储能量的能力。

体积最小，成本最低的电感是设计追求的目标。体积最小意味着磁芯利用最好，损耗最小。在特定的应用条件下，最佳磁芯利用率(最小体积)与最佳气隙长度有关(分布气隙的磁粉芯是有效磁导率 μ_e)。不同应用或不同频率的相同磁芯，所要求的最佳气隙长度不同。磁芯利用最好，就要求磁芯工作在最大磁通密度(受饱和磁感应强度或磁芯损耗限制)和最大线圈电流密度(受线圈损耗限制)时拥有最佳气隙长度，才能获得最小的磁芯尺寸。所以，电感设计就是要寻求最佳气隙长度(对于分布气隙求最佳 μ_e)。

图 4-22 显示出了最佳气隙磁芯特性曲线，纵坐标受磁芯最大磁感应 B_s 限制，横坐标磁场强度受线圈最大电流密度限制。

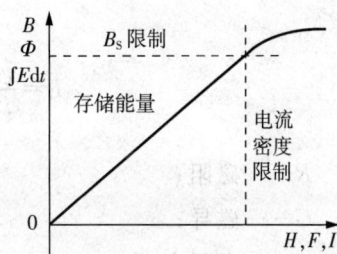

图 4-22　磁芯最佳利用

特性曲线和纵坐标之间的面积表示磁芯储能能力，其他气隙尺寸(不是最佳，特性斜率不同)小于图示存储的能量，一般很难做到磁芯最佳利用。

如果高磁导率材料的磁芯没有气隙，线圈均匀分布在磁芯上，沿着磁路各点磁位差是很小的，也就是说，散磁很小。当气隙在整个磁芯分布时，像磁粉材料，线圈也必须均匀分布在整个磁芯的长度上。如环形磁粉芯线圈均匀分布在整个磁芯上，杂散磁通最小。

但是，如果在高磁导率磁路中有一个气隙，几乎全部激励磁场加在气隙上，在气隙边缘和邻近的磁路上存在严重的边缘磁通和外部的杂散磁通。为了减少杂散磁通，应将线圈分布与气隙一致。

例如，图 4-23(a)所示的 C 型磁芯，气隙在一个芯柱上。线圈放在气隙对面的芯柱(无气隙)上，整个线圈产生的磁势加在磁芯上，很大的杂散磁通向外扩散到器件外，再加上气隙端面磁通，存储在外磁场的杂散能量可能和气隙储能差不多，使电感值远大于期望的电感值。这些杂散磁通将噪声和 EMI 耦合到外电路和外部空间，气隙越大，杂散磁通比例越大，很难预计杂散磁通增加的电感量。如果将相同的线圈放置在气隙芯柱上，如图 4-23(b)所示，整个线圈磁势直接降落在气隙长度上。

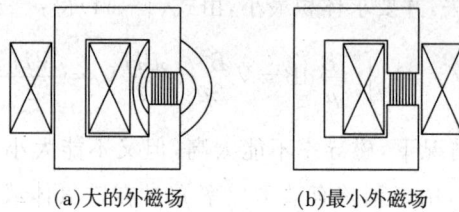

(a)大的外磁场   (b)最小外磁场

图 4-23 散磁通

加在线圈长度以外的磁路磁压降近似为零,磁位差很小,散磁通也就很小,对外电路干扰大大减少。对于 E 型(EE,EC,ETD,RM 等等)磁芯,两半磁芯之间的气隙为中柱气隙的一倍。气隙最好开在中柱上,边柱不留气隙,达到和图 4-23(b)相同的结果。

当一个线圈直接放在气隙上时,如果气隙大小与端面尺寸之比在 1/20 以下时,边缘磁通影响较小,可近似用下式计算电感,即

$$G_\delta = \frac{\mu_0 A_e}{\delta_g} \tag{4-66}$$

$$L = \frac{\psi}{i} = \frac{N\Phi}{\Phi R_\Sigma / N} = N^2 \frac{1}{R_\Sigma} = N^2 G_\Sigma \tag{4-67}$$

式中 R——磁阻;

    G——磁导;

    δ_g——气隙长度。

如果气隙尺寸较大,可用以下近似公式计算:

$$G_\delta = \frac{\mu_0 A_\delta}{\delta} \tag{4-68}$$

其中 A_δ 为修正后的有效气隙截面。

当磁路截面为边长分别等于 a 和 b 的矩形时,则

$$A_\delta = (a+\delta_g) \times (b+\delta_g) \tag{4-69}$$

当磁路截面为直径等于 D 的圆形时,则

$$A_\delta = \frac{\pi}{4}(D+\delta_g)^2 \tag{4-70}$$

应当注意,杂散磁通、边缘磁通和端面磁通全部通过线圈中心的磁芯截面,这里磁芯磁通密度最大,可能过早发生饱和。应当在按后面设计步骤 7 和步骤 8 计算的气隙长度和匝数之后,校核磁芯最大磁通密度,并通过一个样品电感来验证。

如果测量的电感值太大,不要减少匝数,因为这样可能会使损耗过大或磁芯饱和,可通过增加气隙来减少电感。如果测量电感太小,可以增加匝数,但是磁芯利用率低,线圈损耗过大,最好通过减少气隙长度来增加电感。

2. 散磁引起的损耗

为减少散磁通和磁场干扰,线圈应当放置在气隙芯柱上。但是气隙边缘磁通穿过线圈,靠近气隙的一些线圈的匝数处于高磁通密度的边缘磁场中。如果磁通摆幅很大时,处于高磁通密度的线圈中可能出现非常大的涡流损耗,造成严重过热。这个问题对电流断续模式的反激变压器和 Boost 电感尤其严重,因为满载时磁通摆幅非常大。对于滤波电感,或设计成电流连续模式任何电感,磁通变化量很小,问题不很严重。

对于工作在大磁通摆幅的磁元件,一般采取以下办法:

(1)虽然应当将线圈直接放在中心柱气隙上,但不要把线圈放在气隙附近,用一个非磁的垫片放置在边缘磁通很强的空间代替线圈占有的空间。

(2)将线圈包围中柱的一个气隙分成 2 个、3 个或更多小气隙,并均匀分布在中心柱上,即将中柱分割成 2 个或更多段。因为磁芯边缘磁通的扩散距离正比于气隙长度,几个小气隙将大大减少了扩散的边缘磁场,这使得电感计算较为精确。

(3)用一个铁粉芯棒代替气隙,插入铁氧体的中心柱,则可大大减少边缘磁通。气隙均匀分布在铁粉芯中,柱的长度等于线圈宽度,虽然很成功地消除了边缘磁场,但高频时磁粉芯交流损耗较大。

电感工作在安匝断续模式时,磁通摆幅很大,或者是逆变器交流输出滤波电感,线圈直接放置在气隙芯柱上交流损耗大。用两半磁芯分开作为气隙,这样中心柱 1/2 气隙,边柱 1/2 气隙,避免研磨中心柱。这将扩散相当大杂散磁通到电感的外边,辐射 EMI,并使电感加大,计算困难。这就如图 4-23(a)和图 4-23(b)综合在一起的情形,减少了气隙的边缘磁通引起的涡流。为了减少对外部扩散磁场,用一层铜带围在紧贴线圈、边柱外边形成一个短路环。磁芯向外界发散任何磁通时,如果与外短路环链合,在短路环中感应一个电流,此电流产生的磁场抵消散磁通的外泄。

3. 扩大电感磁通摆幅

在电流连续模式电感中,存在很大的直流分量,总磁通密度 $B+\Delta B$ 受饱和限制,磁芯磁通密度变化分量不能选取太大。在体积要求严格的电感中,可以用永久磁铁将直流分量抵消或减少,这样可选取较大的 ΔB。永久磁铁产生的磁场与直流偏置磁场方向相反,即永久磁铁工作在第二象限,软磁磁芯工作在第三和第一象限。因为有较大的交流分量,永久磁铁工作在去磁曲线的恢复曲线上,要求去磁局部磁导率和恢复磁导率相等,即去磁曲线是 B_r 和 H_C 之间一条直线。同时永磁材料应当具有很高的矫顽磁力 H_C 和高剩磁感应 B_r,一般只有稀土永磁材料才具有这一性质。

如果永久磁铁去磁曲线(第二象限)为直线,去磁曲线上任意点的磁感应强度为:

$$B=B_r-\frac{B_r}{H_C}H=B_r-\mu_0\mu_d H \qquad (4-71)$$

式中　μ_d——去磁曲线相对磁导率。

将长度为 l_m 的永久磁铁嵌入相对磁导率为 μ_r 的软磁磁芯中,磁芯的有效磁路长度为 l_e,

嵌入的永磁截面积与软磁磁芯有效截面积相同,且为 A_e。由于截面积相同,磁感应强度也相等。则根据安培环路定律有:

$$H_C l_m = H l_m + H_C l_e = \frac{B l_m}{\mu_0 \mu_d} + \frac{B l_e}{\mu_0 \mu_r} = \frac{B l_e}{\mu_0 \mu_e} \tag{4-72}$$

其中,$\mu_e = [l_m / l_e \mu_d + 1/\mu_r]^{-1}$,表示带有永久磁铁时的磁系统有效磁导率,相当于气隙磁芯有效磁导率。一般有效磁导率括弧中第二项远远小于第一项,$\mu_e \approx \mu_d l_e / l_m$。

线圈的直流偏磁与永磁的激磁方向相反,即在线圈没有通电流时,软磁磁芯工作在第三象限。当线圈通电流后,磁化到第一象限,因此软磁材料的饱和磁感应强度应当大于永久磁铁的剩磁感应强度。线圈电流对于永久磁铁是去磁磁势,为了永久磁铁稳定工作,线圈最大磁势 NI 应当小于永久磁铁矫顽磁势 $H_C l_m$。

4. 磁芯材料和形状

在频率超过 $50\mathrm{kHz}$,工作在断续模式的电感磁芯材料,最好选择铁氧体材料,与正激变压器磁芯相似。但是,在连续模式,纹波电流很小,对应磁通密度摆幅也小,铁氧体通常受饱和限制。在这种情况下,可采用高饱和磁感应强度但磁芯损耗较大的材料,像铁粉芯、铁硅铝粉芯、坡莫合金粉芯,或带气隙的合金带磁芯可减少体积、成本。但是,金属磁粉芯在大电流时电感随负载电流增加而减少,成为非线性电感,这是一般开关电源不希望的。

对工作在电流连续模式的电感,因为交流损耗通常很低,滤波电感磁芯形状和窗口不是很重要。但对于断续模式的电感,特别是反激变压器,窗口面积特别重要。窗口应尽可能宽,使线圈宽度最大而层数最少,从而减少交流电阻。同时,宽窗口也减少漏感,电网绝缘要求的爬电距离影响较小。宽窗口线圈需要的高度低,窗口利用率通常比较好。

当在相同的磁芯尺寸时,罐型和 PQ 型窗口面积小,窗口形状不适宜反激变压器和电流断续模式电感。

EC、ETD、LP 磁芯是全部 EE 磁芯形状,有大而宽的窗口,这些磁芯形状采用宽铜带的线圈,特别是工作于连续模式,交流线圈损耗小。

对磁粉芯环形磁芯,线圈均匀分布在整个磁芯上,杂散磁通和 EMI 扩散都很小,可用于任何电感和反激变压器,但大功率绕线困难。环形铁氧体气隙磁芯,绕线困难,散磁也大。

5. 决定磁芯尺寸

前文讨论用面积乘积公式粗选变压器磁芯尺寸,电感磁芯尺寸粗选也可利用面积乘积公式。如损耗不严重,对饱和限制磁芯的最大磁通密度 $B_{\max}$,面积乘积经验公式为:

$$A_P = A_W A_e = \left[\frac{L I_{SP} I_{FL}}{B_{\max} K_1} \right]^{\frac{4}{3}} \mathrm{cm}^4 \tag{4-73}$$

磁芯损耗严重时,损耗限制的磁通摆幅 ΔB,面积乘积为:

$$A_P = A_w A_e = \left[\frac{L \Delta I}{\Delta B_{max}} \frac{I_{FL}}{K_2} \right]^{\frac{4}{3}} \, cm^4 \qquad (4-74)$$

式中 L——电感（H）；

   I_{SP}——最大峰值短路电流（A）；

   B_{max}——饱和限制的最大磁通密度（T）；

   ΔI——初级电流变化量（A）；

   ΔB_{max}——最大磁通密度摆幅（T）；

   I_{FL}——满载电流有效值。

其中

$$K_1 、 K_2 = J_{max} k_{1w} \times 10^{-4}$$

式中 J_{max}——最大电流密度（A）；

   k_{1w}——初级铜面积/窗口面积。

对于单线圈电感，以上的初级铜面积就是整个线圈的面积。k_{1w} 表示线圈窗口的利用率，对于单线圈电感，k_{1w} 是总的铜面积与窗口面积 A_w 之比，即充填系数 k_w。对于反激变压器，k_{1w} 是初级铜的面积与总的窗口面积之比。K_1，K_2 及 k_{1w} 见表 4-9 所列。

表 4-9 常用电感参数

应　　用	k_{1w}	K_1	K_2
单线圈电感	0.7	0.03	0.021
多线圈滤波电感	0.65	0.027	0.019
Buck/Boost 电感	0.3	0.013	0.009
反激变压器	0.2	0.0085	0.006

在饱和限制式（4-73）中，假定线圈损耗比磁芯损耗大得多，K_1 是在自然冷却的情况下，电流密度取 $420 A/cm^2$ 时的经验值。

在式（4-74）中，损耗决定最大磁通摆幅。假定磁芯损耗和线圈损耗近似相等，那么线圈损耗是总损耗的 1/2，将电流密度减少到 $297 A/cm^2$（420×0.707），则 $K_2 = 0.707 K_1$。

在两个面积乘积公式（4-73）、式（4-74）中，假定都采用限制高频集肤效应的技术，那么线圈增加的高频损耗小于 1/3。

强迫冷却允许高损耗（但减少了效率），K 值因电流密度提高而增大，使磁芯面积乘积下降。

面积乘积公式的 4/3 方表示磁芯尺寸增加，磁芯和线圈（产生损耗）体积增加大于表面积的增加（通过表面散热），因此磁芯大的功率密度降低。

对于磁芯损耗限制的情况，式（4-73）中 ΔB_{max} 是假定磁芯损耗为 $100 mW/cm^3$ 的近似值，即自然冷却典型最大值。根据所使用的磁芯材料，从材料的磁芯比损耗曲线纵坐标的 $100 mW/cm^3$（如图 4-7）处，水平直线交到相应的开关工作（纹波）频率损耗曲线，再由交点向下求得"磁通密度"刻度。

因损耗是在对称磁化时求得的,对于单向磁化,应将得到的磁通密度值乘以 2,即得到峰峰值磁通密度 $\Delta B_{\max}$。如果单位是高斯,$\Delta B_{\max}$ 除以 10^4,单位变换为 T。

如果电感工作在电流连续模式中,例如 Buck 输出滤波电感(图 4 - 19(a)),稳态电流波形如图 4 - 20(b)所示。气隙磁阻远大于导磁体总磁阻,磁芯的非线性被气隙的线性"湮没"了。因此在饱和磁感应强度以下,有效磁导率基本上是常数。

电路中电感采用气隙磁芯,电感量为 L,匝数 N,磁芯有效截面积 A_e,磁路长度为 l,气隙长度 δ_g。当晶体管导通时,根据电磁感应定律有:

$$U_i - U_o = L\frac{\Delta I}{T_{on}} = N\frac{A_e \Delta B}{T_{on}} \tag{4-75}$$

电感峰值电流为 I_P,根据回路安培定律有:

$$NI_P = H_C l + H_\delta \delta \tag{4-76}$$

当气隙很小时,忽略边缘磁导,气隙端面磁通与磁芯磁通相等,并考虑到 $L = N^2 \mu_0 A_e / \delta$,得到:

$$\Delta I = \frac{\delta_g \Delta B}{N\mu_0} \tag{4-77}$$

$$I_P = \frac{\delta_g B_P}{N\mu_0} \tag{4-78}$$

令 $k = \Delta I / 2I_P$,根据式(4 - 77)、式(4 - 78)得到:

$$\frac{\Delta B}{B_P} = \frac{\Delta I}{I_P} = 2k \tag{4-79}$$

若纹波电流幅值不变,当电感平均电流减少到 $I = I_G = \Delta I / 2$ 时电流临界连续,如果电感电流继续减少,电感电流断续,输出电压与输入电压不再保持 $U_o = DU_i$ 的线性关系。k 越小,电流纹波小,I_G 越小,线性范围越大,但电感越大。反之,电流纹波大,电感越小。如前所述,通常选取 $k = 0.05 \sim 0.1$。

从式(4 - 79)可见,当 $k = 0.05 \sim 0.1$ 时,磁通密度的脉动分量很小,在开关频率低于 250kHz 以下,通常磁芯损耗一般不超过 $100\mathrm{mW/cm^3}$。磁通密度取值受饱和限制,因此磁芯的峰值磁通密度为:

$$\Delta B / 2k = B_P < B_S \tag{4-80}$$

工作在电流连续模式的 Boost 和 Buck/Boost 电感以及反激变压器,总的纹波安匝只是满载安匝的很小的百分比,同样是饱和限制了最大磁通密度。在这种情况下,使用损耗较大,但饱和磁通密度高,像磁粉芯材料 Koolμ 或合金带料磁芯,就可以减少尺寸、质量和成本。

如果不能肯定是磁芯损耗限制还是饱和限制,用两个公式计算,并采用最大面积乘积的那一个。

初始磁芯尺寸计算虽不是很精确的,但可以减少迭代的次数。设计完成的电感,在电路和应用环境中,应当用热电偶插入到工作的样件中心点,测量热点温升,检验是否在合理的范围以内。

4.4.4　电感计算

1. 气隙磁芯电感

带有气隙的磁芯的磁路,通常都是由很高磁导率($m_r=3000\sim100000$)的磁性材料和小的非磁间隙($m_r=1$)串联组成。磁材料的磁阻比气隙磁阻小很多,通常在计算时忽略不计。根据式(4-67)得到:

$$L=N^2G_\delta=\frac{\mu_0N^2A_\delta}{\delta}\times10^{-2} \qquad (4-81)$$

式(4-81)中长度单位为 cm;A_δ 为校正后气隙有效截面积(cm^2);G_δ 为磁导。通常通过调整气隙尺寸,调整电感量。

2. 磁粉芯电感

如果磁芯是磁粉芯,磁导率 μ_r 一般为 $10\sim300$。可等效为高磁导率材料磁芯与一个不同长度的气隙串联,这里总气隙不能测量。则线圈电感为:

$$L=\alpha N^2G=\alpha\frac{\mu_0\mu_rN^2A_e}{l_e}\times10^{-2} \qquad (4-82)$$

其中,α 是磁粉芯磁导率 μ_r 随着直流偏置加大而下降的百分比,根据直流偏置磁场、初始磁导率从相关曲线上查得。

3. 利用电感系数 A_L 计算电感

对于指定材料(μ_r)和规格(有效截面 A_e 和磁路长度)的磁芯,在预留气隙和无气隙的铁氧体磁芯或磁粉芯手册中,常常以 $\mu\text{H}/1000$ 匝或 $\text{nH}/$匝给出电感系数 A_L,提供了磁芯给定匝数计算电感的一般方法。

如果 A_L 是 $\mu\text{H}/1000$ 匝,N 匝的电感量为:

$$L=N^2A_L\times10^{-6} \qquad (4-83)$$

根据式(4-83),方便地计算某材料和规格的磁芯给定匝数的电感量。例如计算变压器的初级电感量,可作为计算激磁电流参考,但该式不好决定电感器最佳气隙长度和最佳有效磁导率。在电感设计过程中,仍需要根据电路电流和电流变化量,应用以前的公式求得需要的电感、最佳气隙长度 δ 或有效磁导率 μ_e,以获得用先前公式计算的电感。

4.4.5　电感设计

1. 设计步骤

(1)根据电路拓扑决定电路设计参数:电感量 L,满载直流电感电流 I_L,最大纹波电流 ΔI,最大峰值短路限制电流 I_{SP},最大允许损耗和最大温升。

Buck 类最大纹波出现在最高 U_i 情况下,而 Boost 类则是出现在最低 U_i 时,Buck 类满载电感电流等于负载电流。

(2)根据工作频率和使用场合选择磁芯材料,参阅变压器设计。

(3)决定磁芯工作的最大磁通密度和最大磁通摆幅(受饱和或损耗限制):如果电感工作在电流连续模式中,在电流最大峰值短路电流 I_{SP} 时,磁芯最大磁感应 B_{max} 不应当超过 B_S(一般功率铁氧体在 100℃时为 0.3T(3000Gs))。因为磁芯有气隙,气隙对磁芯 $B\text{-}H$ 曲线有明显的影响,如图 4 - 24 所示,在饱和之前基本上是线性的。根据式(4-79)得:

$$\Delta B_{max} = 2kB_{max} \qquad (4-84)$$

将得到的 ΔB_{max} 值除以 2,将峰峰值变换成峰值,到损耗曲线(图 4 - 7)"磁通密度"(实际峰值磁通密度)坐标,垂直向上交到纹波频率曲线,水平引向到纵坐标,求得磁芯的比损耗。如果比损耗远小于 100mW/cm^3,磁芯肯定受饱和限制,则计算的 ΔB_{max} 无效。但如果磁芯损耗远大于 100mW/cm^3 时,磁芯受损耗限制,必须减小 ΔB_{max} 值,以使得损耗在允许范围之内(步骤(5))。如果磁感应受损耗限制,在 I_{SP} 时的磁通密度小于 B_{max}。

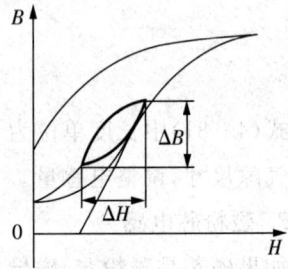

图 4 - 24　局部磁滞回线

上述磁通密度与电流的直流和脉动分量一一对应的方法,只是在磁特性为线性时才能成立,通常铁氧体和合金带料有气隙的磁芯符合这种情况。而磁粉芯磁芯在相当大的范围内 μ_r 是非线性的,如果工作频率很高,例如 100kHz 以上,磁粉芯损耗大,工作磁通密度远低于饱和磁通密度,这时的线性仍较好。尽管如此,决定损耗和最大允许磁通密度摆幅还是以磁芯生产厂提供的数据为准。

(4)粗选磁芯的形状和尺寸:没有经验的设计者应当应用面积乘积公式(式(4-73)、式(4-74)),或产品手册。

(5)决定损耗限制:首先,由手册资料决定热阻 R_T,由最大温升和热阻计算出允许的损耗功率。将温升允许的损耗与绝对限制的损耗比较,采用其中较小值。如果磁芯是损耗限制,而不是饱和限制,将损耗分成两半,一半是磁芯损耗,一半是线圈损耗。然后应用磁芯限制的损耗,在损耗曲线上找到将要产生损耗的 ΔB_{max} 值。

(6)由所需电感量计算线圈匝数 N:在步骤(3)或(5)决定的最大磁通密度摆幅,由电磁感应定律得到:

$$E = N \frac{\Delta \phi}{\Delta t} = NA_e \frac{\Delta B}{\Delta t}$$

$$E = L \frac{\Delta I}{\Delta t}$$

联解以上两式,得

$$N = \frac{L\Delta I_{max}}{\Delta B_{max} A_e} \times 10^{-2} \qquad (4-85)$$

N 一般取整数值，如果 N 取较小的整数，磁芯可能饱和。或者，如果磁芯为损耗所限制，磁芯损耗将大于预计值。然而，线圈损耗将减少。如果 N 取较大的整数值，磁芯损耗将减少，而线圈损耗将增加。当 N 匝数很少时，取较大匝数比较小匝数线圈损耗增加很大。如果减少的线圈损耗超过磁芯增加的损耗，取较小整数较好。如果电感有多个线圈，通常最低输出电压一路的线圈匝数也最少。

如果取整，这样离最佳太远，有时只能选择较大的磁芯。改变匝数也是可能的，或采用较小的电感值，避免损耗增加，这样会引起较大的纹波电流。

有了 L、ΔI 和磁芯参数，由式(4-85)计算匝数 N。在 N 值取整后，再由式(4-85)重新计算 ΔB，然后由 ΔB 求磁芯损耗。

(7)根据所需的电感量计算气隙长度 δ_g：经上一步得到取整的匝数 N，利用式(4-80)、式(4-81)计算电感量。对于气隙磁芯，有效磁路长度是气隙 δ_g，中柱有效截面积 A_e，一般必须考虑边缘磁场修正系数，以获得有效气隙截面积 A_δ。

矩形：
$$\delta_g = \mu_0 N^2 \frac{(a+\delta_g)(b+\delta_g)}{L} \times 10^4 \tag{4-86}$$

圆：
$$\delta_g = \mu_0 N^2 \frac{A_e}{L}\left[1+\frac{\delta_g}{D}\right]^2 \times 10^4 \tag{4-87}$$

两式中，L 单位为 μH，气隙长度尺寸为 cm。

一般先假定 $A_\delta = A_e$ 值，即假设式(式(4-86)或式(4-87))中右边的 $\delta_g=0$，计算出新的 δ_g 值。应用新的 δ_g 值进行气隙修正，重新计算，迭代 2～3 次；或直接解方程(4-86)或(4-87)得到 δ_g 值。

对于分布气隙磁粉芯磁芯，计算所需的有效磁导率，以获得希望的电感值(或计算电感系数 A_L)：

$$\mu_e = \frac{Ll_e}{\mu_0 N^2 A_e} \times 10^{-4} \tag{4-88}$$

(8)计算导体尺寸和线圈电阻(详细参考下面的例子)
铜的电阻率为：

$$\rho_{cu} = 1.724\left[1+\frac{(T-20)}{234.5}\right] \times 10^{-6} \tag{4-89}$$

100℃时为：

$$\rho_{cu} = 2.30 \times 10^{-6}$$

直流电阻为：

$$R_{dc} = \frac{\rho_{cu} l}{A_{cu}} \tag{4-90}$$

式中　l——线圈导线长度(cm)，$l = N l_{av}$；

l_{av}——平均匝长；

A_{cu}——导线截面积(cm^2)。

ρ_{cu}——电阻率($\Omega \cdot m$)。

交流电阻与直流电阻的关系如图 4-25 所示，图中 $H_R = R_{ac}/R_{dc}$，Q=导体厚度/δ。

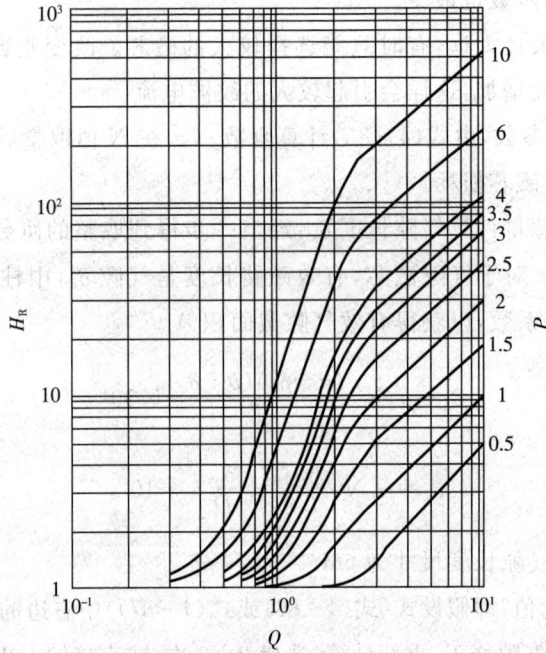

图 4-25 交流与直流电阻比和等效铜厚度、层数关系

（9）计算线圈损耗、总损耗和温升，如果损耗或温升太高或太低，用一个大的或小的磁芯替代。用一个设计例子，充分说明设计步骤。

2. Buck 输出滤波电感

例 1 电流连续输出滤波电感设计

在前面(4.3.3)设计了一个输出 5V、50A 的正激变换器的变压器，现在设计该电源的输出滤波电感。

（1）决定电感供电电源的参数，电感输入电压是正激变换器的次级电压，它是变换器输入电压除以变比(19.5)。

电压范围：12.72～19.08V。

输出：5V；满载电流 I_o：50A。

电路拓扑：正激变换器；开关频率 f：200kHz。

最大占空比：0.47(在最小 U_{imin})；最小占空比：0.314(在最大 U_{imax})。

最大纹波电流 ΔI：50A×20%=10A；最大峰值电流 I_{pmax}：65A。

电感量 L：$L = U_o' T_{off}/\Delta I = 5.4 \times 5 \times 10^{-6} \times 0.686/10 = 1.85 \mu H$。

最大(绝对)损耗：2.5W(由变换器效率和输出功率获得损耗值，再分配到电感的允许损耗值);最大温升:40℃。

冷却方式:自然对流。

(2)选择磁芯材料,电流连续模式电感磁芯可选择比变压器磁芯差一些材料,因为磁芯损耗较小。实际上,2 种材料价格相差不大,为了减少产品规格和品种,采用与变压器相同的磁芯材料,即铁氧体 3C90。

(3)决定磁芯工作最大磁通密度和最大磁通摆幅:铁氧体 3C90 的饱和磁感应强度大约为 0.32T,当电感流过短路峰值电流时,最大磁感应强度 B_{max} 不应超过饱和磁感应强度,通常取 B_{max}=0.3T。对应于最大电流纹波,最大峰峰值磁通密度摆幅为:

$$\Delta B_{max} = B_{max} \frac{\Delta I_{max}}{I_{Pmax}} = 0.3 \frac{10}{65} = 0.046T$$

峰峰值磁通摆幅除以 2,峰值磁通密度为 0.023T。由图 4-7 材料的损耗曲线查得,当 $\Delta B = 230 \times 10^{-4}$T,纹波频率为 200kHz 时,磁芯损耗近似 $4mW/cm^3$。这个值远远小于经验值 $100mW/cm^3$。磁芯损耗可以忽略,磁芯工作在 I_{Pmax} 时磁通密度接近饱和值。所以,最大磁通密度摆幅就是前面计算的 B_{max}=0.046T。

(4)选磁芯形状和尺寸,采用饱和限制面积乘积公式,B_{max}=0.3T,单线圈电感 K_1=0.03,由式(4-73)得到:

$$A_P = \left[\frac{L I_{SP}}{B_{max}} \frac{I_{FL}}{K_1}\right]^{4/3} = \left[\frac{1.85 \times 10^{-6} \times 65 \times 50}{0.3 \times 0.03}\right]^{4/3} = 0.584cm^4$$

采用 EE33 磁芯,$A_e A_w$=1.57cm^4(带有骨架)。从手册中查得 EE33 如下磁芯参数:磁芯有效截面积 A_e 为 1.23cm^2;体积 V_e 为 7.52cm^3;平均磁路长度 l_e 为 7.425cm;中柱尺寸 C 为 a=1.27cm;D;b=0.97cm;窗口面积 A_w 为 1.28cm^2。

(5)使用 EE 系列磁芯近似热阻公式(式(4-45)),由窗口面积获得热阻为:

$$R_T = \frac{800}{22A_w} = \frac{800}{22 \times 1.28} = 28.4℃/W$$

根据最大温升 ΔT,计算允许的损耗:

$$P_{lim} = \Delta T/R_T = 40/28.4 = 1.41W$$

(6)计算保证电感量的所需匝数,由式(4-85)得到:

$$N = \frac{L\Delta I_{max}}{\Delta B_{max} A_e} \times 10^{-2} = \frac{1.85 \times 10}{0.046 \times 1.23} \times 10^{-2} = 3.27 \text{ 匝}$$

其中,L 单位为 μH,长度尺寸为 cm。

由于 ΔB_{max} 是根据最大峰值电流和电流纹波确定的,若减小线圈匝数,势必造成最大峰值电流时磁芯饱和,因此若保证整数匝线圈,匝数可取 4 匝。

反过来计算 $\Delta B_{\max}$:

$$\Delta B_{\max} = \frac{L \Delta I_{\max}}{N A_e} \times 10^{-2} = \frac{1.85 \times 10}{4 \times 1.23} \times 10^{-2} = 0.038\text{T}$$

由于 $\Delta B_{\max}$ 小于 0.046T,则磁芯磁滞损耗将小于 4mW/cm^3。故磁芯总损耗为:

$$P_\text{C} < 4 \times 7.52 = 30\text{mW}$$

由于电感允许绝对损耗为 2.5W,线圈损耗可能大于 2W。但因为选择的磁芯 A_P 值大于计算出的面积乘积 A_P,应当可以减少线圈损耗。

(7)计算达到所需电感量的气隙长度,由式(4-86)两次迭代得到:

$$\delta_\text{g} = \mu_0 N^2 \frac{A_\delta}{L} \times 10^4 = 4\pi \times 10^{-7} \times 4^2 \frac{(1.27 + \delta_\text{g})(0.97 + \delta_\text{g})}{1.85} \times 10^4 = 0.153\text{cm}$$

(8)计算 200kHz 时的穿透深度

$$\delta = \frac{76.5}{\sqrt{f}} = \frac{76.5}{\sqrt{200 \times 10^3}} = 0.171\text{mm}$$

(9)计算导体尺寸

选择电流密度 400A/cm^2,50A 满载电流需要导体截面积为 12.5mm^2。由于导线截面较大,一般用铜箔绕制,铜箔的厚度不超过穿透深度。若窗口尺寸有较大的富裕,可考虑增加导线截面,以减少损耗。

(10)损耗与温升的校核

一般情况下,电感器设计完毕都需要对损耗和温升进行计算,若损耗和温升不满足要求,需要对电感器进行重新设计。

导体截面除以线圈的宽度 1.5cm,得到导体的厚度为 0.083cm(5层厚 0.0167cm 铜箔并绕)。一共 5 层包含匝间 0.005cm 绝缘和层间 0.005cm 绝缘,结果线圈高度为 0.45cm。平均匝长为 6.1cm,总的线圈长度为 30.5cm。线圈电阻为:

$$R_\text{dc} = \frac{\rho_\text{cu} l}{A_\text{cu}} = \frac{2.3 \times 10^{-6} \times 30.5}{0.125} = 0.56\text{m}\Omega$$

直流损耗为:$P_\text{dc} = 50^2 \times 0.00056 = 1.4\text{W}$;$Q = 0.0167/0.0171 = 0.98$。

查表 4-25,$Q=1$,5 层的 R_ac/R_dc 近似为 3.5,则 $R_\text{ac} = 2\text{m}\Omega$。

由式(4-58)可知,$I_\text{ac} = \frac{\Delta I}{\sqrt{12}} = \frac{10}{\sqrt{12}} = 2.9\text{A}$,则交流损耗为:

$$P_\text{ac} = 2.9^2 \times 0.002 = 0.017\text{W}$$

线圈总损耗为 $1.4 + 0.017 = 1.417\text{W}$,加上磁芯损耗 30mW,基本满足要求。实际上,如果采用铜箔厚度小于集肤深度或导线直径小于 2 倍的集肤深度时,在电感电流连续时,可不考虑交流损耗,但在电流断续时,交流损耗可能大于直流损耗,必须考虑。

4.4.6　反激变压器设计

1. 占空比和匝比

反激变换器的变压器是一个耦合电感,反激变压器的电流连续是指安匝(磁势)连续。所有电流归化到安匝数,即初级和次级电流分别乘以各自的匝数。图 4-26 和图 4-27 为工作在电流连续和断续模式的电感电流波形。

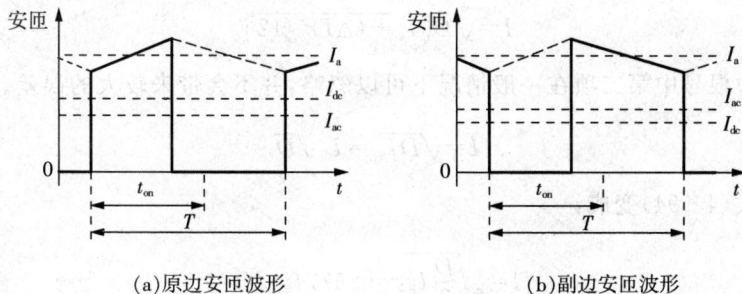

（a)原边安匝波形　　　　　　　　　　　（b)副边安匝波形

图 4-26　反激变换器安匝连续波形

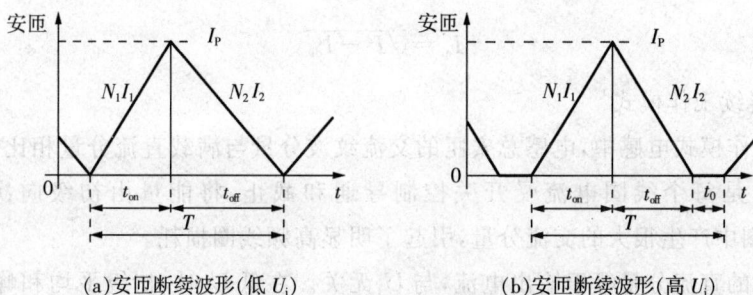

（a)安匝断续波形(低 U_i)　　　　　　　　（b)安匝断续波形(高 U_i)

图 4-27　反激变换器安匝断续波形

反激变压器的设计首先需要决定占空比 D,再由占空比按照以下关系计算变压器变比:

$$n=\frac{U_i}{U_o}\frac{D}{1-D} \rightarrow D=\frac{nU_o}{U_i+nU_o} \tag{4-91}$$

U_o 等于输出电压加上整流器、功率开关、线圈和电感电阻压降,电流连续工作模式及临界连续模式上式都适用。

理论上,不管 U_i 和 U_o 如何,可以取任意变比。但是变压器变比选取得好,可避免高的峰值电流和电压,一般 D 近似为 0.5 时的变比 n(临界工作模式)为最佳。由于电路原因或器件定额可能要求占空比不是 0.5,可通过匝比调整初级与次级峰值电压和峰值电流。例如,减少 n 就减少了占空比,减少峰值开关电压和峰值整流电流,但是增加了峰值开关电流和峰值整流电压。

2. 线圈电流参数的计算

图 4-26 为反激变换器的安匝连续时主要波形图。在变压器设计时分析了典型波形的直流(平均值)、交流和总的有效值电流,还要计算与磁芯饱和、磁芯损耗、线圈损耗各种最坏情况有关的电流值。

图 4-26 的梯形电流波形的直流分量（平均值）为：

$$I_{dc} = D \frac{(I_P + I_{min})}{2} = D I_a \qquad (4-92)$$

其中，$I_{min} = I_P - \Delta I$；$D = T_{on}/T$。

式（4-92）也适用于电流断续模式，此时 $I_{min} = 0$。梯形波的有效值为：

$$I = \sqrt{D[I_a^2 + (\Delta I)^2/12]} \qquad (4-93)$$

式（4-93）根号中第二项在一般情况下可以忽略，并不会带来较大的误差。所以

$$I = \sqrt{D I_a^2} = I_a \sqrt{D} \qquad (4-94)$$

对于三角波，式（4-94）变成：

$$I = \sqrt{\frac{D}{3} I_P^2} = 0.577 I_P \sqrt{D} \qquad (4-95)$$

对于所有波形交流有效值为：

$$I_{ac} = \sqrt{I^2 - I_{dc}^2} \qquad (4-96)$$

3. 电流连续工作模式

在连续工作模式电感中，电感总安匝的交流纹波分量与满载直流分量相比很小，磁芯损耗不重要。但是每个线圈电流受开关控制导通和截止，将能量由初级向次级传输（图 4-26），在线圈中产生很大的交流分量，引起了明显高频线圈损耗。

次级电流的直流分量等于输出电流，与 U_i 无关。在低 U_i 时，初级平均和峰值电流以及总的电感电流达到最大。因此，在低 U_i 时，是磁芯饱和和线圈损耗的最坏情况。

此外，在高 U_i 时，总电感电流交流分量和磁芯损耗最大。但因为磁芯损耗对于连续工作模式可忽略，所以影响很小。

例 2　设计一个安匝连续的反激变压器

(1)决定设计反激变压器有关的电源参数

输入电压 U_i：$28 \pm 4V$；

输出电压 U_o：5V；

满载电流 I_o：10A；

电路拓扑为反激连续模式；

开关频率 f_s：100kHz；

设定占空比 D：在 28V 输入时为 0.5；

最大纹波电流 ΔI：5A（次级），32V 输入；

峰值短路电流 I_{sp}：25A（次级）；

次级电感 L：$6.8\mu H$（$D = 0.5$，$\Delta I = 5A$）；

最大损耗（绝对）：2.0W；

最大温升 40℃；

冷却方式为自然对流。

（2）初步计算

根据式（4-98），在额定 $U_i = 28V$ 和设定的占空比为 0.5 时，匝比为：

$$n = \frac{U_i}{U_o} \frac{D}{1-D} = \frac{28}{5+0.6} \times \frac{0.5}{1-0.5} = 5$$

为了计算最坏情况——低 U_i 损耗，应首先决定低 U_i 时占空比 D、交流和直流分量。低输入电压时的占空比为：

$$D_{max} = \frac{nU_o}{U_i + nU_o} = \frac{5(5+0.6)}{24+5(5+0.6)} = 0.538$$

匝比调整后，占空比要相应发生变化，需重新计算占空比。

（3）用产品手册选择磁芯材料

磁芯材料为铁氧体，Philips3C90。100℃时，饱和磁感应为 0.32T。

（4）决定磁芯工作的最大磁通密度和最大磁通密度摆幅

电感安匝连续模式，饱和限制了最大磁通密度 $B_{max} = 0.3T$。因此，在峰值短时时，B 将达到 B_{max}。假定加了气隙的磁芯的 $B-H$ 特性线性度好，ΔB_{max} 与电流纹波（在 32V 时）将是：

$$\Delta B_{max} = B_{max} \frac{\Delta I}{I_{SP}} = 0.3 \times \frac{5}{25} = 0.06T$$

将峰峰值磁通密度摆幅除以 2 是 0.03T，在 3C90 材料磁芯损耗曲线上查 300×10^{-4}T，纹波频率 100kHz 时比损耗近似为 2.6mW/cm³。比经验值 100mW/cm³ 小很多，磁芯损耗可忽略不计。因此，在 $I_{SP} = 25A$ 时达到 B_{max}，而 $\Delta I = 5A$ 时 ΔB_{max} 仅为 0.06T。

（5）应用厂商提供的手册或应用面积乘积公式（式（4-73））预选磁芯形状和尺寸，选取 $B_{max} = 0.3T$，反激变压器 $K_1 = 0.0085$。其 A_P 值为：

$$A_P = \left[\frac{L I_{SP} I_{FL}}{B_{max} K_1}\right]^{\frac{4}{3}} = \left[\frac{6.8 \times 10^{-6} \times 25 \times 14.7}{0.3 \times 0.0085}\right]^{\frac{4}{3}} = 0.97 \text{ cm}^4$$

磁芯类型为 EI 系列磁芯，EI33，磁芯参数：面积乘积 A_P 为 1.627cm⁴；有效截面积 A_e 为 1.23cm²；体积 V_e 为 6.5cm³；磁路长度 l_e 为 6.6cm；中柱直径 C 为 1.27cm，D 为 1.97cm；窗口面积 A_w 为 1.32cm²。

（6）使用 EE 系列磁芯近似热阻公式（式（4-45）），由窗口面积获得热阻为：

$$R_T = \frac{800}{22A_w} = \frac{800}{22 \times 1.32} = 27.5℃/W$$

根据最大温升 ΔT，计算允许的损耗：

$$P_{lim} = \Delta T / R_T = 40/27.5 = 1.45W$$

(7)根据式(4-85)和需要的电感量计算次级匝数：

$$N_2 = \frac{L\Delta I}{\Delta B_{max} A_e} \times 10^{-2} = \frac{6.8 \times 5}{0.06 \times 1.23} \times 10^{-2} = 4.61 \to 5 \text{ 匝}$$

根据匝比求得初级匝数：

$$N_1 = N_2 n = 5 \times 5 = 25 \text{ 匝}$$

反过来计算 ΔB_{max}：

$$\Delta B_{max} = \frac{L\Delta I_{max}}{N A_e} \times 10^{-2} = \frac{6.8 \times 5}{5 \times 1.23} \times 10^{-2} = 0.055\text{T}$$

由于 ΔB_{max} 接近 0.06T，则磁芯磁滞损耗近似等于 2.6mW/cm^3。则磁芯总损耗为：

$$P_C = 2.6 \times 6.5 = 16.9\text{mW}$$

因此，磁芯损耗可忽略，整个允许损耗可归到线圈内。

(8)根据式(4-86)和要求的电感量计算所需的气隙长度：

$$\delta_g = \mu_0 N^2 \frac{A_\delta}{L} \times 10^4 = 4\pi \times 10^{-7} \times 5^2 \frac{(1.27+\delta_g)(0.97+\delta_g)}{6.8} \times 10^4 = 0.063\text{cm}$$

(9)计算 100kHz 时的穿透深度：

$$\delta = \frac{76.5}{\sqrt{f}} = \frac{76.5}{\sqrt{100 \times 10^3}} = 0.242\text{mm}$$

(10)计算导线尺寸

次级线圈：$U_o = 24\text{V}$，$1-D_{max} = 0.462$；输出电流：$I_o = 10\text{A}$
则

$$I_{2dc} = I_o = 10\text{A}$$

$$I_2 = \sqrt{(1-D_{max})I_{2a}^2} = 14.7\text{A}$$

$$I_{2ac} = \sqrt{I_2^2 - I_{2dc}^2} = 10.77\text{A}$$

选择电流密度为 400A/cm^2，导线截面积为 $14.7/400 = 3.7\text{mm}^2$，次级线圈可以用 2 层厚度为 0.16mm 的铜箔绕制。

初级：$U_i = 24\text{V}$，$D_{max} = 0.538$。因为初级和次级的平均安匝总是相等的，一起驱动电感磁芯。因此，初级梯形波中值电流 $I_{1a} = I_{2a}/n = 21.65/5 = 4.33\text{A}$。则

$$I_{1dc} = D_{max} I_{1a} = 0.538 \times 4.33 = 2.33\text{A}$$

$$I_1 = \sqrt{D_{max} I_{1a}^2} = 3.18\text{A}$$

$$I_{1ac}=\sqrt{I_1^2-I_{1dc}^2}=2.16A$$

选择电流密度为 $400A/cm^2$，导线截面积为 $3.18/400=0.95mm^2$，初级线圈可用 8 股 AWG26# 导线绞绕，每股导线截面积 $0.128mm^2$。

(11)损耗与温升的校核

由于磁芯损耗很小，可以忽略，这里主要计算线圈损耗。

① 次级线圈损耗计算

EI33 磁芯窗口宽度为 1.9cm，考虑骨架，线圈宽度可选 1.5cm。导体截面积除以线圈的宽度 1.5cm，得到导体的厚度为 0.025cm(2 层厚度为 0.013mm 的铜箔)。一共 5 层，包含匝间 0.005cm 绝缘和层间 0.005cm 绝缘，结果线圈高度为 0.13cm。平均匝长为 4.8cm，总的线圈长度为 24cm。线圈电阻为：

$$R_{2dc}=\frac{\rho_{cu}l}{A_{cu}}=\frac{2.3\times10^{-6}\times24}{0.013\times2\times1.5}=1.42m\Omega$$

直流损耗为：

$$P_{2dc}=10^2\times0.00142=0.142W$$

$$Q=0.13/0.242=0.54$$

查图 4-25，$Q=0.5$，10 层的 R_{ac}/R_{dc} 近似为 2.2，则 $R_{ac}=3.12m\Omega$。

交流损耗为：

$$P_{2ac}=10.77^2\times0.00312=0.36W$$

② 初级线圈损耗计算

初级选择 8 股 AWG26# 导线绞绕，导线裸线直径为 0.404mm，裸线截面积为 $0.128mm^2$，漆线直径为 0.452mm，大约绕 6 层，平均匝长为 5.5cm，总的线圈长度为 137cm。线圈电阻为：

$$R_{1dc}=\frac{\rho_{cu}l}{A_{cu}}=\frac{2.3\times10^{-6}\times137}{8\times0.00128}=30.8m\Omega$$

直流损耗为：

$$P_{1dc}=2.33^2\times0.0308=0.17W$$

$$Q=\frac{0.83d\sqrt{d/d_q}}{\delta}=\frac{0.83\times0.404\times\sqrt{0.404/0.452}}{0.242}=1.3$$

查图 4-25，$Q=1.3$，6 层的 R_{ac}/R_{dc} 近似为 5，则 $R_{ac}=0.154\Omega$。

交流损耗为：

$$P_{1ac}=2.16^2\times0.154=1.392W$$

线圈总损耗为：

$$P = P_{1dc} + P_{1ac} + P_{2dc} + P_{2ac} = 2.28\text{W}$$

损耗与温升校核满足要求。

4. 电流断续工作模式

安匝断续工作模式的波形见图 4-26(b)。根据定义,在每个开关周期的一部分时间总的安匝下降到零。因此,断续模式在每个开关周期有 3 个不同的时刻:t_{on}、t_{off} 和 t_0。随着负载增加,峰值电流 I_P、t_{on} 和 t_{off} 也增加,但 t_0 减少。

当 t_0 为零时,进入临界连续模式(见图 4-26(a))。进一步增加负载,进入连续模式。因为控制回路特征突然改变,可能引起不稳定,这是不希望的。

在断续模式每个周期中,在导通期间存储的所有的能量($LI_{1P}^2/2$)在截止期间传送到输出,磁能乘以频率等于输出功率 $P_o = I_o U_o$。所以,如果频率 f、L、U_o 保持不变,$LI_{1P}^2/2$ 也不随 U_i 变,但仅正比于负载电流,而 I_{1P} 正比于负载电流的平方根,在临界连续时输出最大功率。

以临界连续时正好达到短路允许峰值电流条件设计电路,设计的匝比、占空比和电感量在峰值电流小于允许峰值电流时,提供全部输出功率。

实践证明,决不能脱离磁元件进行电路设计,尤其在高频需要很少次级匝数,选取匝数发生困难时,设计理想的断续模式反激变压器的次级可能出现分数匝。例如 1.5 匝,如果次级取整为 1 匝或 2 匝,将引起损耗和成本的增加,可通过改变匝比和占空比来解决问题。

例 3 断续模式电感设计

(1)决定反激变压器设计有关的参数

输入电压:$U_i = (28\pm4)\text{V}$;

输出电压:$U_o = 5\text{V}$;

满载电流:$I_o = 10\text{A}$;

短路电流:$I_S = 12\text{A}$;

电路拓扑:反激,断续模式;

开关频率:$f = 100\text{kHz}$;

设定的占空比:24V,临界连续时 $D = 0.5$;

最大损耗(绝对):2.0W;

最大温升:$\Delta T = 40℃$;

冷却方式:自然冷却。

(2)初步计算

根据最小 U_i(24V)和 U_o'(5.6V)以及设定的占空比 0.5 临界连续,决定匝比:

$$n = \frac{U_i}{U_o'}\frac{D}{1-D} = \frac{24}{5.6} \times \frac{0.5}{1-0.5} = 4.28 \rightarrow 4$$

匝比 n 降低到 4:1,而不是 5:1,因为 4:1 比较接近;峰值输出电流小了,减少输出电容的负担;初级开关的峰值电压减少了。

临界连续时占空比不再是 0.5,必须重新计算:

$$D_{max}=\frac{U_o n}{U_i+U_o n}=\frac{5.6\times 4}{24+5.6\times 4}=0.483$$

考虑到短路时磁路安匝临界连续,由短路时平均电流求临界连续时次级峰值电流:

$$I_{2dc}=I_{2P}\frac{1-D_{max}}{2}=10A$$

额定负载时的电流峰值为:

$$I_{2P}=\frac{2I_{2dc}}{1-D_{max}}=\frac{2\times 10}{0.517}=38.7A$$

次级电流有效值为:

$$I_2=0.577I_P\sqrt{1-D_{max}}=0.577\times 38.7\times\sqrt{0.517}=16A$$

临界连续模式次级电流从 46.4A 到零的斜率需要的电感值:

$$L=U_o\frac{\Delta t}{\Delta I}=U_o\frac{T(1-D_{max})}{\Delta I}=5.6\frac{10\times 0.517}{46.4}=0.624\mu H$$

在计算损耗之前,必须决定最低电压 U_i 最坏情况下直流和交流分量。因匝比和占空比可能改变,为使线圈优化,电流计算在以后进行。

(3)应用产品手册选择磁芯材料为铁氧体 P 类

(4)磁芯工作的最大磁通密度和最大摆幅

选用最大磁通密度 $B_{max}=0.3T$。在电流断续模式中,根据定义每个开关周期都有部分时间电流为零。所以,ΔI 总是等于 I_P,并因为正比关系,ΔB 总是等于 B_P。在低输入电压情况下,当电流达到峰值短路电流限制时出现 ΔB_{max} 和 B_{max}。如果磁芯受损耗限制,在磁芯损耗曲线中,一般取损耗限制为 $100mW/cm^3$,纹波频率为 100kHz,由此决定了相应最大峰值磁通密度为 $1100\times 10^{-4}T$。得到的峰值磁通密度乘以 2,获得峰值磁通密度摆幅为 $2200\times 10^{-4}T$,即 0.22T。因为在断续模式中,$B_{max}=\Delta B_{max}$,因而 B_{max} 也被限制在 0.22T,接近饱和。因此,在 $B_{max}=0.22T$ 时,相应的 $\Delta I=I_{2P}=46.4A$。

(5)应用面积乘积公式粗选磁芯的形状和尺寸

采用损耗限制面积乘积公式(4-74)得:

$$A_P=A_W A_e=\left[\frac{L\Delta I}{\Delta B_{max}}\frac{I_{FL}}{K_2}\right]^{\frac{4}{3}}=\left[\frac{0.624\times 10^{-6}\times 46.4}{0.22}\times\frac{16}{0.006}\right]^{\frac{4}{3}}=0.25cm^4$$

采用 EI25 磁芯,$A_P=0.366cm^4$(带骨架)。由手册查得对于所选磁芯的参数:有效磁芯截面积 $A_e=0.44cm^2$;有效体积 $V_e=1.93cm^3$;平均磁路长度 $l_e=4.86cm$;中柱尺寸 $C=0.675cm$,$D=0.65cm$;窗口面积 $A_W=0.835cm^2$。

（6）使用 EE 系列磁芯近似热阻公式（式（4-45））

由窗口面积获得热阻为：

$$R_T = \frac{800}{22A_w} = \frac{800}{22 \times 0.835} = 43.5 ℃/W$$

根据最大温升 ΔT，计算允许的损耗：

$$P_{\lim} = \Delta T / R_T = 40 / 43.5 = 0.92W$$

（7）计算需要的次级电感量的匝数

$$N_2 = \frac{L\Delta I_{\max}}{\Delta B_{\max}A_e} \times 10^{-2} = \frac{0.624 \times 46.4}{0.22 \times 0.44} \times 10^{-2} = 2.99 \to 3 \text{ 匝}$$

$$N_1 = N_2 n = 3 \times 4 = 12 \text{ 匝}$$

（8）根据式（4-86）和要求的电感量计算所需的气隙长度

$$\delta_g = \mu_0 N^2 \frac{A_\delta}{L} \times 10^4 = 4\pi \times 10^{-7} \times 3^2 \frac{(0.675 + \delta_g)(0.65 + \delta_g)}{0.624} \times 10^4 = 0.105cm$$

（8）计算 100kHz 时的穿透深度

$$\delta = \frac{76.5}{\sqrt{f}} = \frac{76.5}{\sqrt{100 \times 10^3}} = 0.242mm$$

（9）计算导线尺寸

计算导线尺寸时，可按照正常工作时的输出电流 10A 计算，即

$$I_{2dc} = I_o = 10A$$

次级电流有效值为：

$$I_2 = 16A$$

次级电流交流分量为：

$$I_{2ac} = \sqrt{I_2^2 - I_{2dc}^2} = 12.5A$$

选择电流密度为 400A/cm²，次级导体截面积 16A/400 = 4mm²。可选择 2 层宽为 10mm，厚度为 0.2mm 的铜箔绕制。

初级峰值电流为：

$$I_{1P} = I_{2P} / n = 38.7 / 4 = 9.7A$$

初级电流平均值为：

$$I_{1dc} = I_{1P}D/2 = 4.85 \times 0.483 = 2.34A$$

初级电流有效值为：

$$I_1 = 0.577 I_{1P} \sqrt{D} = 0.577 \times 9.7 \times \sqrt{0.483} = 3.89A$$

次级电流交流分量为：

$$I_{1ac} = \sqrt{I_1^2 - I_{1dc}^2} = 3.1A$$

电流密度为 $400A/cm^2$，需要导线截面积为 $3.89/400 = 0.973mm^2$，可选用宽度为 10mm，厚度为 0.1mm 的铜箔卷绕。

(10)损耗与温升的校核

磁芯损耗计算：

$$P_C = 100 V_e = 193mW = 0.193W$$

① 次级线圈损耗计算

EI25 磁芯窗口宽度为 13.25mm，考虑骨架，线圈宽度可选 10mm。导体截面积除以线圈的宽度 10mm，得到导体的厚度为 0.4mm(2 层厚度为 0.2mm 的铜箔)。一共 5 层，包含匝间 0.005cm 绝缘和层间 0.005cm 绝缘，结果线圈高度为 1.5mm。平均匝长为 3cm，总的线圈长度为 9cm。线圈电阻为：

$$R_{2dc} = \frac{\rho_{cu} l}{A_{cu}} = \frac{2.3 \times 10^{-6} \times 9}{0.04} = 0.52m\Omega$$

直流损耗为：

$$P_{2dc} = 10^2 \times 0.00052 = 0.052W$$

$$Q = 0.2/0.242 = 0.83$$

查图 4-25，$Q = 0.8$，3 层的 R_{ac}/R_{dc} 近似为 1.5，则 $R_{ac} = 0.78m\Omega$。

交流损耗为：

$$P_{1ac} = 12.5^2 \times 0.00078 = 0.12W$$

② 初级线圈损耗计算

初级线圈共 12 匝即 12 层，平均匝长为 4cm，总的线圈长度为 48cm。线圈电阻为：

$$R_{1dc} = \frac{\rho_{cu} l}{A_{cu}} = \frac{2.3 \times 10^{-6} \times 48}{0.01} = 11m\Omega$$

直流损耗为：

$$P_{1dc} = 2.34^2 \times 0.011 = 0.06W$$

$$Q = \frac{d}{\delta} = \frac{0.1}{0.242} = 0.41$$

查图 4-25，$Q=0.4$，12 层的 R_{ac}/R_{dc} 近似为 1.5，则 $R_{2ac}=16.5\mathrm{m\Omega}$。

交流损耗为：

$$P_{1ac}=3.1^2\times0.0165=0.16\mathrm{W}$$

线圈总损耗为：

$$P_W=P_{1dc}+P_{1ac}+P_{2dc}+P_{2ac}=0.412\mathrm{W}$$

总损耗为：

$$P=P_C+P_W=0.193+0.412=0.605\mathrm{W}$$

损耗与温升校核满足要求。

第5章 软开关变换器

5.1 概 述

随着电力电子技术的发展,对开关式稳压电源的要求越来越高,主要表现在开关电源的小型化、高效、电磁兼容性等方面。电气产品的变压器、电感和电容的体积质量与供电频率的平方根成反比。MOSFET、IGBT 等新型全控型、高速电力电子器件的出现,使得开关式稳压电源的高频化成为可能。

焊机电源、通讯电源等都是高频开关式稳压电源,具有小型化的特点。开关式稳压电源的进一步发展,进而可以取代传统"整流行业"的电镀、电解、电加工、充电、电力操作等各种直流电源。其主要材料可以节约 90% 以上,还可节电 30% 以上。

20 世纪 70 年代以来,变换器工作频率提高到 20kHz 甚至更高。然而,常规的 DC/DC PWM 功率变换技术进一步提高开关频率会面临许多问题。随着开关频率的提高,一方面开关管的损耗会成正比的上升,使电路的效率大大降低,从而使变换器处理功率的能力大幅度地下降;另一方面,系统会对外产生严重的电磁干扰(EMI)。

为了克服上述 DC/DC 变换器在硬开关状态工作下的诸多问题,从 20 世纪 80 年代以来,软开关技术得到了深入的研究,并在近些年得到了迅速发展。所谓软开关,通常是指零电压开关 ZVS(Zero Voltage Switching)和零电流开关 ZCS(Zero Current Switching)或近似零电压开关与零电流开关。一般而言,硬开关过程是通过突变的开关过程中断功率流而完成能量的变换;而软开关过程是通过电感 L 和电容 C 的谐振,使开关器件中的电流(或其两端的电压)按正弦或准正弦规律变化,当电流过零时,使器件关断,或者当电压下降到零时,使器件导通。开关器件在零电压或零电流条件下完成导通与关断的过程,将使器件的开关损耗在理论上为零。

软开关技术的应用使电力电子变换器可以具有更高的效率,功率密度和可靠性同时得到提高,并有效地减小电能变换装置引起的电磁污染和噪声等。

5.1.1 功率电路的开关过程

如图 5-1 所示,功率变换电路中,每只开关管在每个开关周期都要开通与关断一次。

由于开关管不是理想器件,在开通时开关管的电压不是立即下降到零,而是有一个下降时间,同时它的电流也不是立即上升到负载电流,也有一个上升时间。

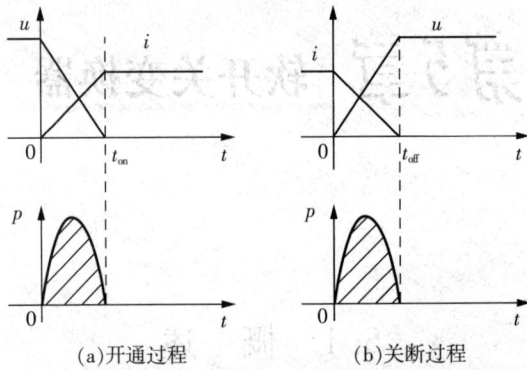

(a)开通过程　　　　　　　　(b)关断过程

图 5-1　开关管的开通与关断过程

在这段时间里,电流和电压有一个交叠区,产生损耗,称之为开通损耗,如图 5-1(a)所示。当开关管关断时,开关管的电压不是立即从零上升到电源电压,而是有一个上升时间,同时它的电流也不是立即下降到零,也有一个下降时间。在这段时间里,电流和电压也有一个交叠区,产生损耗,称之为关断损耗,如图 5-1(b)所示。

因此在开关管开关工作时,要产生开通损耗和关断损耗,统称为开关损耗,开关损耗可由式(5-1)算出:

$$P_{on} + P_{off} = \frac{1}{T}\Big[\int_0^{t_{on}} iv\,dt + \int_0^{t_{off}} iv\,dt\Big] \tag{5-1}$$

假设导通时集电极电流为 I_C,关断时集电极承受的电压为 U_C,导通时的管压降忽略不计,则由图 5-1 可知,开通过程:

$$i = \frac{I_C}{t_{on}}t, \quad u = U_C - \frac{U_C}{t_{on}}t$$

关断过程:

$$i = I_C - \frac{I_C}{t_{off}}t, \quad u = \frac{U_C}{t_{off}}t$$

则

$$P_S = f\Big(\int_0^{t_{on}} \frac{I_C}{t_{on}}t\Big(U_C - \frac{U_C}{t_{on}}t\Big)dt + \int_0^{t_{off}} \Big(I_C - \frac{I_C}{t_{off}}t\Big)\frac{U_C}{t_{off}}t\,dt\Big) = \frac{t_{on}+t_{off}}{6}fU_CI_C \tag{5-2}$$

由此可知,在一定条件下,开关管在每个开关周期中的开关损耗是恒定的,变换器总的开关损耗与开关频率成正比,开关频率越高,总的开关损耗越大,变换器的效率就越低。开关损耗的存在限制了变换器开关频率的提高,从而限制了变换器的小型化和轻量化。同时,开关管工作在硬开关时还会产生较高的 $\mathrm{d}i/\mathrm{d}t$ 和 $\mathrm{d}v/\mathrm{d}t$，从而产生较大的电磁干扰。

5.1.2　软开关的特征及分类

为了减小变换器的体积和质量，必须实现高频化。要提高开关频率，同时提高变换器的变换效率，就必须减小开关损耗。减小开关损耗的途径就是实现开关管的软开关，因此软开关技术应运而生，如图 5-2 所示。

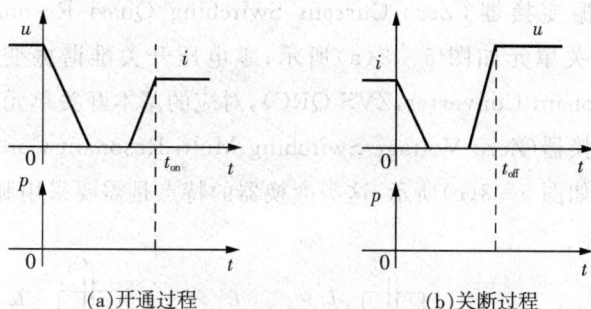

(a)开通过程　　　　　　　　　(b)关断过程

图 5-2　软开关的开关过程

通过在硬开关电路中增加很小的电感、电容等谐振元件，构成辅助换流网络，在开关过程前后引入谐振过程，开关开通前电压先降为零，或关断前电流先降为零，就可以消除开关过程中电压、电流的重叠，降低 $\mathrm{d}i/\mathrm{d}t$ 和 $\mathrm{d}v/\mathrm{d}t$ 的变化率，从而大大减小甚至消除开关损耗和开关噪声，这样的电路称为软开关电路，具有这样开关过程的开关称为软开关。

使开关开通前其两端电压为零，则开关开通时就不会产生损耗和噪声，这种开通方式称为零电压开通，简称零电压开关；使开关关断前流过其电流为零，则开关关断时也不会产生损耗和噪声，这种关断方式称为零电流关断，简称零电流开关；零电压开通和零电流关断要靠电路中的谐振来实现。

与开关相串联的电感能使开关开通后电流上升延缓，降低了开通损耗；与开关并联的电容能使开关关断后电压上升延缓，从而降低关断损耗。这样的开关过程一般给电路造成总损耗增加、关断过电压增大等负面影响，是得不偿失的，因此常与零电压开通和零电流关断配合应用。

软开关技术问世以来，经历了不断地发展和完善，前后出现了许多种软开关电路，直到目前为止，新型的软开关拓扑仍不断地出现。由于存在众多的软开关电路，而且各自有不同的特点和应用场合，因此对这些电路进行分类是很必要的。

根据电路中主要的开关元件是零电压开通还是零电流关断，可以将软开关电路分成零电压电路和零电流电路两大类。

根据软开关技术发展的历程，可以将软开关电路分成全谐振型变换器或谐振型变换器、准谐振变换器、零开关 PWM 变换器、零转换 PWM 变换器和移相控制 ZVS、ZVZCS 全桥变换器。

5.2 准谐振软开关变换器

准谐振变换器(Quasi Resonant Converter, QRC)的出现是软开关技术的一次飞跃,这类变换器的特点是谐振元件参与能量变换的某一个阶段,不是全程参与。准谐振变换器分为零电流开关准谐振变换器(Zero Current Switching Quasi Resonant Converter, ZCS QRC),对应的基本开关单元如图 5-3(a)所示;零电压开关准谐振变换器(Zero Voltage Switching Quasi Resonant Converter, ZVS QRC),对应的基本开关单元如图 5-3(b)所示;零电压开关多谐振变换器(Zero Voltage Switching Multi Resonant Converter, ZVS MRC),对应的基本开关单元如图 5-3(c)所示;这类变换器的特点是需要采用脉冲频率调制方法。

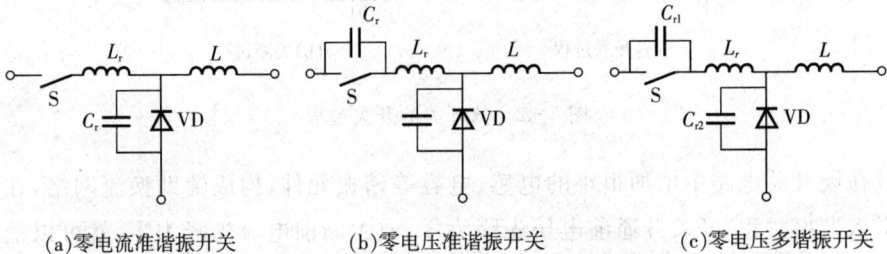

(a)零电流准谐振开关   (b)零电压准谐振开关   (c)零电压多谐振开关

图 5-3 准谐振电路的基本开关单元

5.2.1 零电流谐振开关

零电流谐振开关(ZCS)用开关 S、谐振元件 L_r、C_r 的合成电路表示。当电感 L_r 和开关 S 相串联时,即构成零电流谐振开关,见图 5-3(a)。按开关电流是单方向或双向的,又可分为半波型和全波型。图 5-4(a)所示为半波型零电流谐振开关,假设开关是理想的单向开关,谐振开关工作在半波型,即开关电流只在正半周谐振。如图 5-4(b)所示,开关上有反向二极管并联,开关电流能双向流动,故称谐振开关工作在全波型。

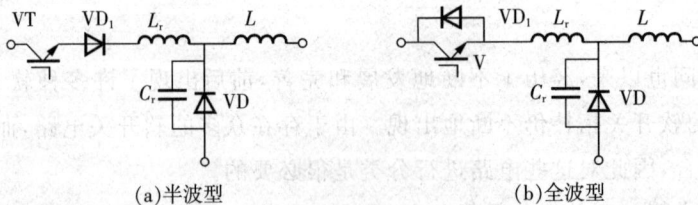

(a)半波型   (b)全波型

图 5-4 零电流准谐振开关

工作时,谐振回路 L_r、C_r 电路经开关管形成谐振电流波形,在电流缓慢上升以前,开关管被驱动进入饱和区。由于 L_r、C_r 的谐振作用,开关中的电流将振荡,使开关能自动换流。

如图 5-5 所示,曲线 A 表示在 PWM 工作状态下开关负载线轨迹,此时器件上同时承受高的电压和大电流,开关管承受高的损耗和耐量。而谐振开关的负载线如图 5-5 中 B 所示,由于谐振开关没有瞬态的高电压和大电流同时作用,因此,开关的损耗是很低的。离开关管的安全工作区(SOA)边缘很远,保证了开关管可靠地工作。

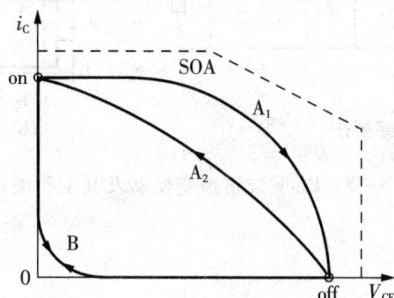

图 5-5 开关负载线轨迹

5.2.2 零电压谐振开关

在零电压准谐振开关(ZVS)中,开关 S,与电容 C_r 相并联(图 5-3(b))。零电压准谐振开关存在 2 种基本电路,如图 5-6 所示。在图 5-6(a)中,开关管 VT 上反向并联二极管 VD_1,这样,在谐振周期的负半周期间,电容 C_r 上的电压由 VD_1 钳位到近似零,该谐振开关电压工作在半波型。在图 5-6(b)中,开关管 VT 和二极管 VD_1 串联,因此,电容 C_r 上的电压能自由振荡,称该谐振开关工作在全波型。

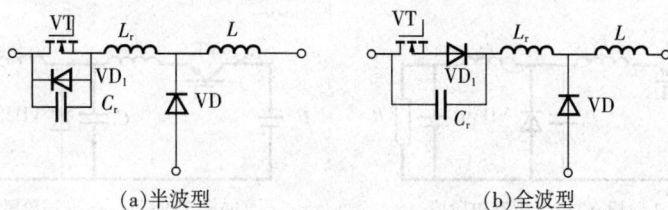

(a)半波型   (b)全波型

图 5-6 零电压准谐振开关

将谐振开关的概念应用于前面所述的 PWM 变换器,将 PWM 中的功率开关更换为零电流开关或零电压开关,就能推出一组新的变换器,即零电流开关准谐振变换器(ZCS-QRC)和零电压开关准谐振变换器(ZVS-QRC)。

5.2.3 零电流开关准谐振变换器

1.Buck 型零电流开关准谐振变换器

将 PWM-Buck 型变换器中的开关以零电流全波型开关代入,就构成了 Buck 型准谐振变换器,如图 5-7 所示。为了便于讨论,假定:①输出滤波电感 $L\gg$ 谐振电感 L_r;②电路中的电感、电容元件是理想的;③输出滤波器 L、C 和负载看成是电流负载。

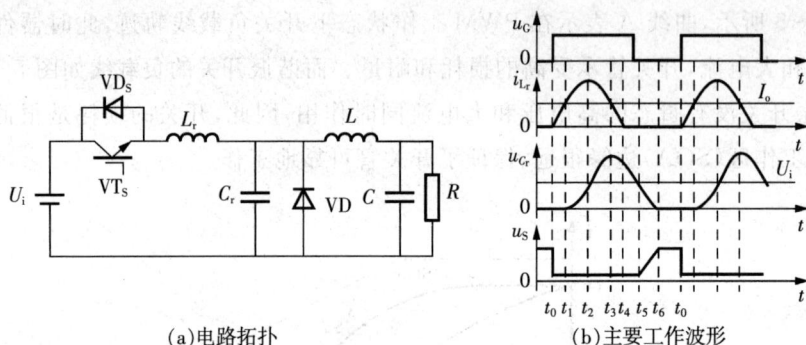

(a)电路拓扑   (b)主要工作波形

图 5-7   Buck 准谐振变换器及其工作波形

定义下列参数：

特征阻抗 $$Z_n = \sqrt{\frac{L_r}{C_r}}$$

谐振角频率 $$\omega_r = \frac{1}{\sqrt{L_r C_r}}$$

谐振频率 $$f_r = \frac{\omega_r}{2\pi}$$

归一化负载 $$r = \frac{R}{Z_n}$$

开关周期分为 4 个阶段,其工作过程分解如图 5-8 所示。

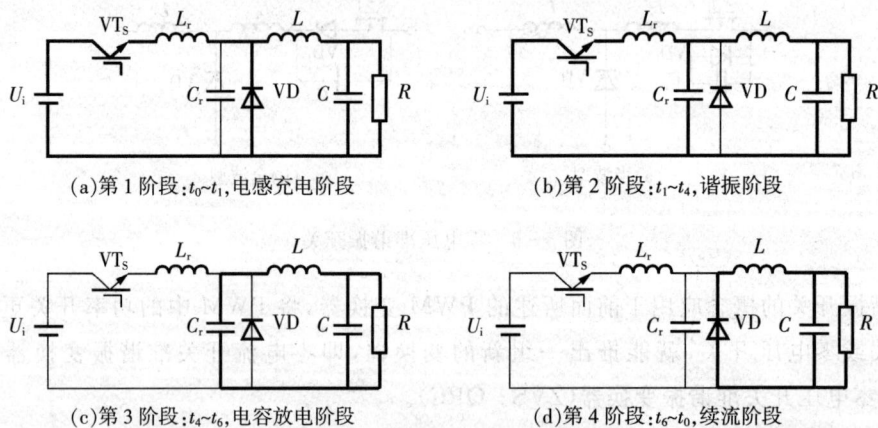

(a)第 1 阶段:$t_0 \sim t_1$,电感充电阶段   (b)第 2 阶段:$t_1 \sim t_4$,谐振阶段

(c)第 3 阶段:$t_4 \sim t_6$,电容放电阶段   (d)第 4 阶段:$t_6 \sim t_0$,续流阶段

图 5-8   Buck 型零电流开关准谐振变换器工作过程分解

假定在开关 VT_S 导通以前,滤波电感 L 经二极管 VD 供给负载电流,电容 C_r 上电压钳位到零。

(1)$t_1 \sim t_1$ 阶段,电感充电阶段,如图 5-8(a)所示。在 t_0 之前,VT_S 不导通,输出电流 I。

经 VD 续流，t_0 时刻，开关管 VT$_S$ 开通，电感 L_r 充电，L_r 中的电流线性上升，在 t_1 时刻，i_{L_r} 达到 I_o。随后 i_{L_r} 分成两部分，一部分维持负载电流，一部分给谐振电容充电，二极管 VD 截止，进入第二阶段。

（2）$t_1 \sim t_4$ 阶段，谐振阶段，如图 5-8(b) 所示。t_1 时刻，输入电流上升到 I_o，VD 关断，L_r 和 C_r 开始谐振，t_2 时刻，$u_{C_r}(t_2) = U_i$，i_{L_r} 达到峰值，随后 i_{L_r} 减小，t_3 时刻，i_{L_r} 减小到 I_o，u_{C_r} 达到峰值，接着 C_r 开始放电，直到 t_4 时刻，i_{L_r} 下降到零，第二阶段结束，如图 5-7(b) 所示。该阶段的谐振电感中的电流和谐振电容两端的电压，由式 (5-3) 确定：

$$
\begin{cases}
L_r \dfrac{di_{L_r}}{dt} + u_{C_r} = U_i \\[2mm]
C_r \dfrac{du_{C_r}}{dt} = i_{L_r} - I_o
\end{cases}
\tag{5-3}
$$

t_1 时刻，谐振电感的初始电流为 $i_{L_r}(t_1) = I_o$，谐振电容的初始电压 $u_{C_r}(t_1) = 0$，解微分方程组 (5-3)，得

$$
i_{L_r}(t) = I_o + \cos\omega_r(t - t_1) + \frac{U_i}{Z_r}\sin\omega_r(t - t_1)
\tag{5-4}
$$

$$
u_{C_r}(t) = U_i - U_i\cos\omega_r(t - t_1)
\tag{5-5}
$$

其中，$\omega_r = 1/\sqrt{L_r C_r}$，谐振角频率；$Z_r = \sqrt{L_r/C_r}$，特征阻抗。

（3）$t_4 \sim t_6$ 阶段，电容放电阶段，如图 5-8(c) 所示。在 $t_4 \sim t_5$ 期间，电容电压高于 U_i，将 VT$_S$ 中的电流钳位成零，在这段期间关断 VT$_S$，VT$_S$ 将是零电流关断。t_5 时刻，u_{C_r} 下降到等于 U_i，由于负载为电流源，u_{C_r} 继续放电，这时开关管两端的电压开始上升，直到 t_6 时刻，u_{C_r} 两端电压下降到零，u_S 上升到等于 U_i，第三阶段结束。

（4）$t_6 \sim t_0$ 阶段，续流阶段，如图 5-8(d) 所示。t_6 时刻，u_{C_r} 放电完毕，$u_{C_r} = 0$，输出电流经二极管 VD 续流，直到 t_0 时刻 VT$_S$ 再次导通，进入下一工作周期。

图 5-9 所示为 Buck 准谐振变换器的直流电压变换比关系，直流电压变换比为输出电压与输入电压之比，即 $M = U_o/U_i$。在图 5-9(a) 中，半波型的 M 对负载变化是敏感的，而在图 5-9(b) 中，全波型的电压变换比与负载变化无关。当开关管导通时，能量从电源传输到谐振回路，负载轻载时，大部分谐振回路能量返回到电源，负载重载时大部分谐振回路能量传输到负载，只有小部分谐振回路能量返回电源。全波型中开关上反向并联的二极管能调整谐振回路能量，使电压变换比不随负载变化。当轻载时，过多的谐振回路能量不能全部返回电源，因此，必须减小工作频率来调整输出电压。全波型准谐变换器具有与 PWM 变换器相同的直流电压变换特性和小信号传递函数，而且能实现零电流导通和关断。在输入电流中含有直流分量 I_o，同时含有交流分量 U_i/Z_n，交流分量应大于直流分量，即 $I_o \leqslant U_i/Z_n$，零电流开关内部固有的损耗是交流分量产生的。

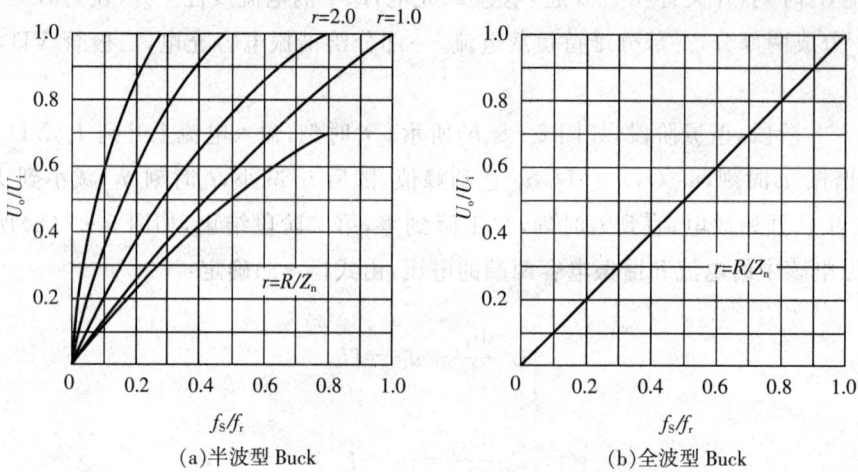

(a)半波型 Buck (b)全波型 Buck

图 5-9 Buck 准谐振变换器的直流电压变换比特性

2. Boost 型零电流开关准谐振变换器

将 PWM-Boost 型变换器中的开关以零电流半波型开关代入,如图 5-10(a)所示,就构成了 Boost 型准谐振变换器。为了便于讨论,假定:①输入储能电感 $L \gg$ 谐振电感 L_r;②电路中的电感、电容元件是理想的;③输出滤波器 C 和负载看成是电压源负载。

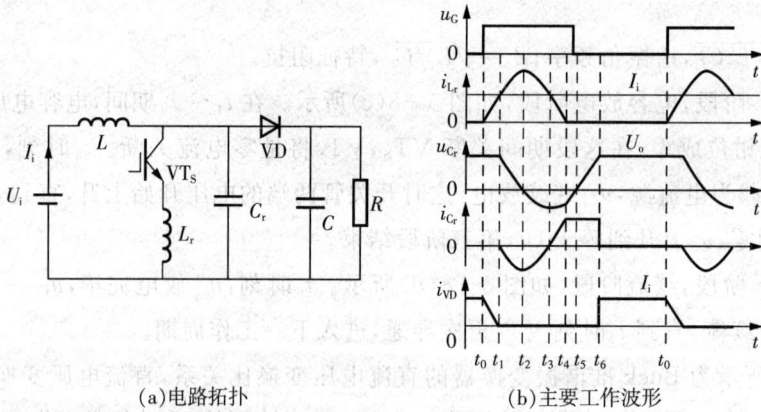

(a)电路拓扑 (b)主要工作波形

图 5-10 Boost 准谐振变换器及其工作波形

开关周期分为 4 个阶段,其工作过程如图 5-11 所示。

(1)$t_0 \sim t_1$ 阶段,电感充电阶段,如图 5-11(a)所示。t_0 时刻之前,开关管 VT_S 关断,二极管 VD 导通,t_0 时刻,开关管 VT_S 导通,流过谐振电感 L_r 的电流 i_{L_r} 呈线性上升,t_1 时刻,i_{L_r} 上升到 I_i,第 1 阶段结束。

(2)$t_1 \sim t_4$ 阶段,谐振阶段,如图 5-11(b)所示。t_1 时刻,i_{L_r} 上升到 I_i,VD 关断,L_r 和 C_r 开始谐振,t_2 时刻,$u_{C_r}(t_2) = 0$,i_{L_r} 达到峰值,i_{C_r} 反向上升到最大值,随后 i_{L_r} 减小,t_3 时刻,i_{L_r} 减小到 I_i,i_{C_r} 反向减小到零,u_{C_r} 达到反向峰值,接着 C_r 开始放电,i_{C_r} 正向增大,直到 t_4 时刻,

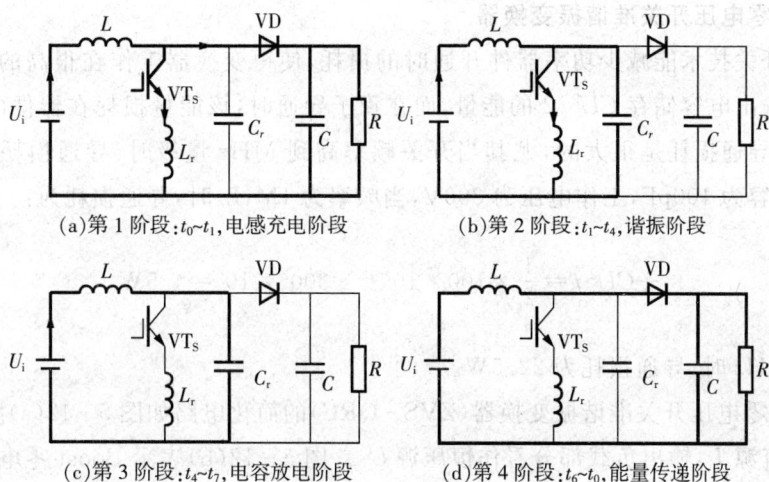

(a)第1阶段：$t_0 \sim t_1$，电感充电阶段　　　　(b)第2阶段：$t_1 \sim t_4$，谐振阶段

(c)第3阶段：$t_4 \sim t_7$，电容放电阶段　　　　(d)第4阶段：$t_6 \sim t_0$，能量传递阶段

图 5-11　Boost 型零电流开关准谐振变换器工作过程示意图

i_{L_r} 下降到零，i_{C_r} 增大到 I_i，第 2 阶段结束，如图 5-10(b)所示。该阶段的谐振电感中的电流和谐振电容两端的电压由式(5-6)确定：

$$\begin{cases} i_{L_r} + C_r \dfrac{\mathrm{d}u_{C_r}}{\mathrm{d}t} = I_i \\[2mm] L_r \dfrac{\mathrm{d}i_{L_r}}{\mathrm{d}t} = u_{C_r} \end{cases} \tag{5-6}$$

t_1 时刻，谐振电感的初始电流为 $i_{L_r}(t_1) = I_i$，谐振电容的初始电压为 $u_{C_r}(t_0) = U_o$，解微分方程组(5-6)得：

$$i_{L_r}(t) = I_i + \frac{U_o}{Z_r}\sin\omega_r(t - t_1) \tag{5-7}$$

$$u_{C_r}(t) = U_o\cos\omega_r(t - t_1) \tag{5-8}$$

其中，$\omega_r = 1/\sqrt{L_r C_r}$，谐振角频率；$Z_r = \sqrt{L_r/C_r}$ 特征阻抗。

(3)$t_4 \sim t_6$ 阶段，电容充电阶段，如图 5-11(c)所示。$t_4 \sim t_5$ 期间，电容电压为负，在 I_i 的作用下，继续反向放电，VT_S 中电流为零，在这段期间关断 VT_S，VT_S 将是零电流关断。t_5 时刻，u_{C_r} 下降到等于 0，随后在 I_i 的作用下，u_{C_r} 开始正向增大，直到 t_6 时刻，u_{C_r} 两端电压上升到等于 U_o，VD 导通，第 3 阶段结束，进入第 4 阶段。

(4)$t_6 \sim t_0$ 阶段，能量传递阶段，如图 5-11(d)所示。t_6 时刻，u_{C_r} 两端电压上升到等于 U_o，输入电流经二极管 VD 向负载传递能量，直到 t_0 时刻 VT_S 再次导通，进入下一工作周期。

很明显，当 L_r 和 C_r 选定后，谐振半周期 $t_1 \sim t_4$ 时间固定(忽略 $t_0 \sim t_1$ 这段时间)。也就是说，VT_S 的导通时间固定，可以通过调节 VT_S 的关断时间来调节占空比，从而达到调节输出电压的目的。因此，零电流开关准谐振变换器是通过脉冲频率调制来调节输出电压。

5.2.4 零电压开关准谐振变换器

零电压开关技术能减少功率器件开通时的损耗,使得变换器工作在很高的频率。管子在关断期间输出电容储存 $CU^2/2$ 的能量,而在管子导通时,该能量损耗在器件内部,在高的输入电压下,导通损耗是很大的,尤其当开关频率高到 MHz 量级时,导通损耗占决定性因素,假如结电容为 100pF,工作电压为 300V,当频率为 1MHz 时,导通损耗为:

$$\frac{1}{2}CU^2f=\frac{1}{2}\times100\times10^{-12}\times300^2\times10^6=4.5\text{W}$$

而频率为 5MHz 时,导通损耗为 22.5W。

Boost 型零电压开关准谐振变换器(ZVS-QRC)的简化电路如图 5-12(a)所示,将输入部分看作恒流源 I_i,输出负载部分看作恒压源 U_o。图 5-12(b)表示 Boost 零电压准谐振变换器的典型工作波形。在稳态工作下,一个完整的开关周期分为 4 个阶段,对应 4 个工作模态,如图 5-13 所示。开关 VT_s 导通时,流过输入电流 I_i,二极管 VD 关断,没有电流注入电压源负载,在 t_0 时间,开关 VT_s 关断,输入电流流入电容 C_r,给电容充电。

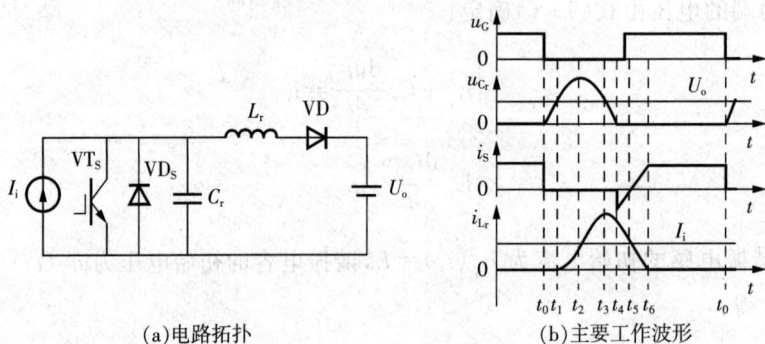

(a)电路拓扑　　　　　　(b)主要工作波形

图 5-12　Boost 零电压开关准谐振变换器及其工作波形

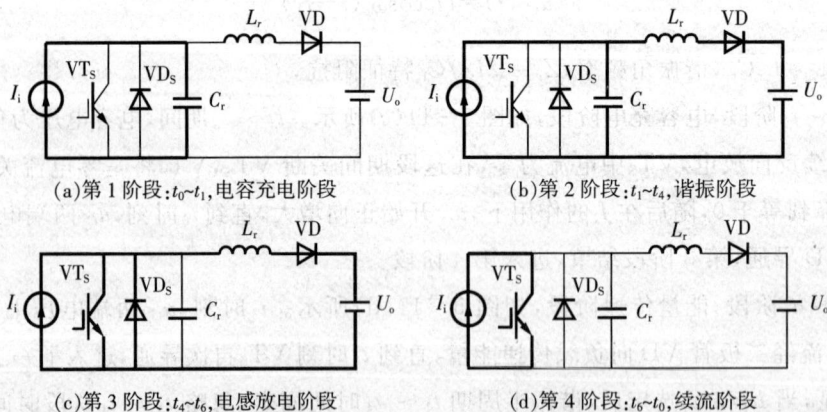

(a)第 1 阶段:t_0~t_1,电容充电阶段　　　　　　(b)第 2 阶段:t_1~t_4,谐振阶段

(c)第 3 阶段:t_4~t_6,电感放电阶段　　　　　　(d)第 4 阶段:t_6~t_0,续流阶段

图 5-13　Boost 型零电压开关准谐振变换器工作过程示意图

(1)$t_0 \sim t_1$ 阶段,电容充电阶段,如图 5-13(a)所示。在 t_0 之前,VT_S 导通,输入电流 I_i 经 VT_S 续流,t_0 时刻,开关管 VT_S 关断,电容 C_r 充电,C_r 上的电压线性上升,在 t_1 时刻,u_{C_r} 达到 U_o,二极管 VD 导通。

(2)$t_1 \sim t_4$ 阶段,谐振阶段,如图 5-13(b)所示。t_1 时刻,二极管 VD 导通,一部分 I_i 流入 U_o,一部分 I_i 给电容充电,t_2 时刻,i_{L_r} 达到 I_i,这时电容电压达到峰值;随后谐振电容开始放电,当电容电压 u_{C_r} 降到 U_o,i_{L_r} 达到峰值,随后 i_{L_r} 开始减小,直到 u_{C_r} 降到零,谐振过程结束;这时 VD_S 导通流过反向电流。

该阶段的谐振电感中的电流和谐振电容两端的电压由式(5-9)确定:

$$\begin{cases} -L_r \dfrac{\mathrm{d}i_{L_r}}{\mathrm{d}t} + u_{C_r} = U_o \\[2mm] C_r \dfrac{\mathrm{d}u_{C_r}}{\mathrm{d}t} + i_{L_r} = I_i \end{cases} \tag{5-9}$$

t_1 时刻,谐振电感的初始电流为 $i_{L_r}(t_1)=0$,谐振电容的初始电压为 $u_{C_r}(t_1)=U_o$,解微分方程组(5-9),得

$$i_{L_r}(t) = -I_i + I_i \cos\omega_r(t-t_1) \tag{5-10}$$

$$u_{C_r}(t) = U_o + Z_r I_i \sin\omega_r(t-t_1) \tag{5-11}$$

其中,$\omega_r = 1/\sqrt{L_r C_r}$,谐振角频率;$Z_r = \sqrt{L_r/C_r}$,特征阻抗。

(3)$t_4 \sim t_6$ 阶段,电感放电阶段,如图 5-13(c)所示。$t_4 \sim t_5$ 期间,电感电流经 VD_S 续流,将 VT_S 两端电压钳位成零电压,这段期间开通 VT_S,VT_S 零电压开通。这段时间电感电流线性下降,在时间 t_5 时刻下降到等于 I_i,接着 $i_{L_r} < I_i$,VT_S 导通给 I_i 提供续流通路,直到 t_6 时刻 i_{L_r} 下降到零,i_{VT_S} 达到 I_i。

(4)$t_6 \sim t_0$ 阶段,续流阶段,如图 5-13(d)所示。t_6 之后,VT_S 继续导通,流过 VT_S 的电流保持 I_i 不变,直到 t_0 时,VT_S 关断,完成了一个周期。

很明显,当 L_r 和 C_r 选定后,谐振半周期 $t_1 \sim t_4$ 时间固定(忽略 $t_0 \sim t_1$ 这段时间)。也就是说,VT_S 的关断时间固定,可以通过调节 VT_S 的导通时间来调节占空比,从而达到调节输出电压的目的。因此,零电压开关准谐振变换器也是通过脉冲频率调制来调节输出电压。

电容 C_r 的电压波形 U_{C_r} 中含有直流分量 U_o 和交流分量 $I_i Z_n \sin(w_r t)$,I_i 与负载电流大小有关,U_o 是恒定的。因此,U_{C_r} 随着负载电流增大而增大,交流分量幅值应大于直流分量。在轻载下,零电压开关是有一些损耗的。

图 5-14 表示直流电压变换比 $M=U_o/U_i$ 与负载变化和开关频率的关系。可以看出,全波型中的电压变换比对负载是不敏感的,这是人们所希望的特性。但是零电压全波型开关需要串联二极管提供反向电压阻断的功能,开关中的结电容的能量在开关关断期间被储存,开关导通期间该能量将在期间内损耗掉,在高频下工作也是不利的。

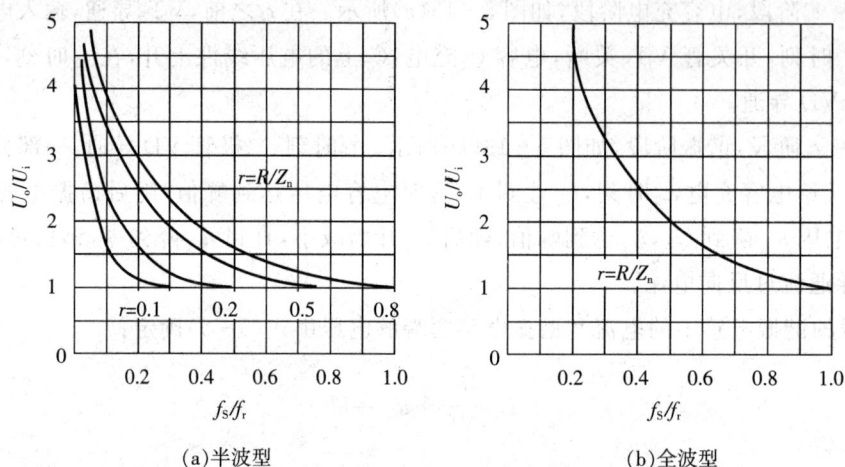

(a)半波型　　　　　　　　　　(b)全波型

图 5-14　电压型准谐振 Boost 变换器的直流电压变换比特性

表 5-1 概括了零电流和零电压开关技术的主要特性。

表 5-1　零电流和零电压开关技术主要特性比较

形　式	零电流开关	零电压开关
控制	导通时间	关断时间
开关管电压波形	准方波	准正弦
开关管电流波形	准正弦	准方波
负载范围	$R_{min} \sim R_\infty$	$0 \sim R_{max}$
全波型	开关与二极管反向并联	开关与二极管串联
半波型	开关与二极管串联	开关与二极管反向并联

　　采用同样的方法可构成 Buck 型零电压开关准谐振变换器,其简化电路和主要工作波形如图 5-15 所示。

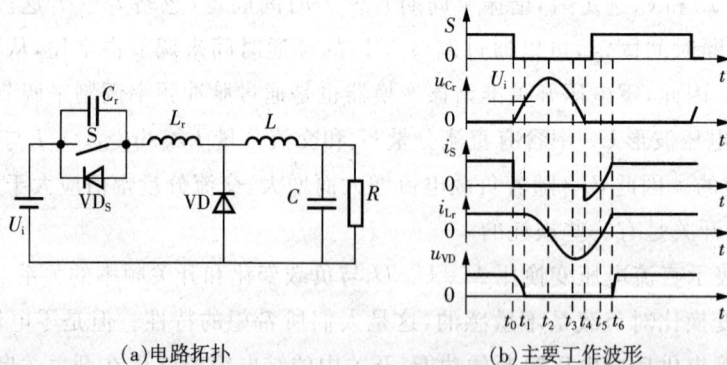

(a)电路拓扑　　　　　　　　　　(b)主要工作波形

图 5-15　Buck 型零电压开关准谐振变换器的简化电路及主要工作波形

此外,逆变器的谐振直流环节也是属于零电压开关准谐振变换器,电路拓扑和主要工作波形如图 5-16 所示,一个开关周期共有 2 个工作阶段。

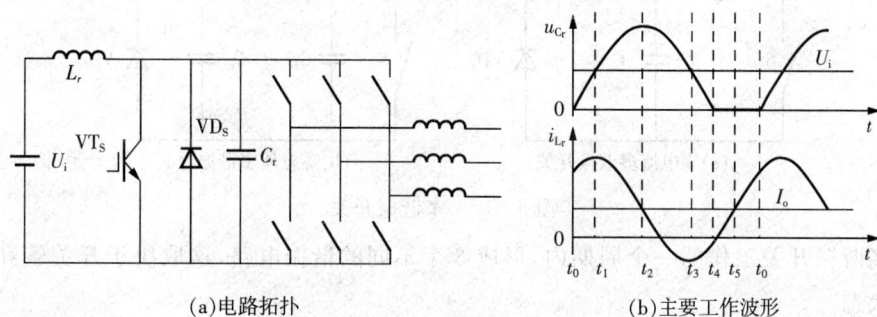

(a)电路拓扑   (b)主要工作波形

图 5-16 谐振直流环电路的等效电路及理想化波形

(1)$t_0 \sim t_4$ 阶段,谐振阶段。t_0 之前,VT_s 导通,i_{L_r} 经 VT_s 续流,$i_{L_r} > I_o$。t_0 时刻,开关管 VT_s 关断,L_r 和 C_r 发生谐振,i_{L_r} 对 C_r 充电,C_r 上的电压上升。在 t_1 时刻,u_{C_r} 达到 U_i,i_{L_r} 达到峰值,随后 i_{L_r} 继续向 C_r 充电,直到 t_2 时刻 $i_{L_r} = I_o$,u_{C_r} 达到谐振峰值,接着,u_{C_r} 向 L_r 和 L 放电,i_{L_r} 降低,到零后反向。直到 t_3 时刻 $u_{C_r} = U_i$,i_{L_r} 达到反向谐振峰值,开始衰减,u_{C_r} 继续下降,t_4 时刻,$u_{C_r} = 0$,VT_s 的反并联二极管 VD_s 导通,u_{C_r} 被钳位于零,第 1 阶段结束。

(2)$t_4 \sim t_0$ 阶段,电感充电阶段。$t_4 \sim t_5$ 阶段,负载电流一部分经 VD_s 续流,i_{L_r} 线性上升,VT_s 两端电压被钳位在零,在这段时间内开通 VT_s,VT_s 零电压开通,电流 i_{L_r} 继续线性上升,t_5 时刻,$i_{L_r} = I_o$,直到 t_0 时刻,VT_s 再次关断。$t_4 \sim t_0$ 阶段,直流母线电压被钳位成零,若这时逆变桥内开关管换相,则也是零电压开通或关断。

缺点是电压谐振峰值很高,增加了对开关器件耐压的要求。

总的看来,零电流开关准谐振变换器中,功率开关管的工作情况不大有利,开关导通时有较大的损耗,而二极管工作在有利的情况,当开关电流减小到零时,二极管关断,但二极管上承受的电压为输入电压的 2 倍。对于零电压开关准谐振变换器而言,开关管工作在有利的开关条件下,消除了由结电容造成的导通损耗,关断损耗也较小。但是对二极管的开关工作不利,在二极管电流减小到零时,电压从零陡增到 U_i,电压的突变引起谐振电感和二极管结电容之间的寄生振荡,输出电压变换比也呈振荡特性,这是不希望的特性,应避开这种工作区。此外零电压准谐振变换器中的开关管承受较高的电压,并与负载变化范围成比例,如 Buck 零压准谐振变换器中,开关管上电压为 $U_i(1 + R_{Lmax}/R_{Lmin})$,假如,负载范围为 10/1,则开关管上承受电压为 $11U_i$,即为输入电压 U_i 的 11 倍,这限制了它的实际应用,多谐振变换器能克服以上各自的缺点。

5.2.5 多谐振开关

单一的谐振开关只对开关管或二极管其中之一产生有利的开关工作条件,不能二者兼得。利用多谐振开关将谐振概念扩展到开关管和二极管二者中,图 5-17 表示两个最简单的多谐振开关单元,在零电流多谐振开关中谐振电感与开关管串联,谐振网络为 $L-C-L$

网络,而在零电压多谐振开关中,谐振电容与开关管并联,谐振网络为 C-L-C 型网络。

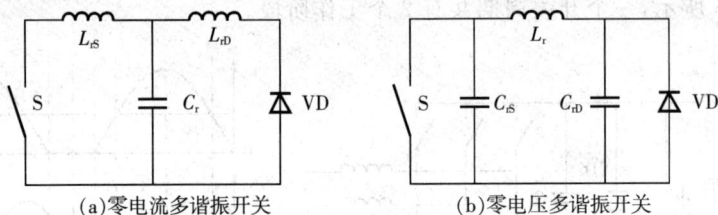

(a)零电流多谐振开关　　　　　(b)零电压多谐振开关

图 5-17　多谐振开关

在多谐振开关工作的一个周期内,形成 3 个不同的谐振电路,这取决于开关管和二极管的通断状态。

5.2.6　多谐振变换器

零电压开关多谐振变换器的 6 种基本拓扑,如图 5-18 所示。

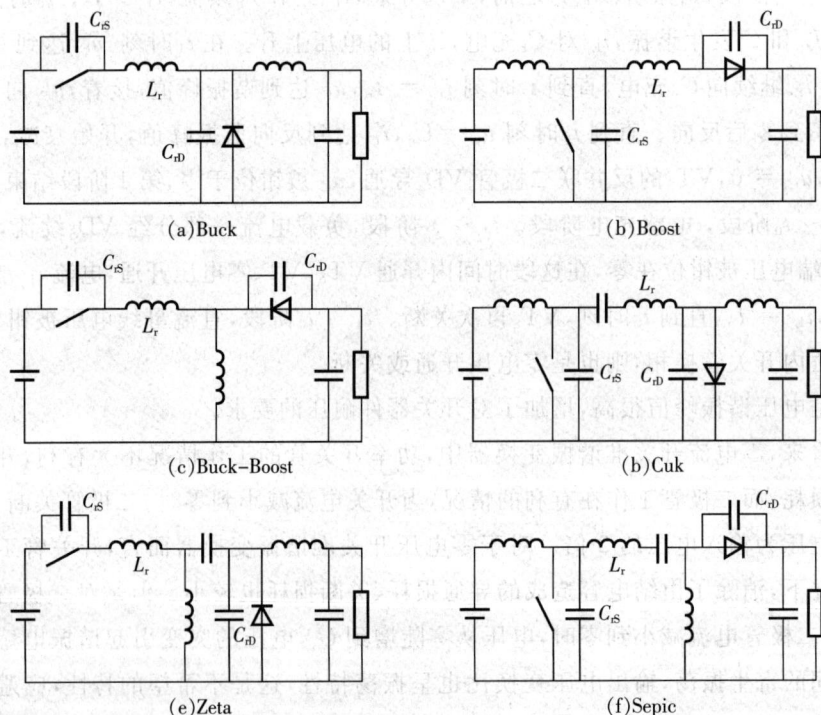

(a)Buck　　　　　　　　　　　(b)Boost

(c)Buck-Boost　　　　　　　　(b)Cuk

(e)Zeta　　　　　　　　　　　(f)Sepic

图 5-18　零电压开关多谐振变换器的 6 种基本拓扑

将 PWM 变换器改变为多谐振变换器,方法简单而明了,如将 PWM 变换器变为零电压开关多谐振变换器,可分以下 3 个步骤:①在有源开关管(单向或双向)上并联一个谐振电容;②在二极管上并联另一个谐振电容;③在开关管和二极管的回路中间插入一个电感,该回路允许包含电压源和滤波器或隔离电容等。

这样,从 PWM 变换器的 6 种基本拓扑可以推出零电压多谐振变换器相应的拓扑,此外还推出 4 种带隔离变压器的零电压开关多谐振变换器电路,如图 5-19 所示。

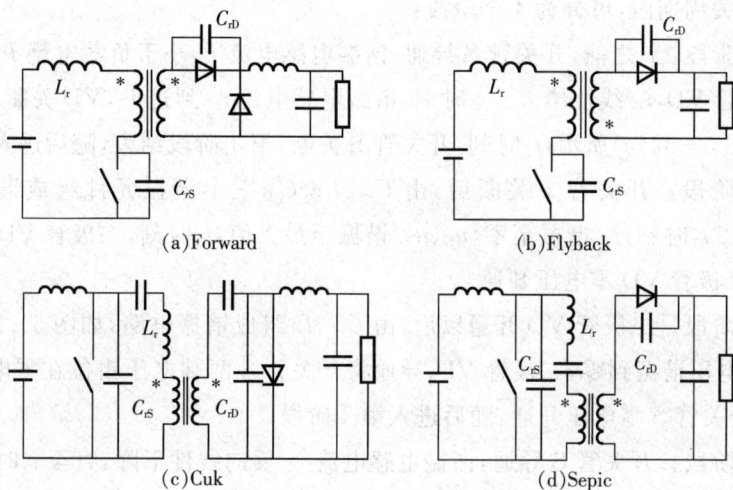

图 5-19　零电压开关多谐振变换器四种基本的隔离型拓扑

(a)Forward　(b)Flyback　(c)Cuk　(d)Sepic

　　以 Buck 多谐振变换器为例,说明基本的工作过程,图 5-20 所示为 Buck 零电压开关多谐振变换器的电路图,图 5-21 所示为主要工作波形。

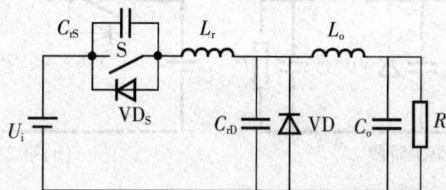

图 5-20　Buck 型零电压开关多谐振变换器

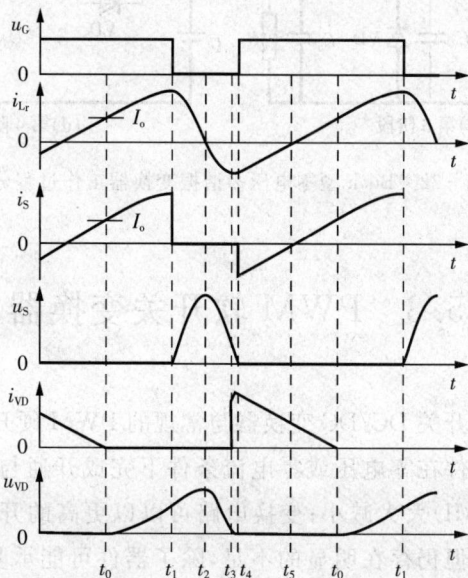

图 5-21　Buck 零电压开关多谐振变换器的工作波形

在一个开关周期内,可分为 4 个阶段:

(1)$t_0 \sim t_1$ 阶段。t_0 之前,开关管 S 导通,谐振电感电流 i_{L_r} 小于负载电流 I_o,电流差($I_o - i_{L_r}$)流过二极管 VD,i_{L_r} 线性增大。t_0 时刻,谐振电感电流 i_{L_r} 到达 I_o,VD 关断,电感 L_r 和 C_{rD} 开始谐振,如图 5-22(a)所示,t_1 时刻,开关管 S 关断,第 1 阶段结束,随后进入第 2 阶段。

(2)$t_1 \sim t_3$ 阶段。开关管 S 关断后,由 C_{rS}、L_r、C_{rD} 三个谐振元件组成谐振电路,如图 5-22(b)所示。t_2 时刻,i_{L_r} 谐振至零,u_S、u_{VD} 谐振至最大值,t_3 时刻,二极管 VD 上电压 u_{VD} 减小到接近零,二极管 VD 零电压开通。

(3)$t_3 \sim t_4$ 阶段。二极管 VD 开通以后,由 C_{rS}、L_r 组成谐振电路,如图 5-22(c)所示。t_4 时刻,C_{rS} 两端电压谐振到零,二极管 VD_S 导通将开关管 S 两端电压钳位在零电压,这时开通开关管 S,则开关管 S 零电压开通,随后进入第 4 阶段。

(4)$t_4 \sim t_0$ 阶段。开关管 S 导通,谐振电感电流 i_{L_r} 反向线性下降,直至 t_5 时刻,随后 i_{L_r} 线性增加,流过二极管 VD 中的电流 i_{VD} 线性减小,这一阶段的工作过程如图 5-22(d)所示。t_0 时刻,i_{VD} 下降到零,VD 关断,进入下一工作周期。

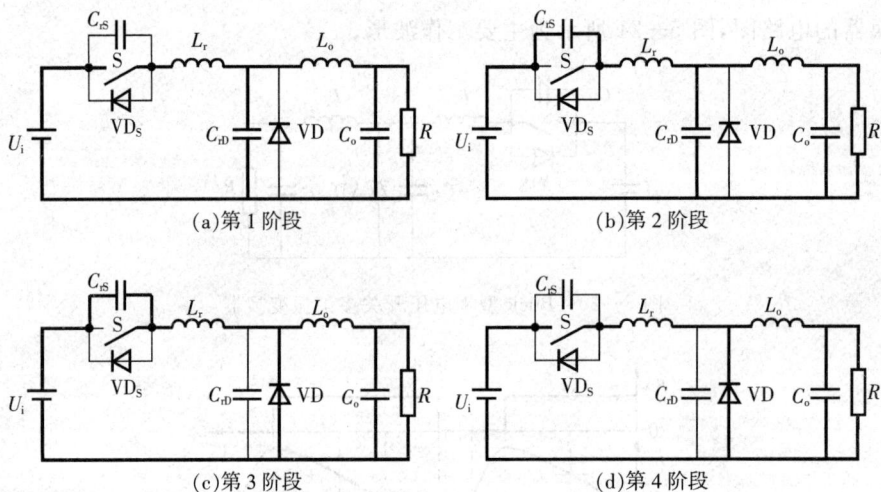

图 5-22 Buck 型零电压多谐振变换器工作过程分解

5.3 PWM 软开关变换器

前文介绍的准谐振软开关 DC/DC 变换器与常规的 PWM 硬开关变换器相比,具有许多明显的优点。由于开关器件在零电压或零电流条件下完成开通与关断过程,电路的开关损耗大大降低;电磁干扰(EMI)大大减小;变换电路可以以更高的开关频率工作;变换器的功率密度可以大大提高等。但仍存在明显的不足,除了器件可能承受过高的电压应力和电流应力外,准谐振软开关电路最主要的特点就是利用 PFM(Pulse Frequency Modulation)调压,用改变开关频率来进行控制,这使得电源的输入滤波器、输出滤波器的设计复杂化,并影响系统的噪声。

常规的 PWM 变换器开关频率恒定,当输入电压或负载变化时,通常靠调节开关的占空比来调节输出电压,属恒频控制,控制方法简单。若将 2 种拓扑的优点组合在一起,就形成一种新的软开关电路拓扑,即 PWM 软开关变换器。PWM 软开关变换器主要分为零开关 PWM 变换器、零转换 PWM 变换器和移相控制软开关 PWM 全桥变换器。

5.3.1　零开关 PWM 变换器

在准谐振软开关 DC/DC 变换器中,以 Buck 型准谐振软开关变换器为例,与常规的 Buck 型 PWM 变换器相比,电路拓扑中仅仅多了一个谐振电感和一个谐振电容。常规的 Buck 变换器,开关管关断,C_r 两端的电压很快增大到等于 U_i,并维持到下一次开关管开通,开关管 VT_S 硬开通;Buck 型零电压准谐振变换器,增加了 L_r、C_r,开关管关断,L_r 与 C_r 就开始谐振,谐振结果使 C_r 两端的电压为零,并通过 VD_S 给 L 续流,使 $VT_S(C_r)$ 两端电压钳位成零,这时(图 5-15(b)的 $t_4 \sim t_5$ 期间)开通 VT_S,则 VT_S 零电压开通。如果在 $t_4 \sim t_5$ 期间没有开通 VT_S,t_5 时刻 $i_{L_r}(t_5)=0$,随后 U_i 将使 C_r 两端电压快速充电至 U_i,这时再开通 VT_S,则 VT_S 将不是零电压开通。如图 5-23(a)所示,若在 VT_S 关断之前让 S_1 导通,使 L_r 中的电流经 S_1 续流保持不变,V_S 关断时,C_r 两端电压很快充电至 U_i,随后保持不变,如图 5-23(b)所示的 $t_1 \sim t_2$ 期间。t_2 时刻,S_1 关断,L_r 与 C_r 开始谐振,谐振结果使 C_r 两端的电压为零,并通过 VD_S 给 L 续流使 $V_S(C_r)$ 两端电压钳位成零,如图 5-23(b)所示的 $t_4 \sim t_5$ 期间,在这期间内开通 VT_S,则 VT_S 零电压开通。这样,如果 S_1 的关断时刻和 VT_S 的开通时刻保持不变,改变 VT_S 的关断时刻,则可以实现 PWM 控制。

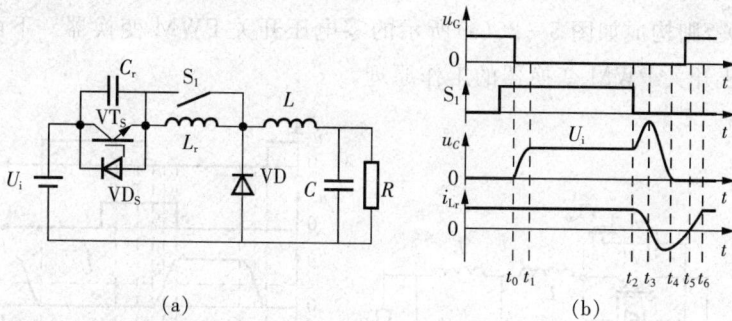

图 5-23　零开关 PWM 变换器的推出

由以上分析可知,要实现软开关变换器的 PWM 控制,只需控制 L_r 与 C_r 的谐振时刻。要么在适当时刻先短接谐振电感,在需要谐振的时刻再断开;要么在适当时刻先断开谐振电容,在需要谐振的时刻再接通。由此得到不同形式的基本开关单元,如图 5-24 所示。

零开关 PWM 变换器(Zero Switching PWM Converter)可分为零电压开关 PWM 变换器(Zero Voltage Switching PWM Converter),对应的基本开关单元见图 5-24(a);和零电流开关 PWM 变换器(Zero Current Switching PWM Converter),对应的基本开关单元见图

(a)零电压开关 PWM 电路

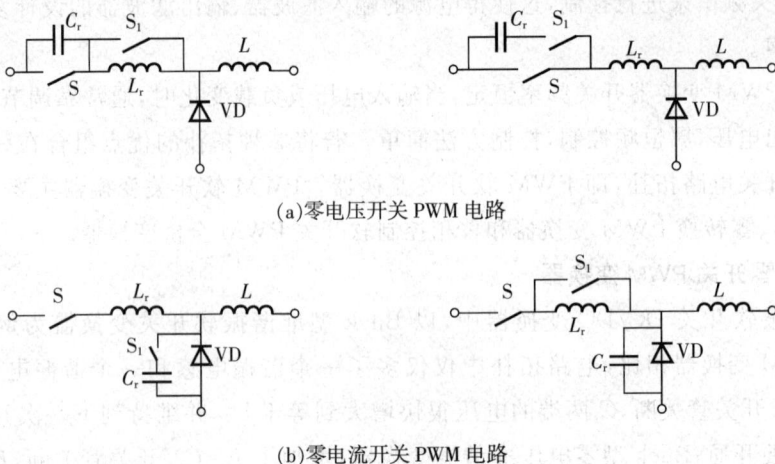

(b)零电流开关 PWM 电路

图 5-24　零开关 PWM 电路的基本开关单元

5-24(b)。该类变换器是在 QRC 的基础上,加入一个辅助开关管,控制谐振元件的谐振过程,实现恒定频率控制,即实现 PWM 控制。与 QRC 不同的是,谐振元件的谐振工作时间与开关周期相比很短,一般为开关周期的 $1/10 \sim 1/5$。与准谐振电路相比,这类电路有很多明显的优势,电压和电流基本上是方波,只是上升沿和下降沿较缓,开关承受的电压明显降低,电路可以采用开关频率固定的 PWM 控制方式。

1. 零电压开关 PWM 变换器

由图 5-24(a)可见,在 ZVS 准谐振变换器的谐振电容上串接或在谐振电感上并接一个可控开关,就构成了零电压开关 PWM 变换器。以 Buck 型变换器为例,若在谐振电容上串接一个可控开关,则构成如图 5-25(a)所示的零电压开关 PWM 变换器。下面以后者为例具体分析零电压开关 PWM 变换器的工作原理。

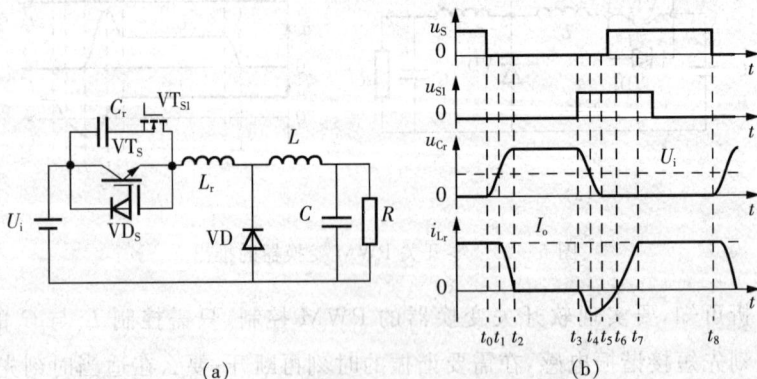

图 5-25　Buck 型 ZVS-PWM 变换器拓扑及主要工作波形

Buck 型 ZVS-PWM 变换器的一个工作周期可以分为 7 个阶段,对应 7 个工作模态,如图 5-26 所示。

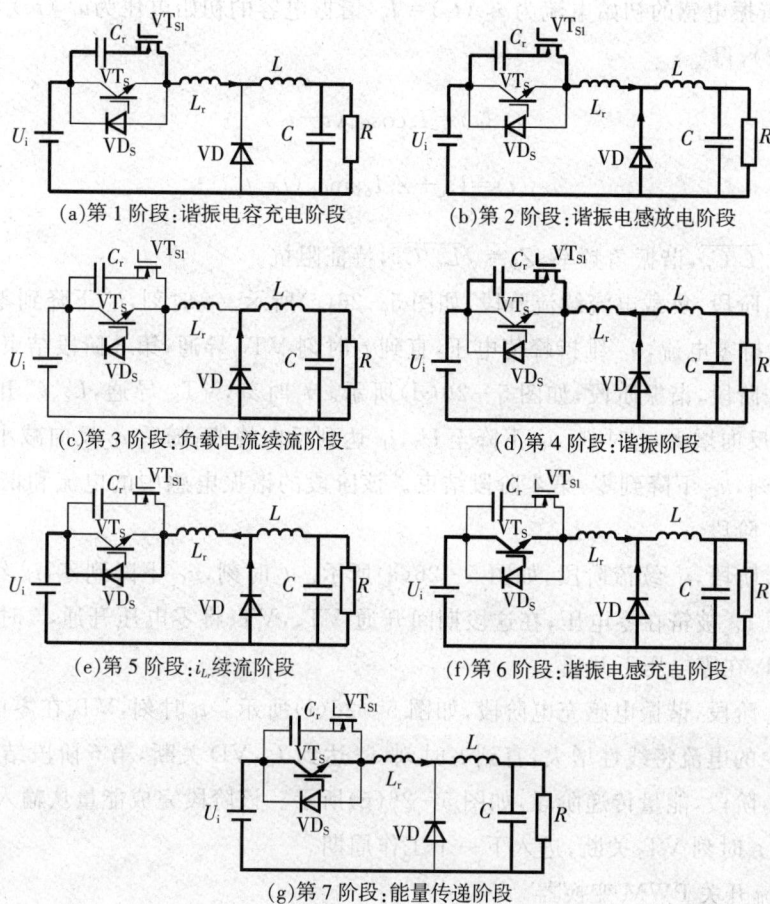

(a)第 1 阶段:谐振电容充电阶段　　　　(b)第 2 阶段:谐振电感放电阶段

(c)第 3 阶段:负载电流续流阶段　　　　(d)第 4 阶段:谐振阶段

(e)第 5 阶段:i_L续流阶段　　　　(f)第 6 阶段:谐振电感充电阶段

(g)第 7 阶段:能量传递阶段

图 5 - 26　Buck 型 ZVS - PWM 变换器工作过程分解

设电路初始状态为主开关管 VT_S 导通,辅助开关管 VT_{S1} 关断,续流二极管 VD 关断,输出电流 I_o 全部流过主开关管 VT_S 和谐振电感 L_r。

(1)$t_0 \sim t_1$ 阶段,谐振电容充电阶段,如图 5 - 26(a)所示。t_0 时刻,开关管 VT_S 关断,负载电流 I_o 通过 VT_{S1} 的本体二极管给电容 C_r 充电,C_r 上的电压线性上升,在 t_1 时刻,u_{C_r} 达到 U_i,i_{L_r} 开始减小,二极管 VD 导通,进入第 2 阶段。

(2)$t_1 \sim t_2$ 阶段,谐振电感放电阶段,如图 5 - 26(b)所示。t_1 时刻,二极管 VD 导通,负载电流一部分经 VD 续流,一部分经谐振电感给电容充电,电感电流 i_{L_r} 下降,t_2 时刻,i_{L_r} 下降到零,这时电容电压达到峰值,第 2 阶段结束。该阶段的谐振电感中的电流和谐振电容两端的电压由式(5 - 12)确定:

$$
\begin{cases}
L_r \dfrac{\mathrm{d}i_{L_r}}{\mathrm{d}t} + u_{C_r} = U_i \\[3mm]
C_r \dfrac{\mathrm{d}u_{C_r}}{\mathrm{d}t} = i_{L_r}
\end{cases}
\tag{5 - 12}
$$

t_1 时刻,谐振电感的初始电流为 $i_{L_r}(t_1)=I_o$,谐振电容的初始电压为 $u_{C_r}(t_1)=U_i$,解微分方程组(5−12),得

$$i_{L_r}(t)=I_o\cos\omega_r(t-t_1) \tag{5−13}$$

$$u_{C_r}(t)=U_i+Z_rI_o\sin\omega_r(t-t_1) \tag{5−14}$$

其中,$\omega_r=1/\sqrt{L_rC_r}$,谐振角频率;$Z_r=\sqrt{L_r/C_r}$,特征阻抗。

(3)$t_2\sim t_3$ 阶段,负载电流续流阶段,如图 5−26(c)所示。t_2 时刻,i_{L_r} 下降到零,u_{C_r} 达到峰值,随后 i_{L_r} 维持零电流,u_{C_r} 维持峰值电压,直到 t_3 时刻 VT_{S1} 导通,第 3 阶段结束。

(4)$t_3\sim t_5$ 阶段,谐振阶段,如图 5−26(d)所示。t_3 时刻,VT_{S1} 导通,L_r、C_r 开始谐振,u_{C_r} 开始下降,i_{L_r} 反向增大,t_4 时刻,u_{C_r} 下降至 U_i,i_{L_r} 达到反向峰值;随后 i_{L_r} 反向减小,u_{C_r} 继续下降,直至 t_5 时刻,u_{C_r} 下降到零,第 4 阶段结束。该阶段的谐振电感中的电流和谐振电容两端的电压同第 2 阶段。

(5)$t_5\sim t_6$ 阶段,i_{L_r} 续流阶段,如图 5−26(e)所示。t_5 时刻,u_{C_r} 下降到零,i_{L_r} 经 VD_S 续流,VT_S 两端电压 u_{C_r} 被箝在零电压,在这段期间开通 VT_S,VT_S 将零电压开通,t_6 时刻反向电流下降到零,VT_S 在零电压下开通。

(6)$t_6\sim t_7$ 阶段,谐振电感充电阶段,如图 5−26(f)所示。t_6 时刻,VT_S 在零电压下开通,接着流过其中的电流将线性增大,直到 t_7 时刻,i_{L_r} 达到 I_o,VD 关断,第 6 阶段结束。

(7)$t_7\sim t_8$ 阶段,能量传递阶段,如图 5−26(g)所示。该阶段完成能量从输入到输出的传递任务,直到 t_8 时刻 VT_S 关断,进入下一个工作周期。

2. 零电流开关 PWM 变换器

利用相同的方法在 ZCS 准谐振变换器的谐振电容上串接或在谐振电感上并接一个可控开关,就构成了零电流开关 PWM 变换器。以 Buck 型变换器为例,若在谐振电容上串接一个可控开关,则构成如图 5−27(a)所示的零电流开关 PWM 变换器。下面以后者为例具体分析零电流开关 PWM 变换器的工作原理。

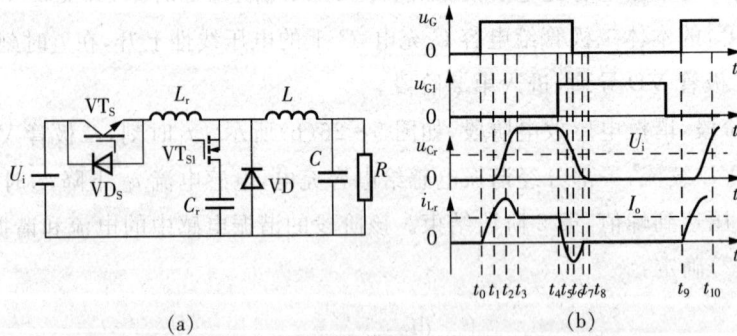

图 5−27 Buck 型 ZCS−PWM 变换器拓扑及主要工作波形

Buck 型 ZCS−PWM 变换器的一个工作周期分为 7 个阶段,每个阶段的电流路径和方

向如图 5-28 所示。

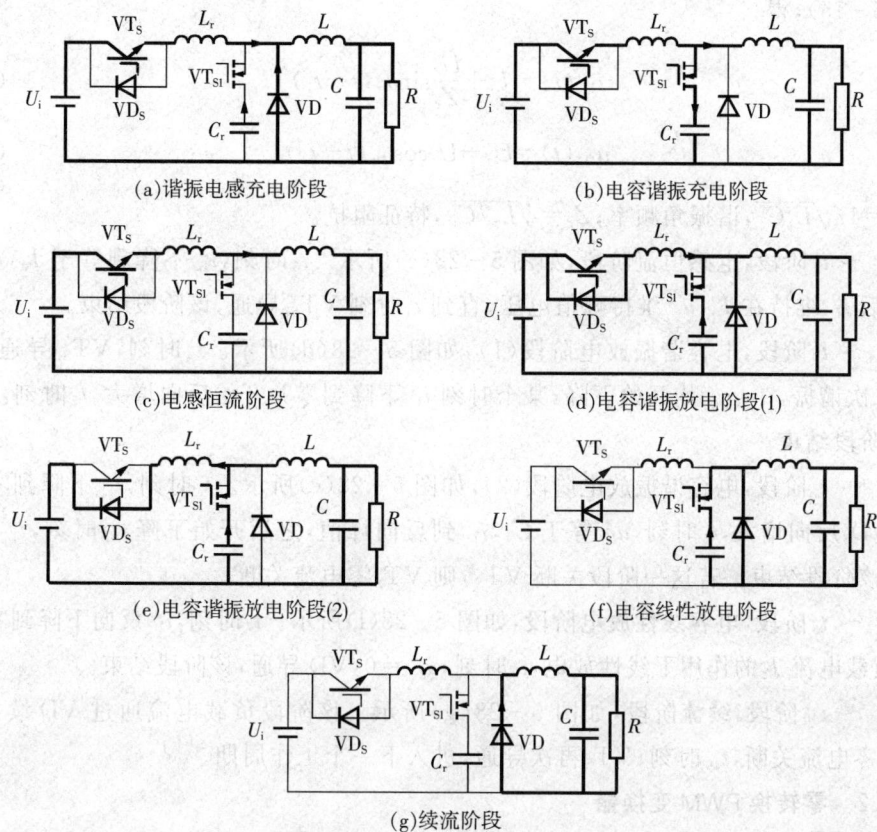

(a)谐振电感充电阶段

(b)电容谐振充电阶段

(c)电感恒流阶段

(d)电容谐振放电阶段(1)

(e)电容谐振放电阶段(2)

(f)电容线性放电阶段

(g)续流阶段

图 5-28   Buck 型 ZCS-PWM 变换器工作阶段分解

设电路初始状态为主开关管 VT_s 关断,辅助开关管 VT_{S1} 关断,续流二极管 VD 导通,输出电流 I_o 全部经二极管 VD 续流,谐振电感电流 $i_{L_r}=0$,谐振电容电压 $u_{C_r}=0$。

(1)$t_0 \sim t_1$ 阶段,谐振电感充电阶段,如图 5-28(a)所示。t_0 时刻,开关管 V_S 导通,由于 VD 导通,输入电压 U_i 全部加在谐振电感 L_r 上,i_{L_r} 线性上升,在 t_1 时刻,i_{L_r} 达到 I_o,二极管 VD 关断,u_{C_r} 开始增大,进入下一阶段。

(2)$t_1 \sim t_3$ 阶段,电容谐振充电阶段,如图 5-28(b)所示。t_1 时刻,i_{L_r} 达到 I_o,二极管 VD 关断,L_r、C_r 开始第一次谐振,i_{L_r} 一部分维持负载电流,一部分给电容充电。t_2 时刻,u_{C_r} 达到 U_i,i_{L_r} 达到峰值,之后 i_{L_r} 开始下降,u_{C_r} 继续上升。t_3 时刻,i_{L_r} 下降到等于 I_o,u_{C_r} 达到峰值,该阶段结束。该阶段的谐振电感中的电流和谐振电容两端的电压,由式(5-15)确定:

$$\begin{cases} L_r \dfrac{di_{L_r}}{dt} + u_{C_r} = U_i \\[2ex] C_r \dfrac{du_{C_r}}{dt} = i_{L_r} - I_o \end{cases} \tag{5-15}$$

t_1 时刻，谐振电感的初始电流为 $i_{L_r}(t_1)=I_o$，谐振电容的初始电压为 $u_{C_r}(t_1)=0$，解微分方程组(5－15)，得

$$i_{L_r}(t)=I_o+\frac{U_i}{Z_r}\sin\omega_r(t-t_1) \tag{5－16}$$

$$u_{C_r}(t)=U_i-U_i\cos\omega_r(t-t_1) \tag{5－17}$$

其中，$\omega_r=1/\sqrt{L_rC_r}$，谐振角频率；$Z_r=\sqrt{L_r/C_r}$，特征阻抗。

(3)$t_3\sim t_4$ 阶段，电感恒流阶段，如图 5－28(c)所示。t_3 时刻，i_{L_r} 下降到等于 I_o，u_{C_r} 达到峰值，随后 i_{L_r} 维持在 I_o，u_{C_r} 维持峰值电压，直到 t_4 时刻 VT_{S1} 导通，该阶段结束。

(4)$t_4\sim t_5$ 阶段，电容谐振放电阶段(1)，如图 5－28(d)所示。t_4 时刻，VT_{S1} 导通，L_r、C_r 开始第二次谐振，i_{L_r}、u_{C_r} 均开始下降，某个时刻 i_{L_r} 下降到零并开始反向增大，t_5 时刻，i_{L_r} 下降到零，该阶段结束。

(5)$t_5\sim t_7$ 阶段，电容谐振放电阶段(2)，如图 5－28(e)所示。t_5 时刻，i_{L_r} 下降到零，随后开始经 VD_S 反向增大，t_6 时刻，u_{C_r} 等于 U_i，i_{L_r} 到反向峰值，之后开始下降，t_7 时刻，i_{L_r} 再次下降到零，该阶段结束。若这一阶段关断 VT_S，则 VT_S 零电流关断。

(6)$t_7\sim t_8$ 阶段，电容线性放电阶段，如图 5－28(f)所示。t_7 时刻，i_{L_r} 反向下降到零，谐振电容在负载电流 I_o 的作用下线性放电，t_8 时刻，$u_{C_r}=0$，VD 导通，该阶段结束。

(7)$t_8\sim t_{10}$ 阶段，续流阶段，如图 5－28(g)所示。该阶段负载电流通过 VD 续流，t_9 时刻，VT_{S1} 零电流关断，t_{10} 时刻，VT_S 再次导通，进入下一个工作周期。

5.3.2　零转换 PWM 变换器

前面讨论了准谐振变换器，在这些电路中，谐振电感和谐振电容一直参与能量传递，而且它们的电压和电流应力较大。在零开关 PWM 变换器中，谐振元件虽然不是一直谐振工作，但谐振电感却串联在主功率回路中，损耗较大。同时，开关管和谐振元件的电压应力和电流应力与准谐振变换器的完全相同。为了克服这些缺陷，相关文献中提出了零转换 PWM 变换器(Zero Transition PWM Converter)的概念。

零转换 PWM 变换器(Zero Transition PWM Converter)它可分为零电压转换 PWM 变换器(Zero Voltage Transition PWM Converter，ZVT PWM Converter)，对应的基本开关单元如图 5－29(a)所示；和零电流转换 PWM 变换器(Zero Current Transition PWM Converter，ZCT PWM Converter)，对应的基本开关单元如图 5－29(b)所示。

这类变换器是软开关技术的又一个飞跃。虽然这类变换器也是采用对谐振时刻进行控制来实现 PWM 控制，但与零开关变换器相比具有更突出的优点：①辅助电路只是在开关管开关时工作，其他时候不工作，同时，辅助电路不是串联在主功率回路中，而是与主功率回路相并联，从而减小了辅助电路的损耗，使得电路效率有了进一步提高；②辅助电路的工作不会增加主开关管的电压和电流应力，主开关管的电压和电流应力很小，与常规的 PWM 变换器的电压和电流应力一样；③由于辅助谐振电路与主开关并联的，因此输入电压和负载电流对电路的谐振过程的影响很小，电路在很宽的输入电压范围内，并从零负载到满载都能工作

在软开关状态。这是它与零开关 PWM 变换器的根本区别,这也使得软开关技术在中大功率变换器中的应用成为可能。

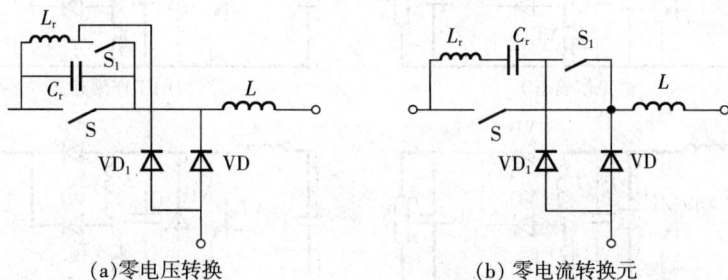

图 5-29　零转换 PWM 电路的基本开关单元

1. 零电压转换 PWM 变换器

对于零电压转换(ZVT)PWM 变换器,它利用谐振网络并联在开关上,使得电路中的有源开关(开关管)和无源开关(二极管)二者都能实现零电压开关,而且不增加器件的电压、电流耐量。

理论上说,只要在基本的 DC/DC 变换器的开关上并联可控的并联谐振环节,就能得到相应的零电压转换 PWM 变换器。以 Boost 型零电压转换 PWM 变换器为例,分析零电压转换 PWM 变换器的工作原理。

Boost 型零电压转换 PWM 变换器的电路拓扑如图 5-30(a)所示,其主要工作波形如图 5-30(b)所示,为了简化分析,假设输入滤波电感足够大,输入电流看成是理想的直流电流源 I_i,同时,假定输出滤波电容足够大,输出电压看成是理想的直流电压源 U_o。

一个开关周期内存在 8 个不同的工作阶段,对应 8 个工作模式如图 5-31 所示。

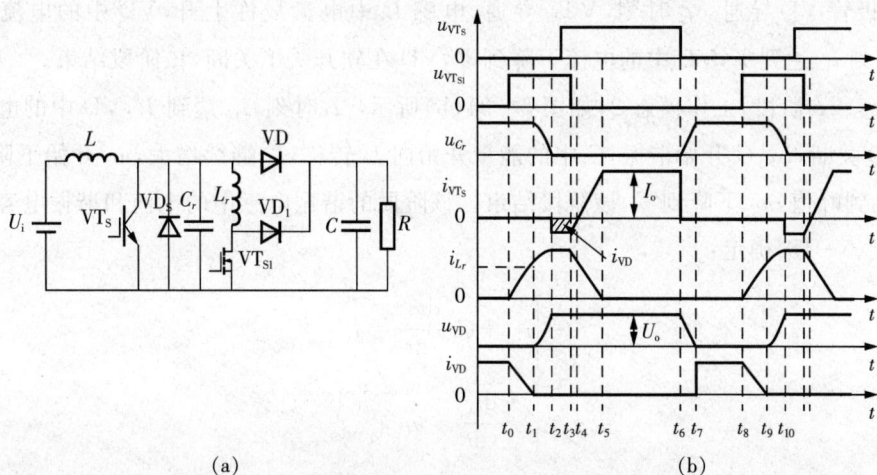

图 5-30　Boost 型零电压转换 PWM 变换器的电路拓扑及工作波形

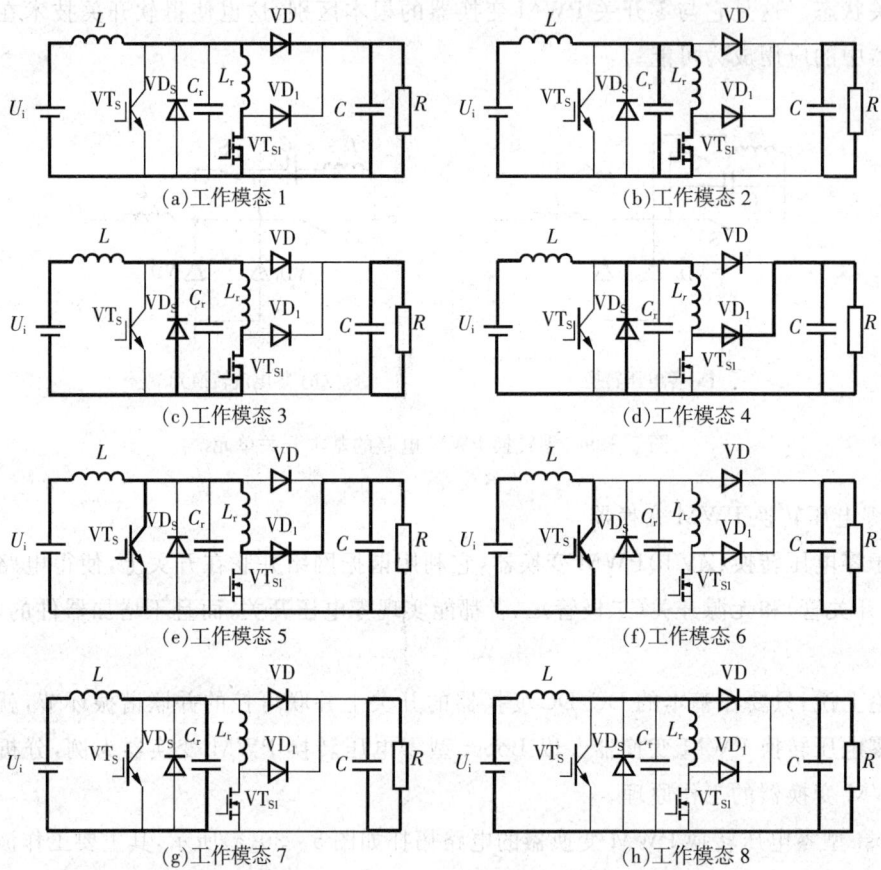

(a)工作模态1　　　　　　　　　(b)工作模态2

(c)工作模态3　　　　　　　　　(d)工作模态4

(e)工作模态5　　　　　　　　　(f)工作模态6

(g)工作模态7　　　　　　　　　(h)工作模态8

图 5-31　Boost 型零电压转换 PWM 变换器的工作阶段分解

(1)$t_0 \sim t_1$ 阶段,工作模态 1,如图 5-31(a)所示。t_0 以前,主开关 VT_S 和辅助开关 VT_{S1} 断态,二极管 VD 导通。t_0 时刻,VT_{S1} 导通,电感 L_r 中电流线性上升,VD 中的电流线性减小。t_1 时刻 i_{L_r} 达到 I_i,VD 中的电流下降到零,VD 在软开关下关断,该阶段结束。

(2)$t_1 \sim t_2$ 阶段,工作模态 2,如图 5-31(b)所示。t_1 时刻,i_{L_r} 达到 I_i,VD 中的电流下降到零,VD 关断,L_r、C_r 开始谐振,C_r 中的能量开始向 L_r 转移,i_{L_r} 继续增大,u_{C_r} 开始下降。t_2 时刻,i_{L_r} 达到峰值,u_{C_r} 下降到零,该阶段结束。该阶段的谐振电感中的电流和谐振电容两端的电压由式(5-18)确定:

$$\begin{cases} i_{L_r} + C_r \dfrac{\mathrm{d}u_{C_r}}{\mathrm{d}t} = I_i \\[3mm] L_r \dfrac{\mathrm{d}i_{L_r}}{\mathrm{d}t} = u_{C_r} \end{cases} \tag{5-18}$$

t_1 时刻,谐振电感的初始电流为 $i_{L_r}(t_1) = I_i$,谐振电容的初始电压为 $u_{C_r}(t_1) = U_o$。解微分方程组(5-18),得

$$i_{L_r}(t) = I_i + \frac{U_o}{Z_r}\sin\omega_r(t-t_1) \tag{5-19}$$

$$u_{C_r}(t) = U_{C_r0}\cos\omega_r(t-t_1) \tag{5-20}$$

其中，$\omega_r = 1/\sqrt{L_rC_r}$，谐振角频率；$Z_r = \sqrt{L_r/C_r}$，特征阻抗。

(3)$t_2 \sim t_3$ 阶段，工作模式 3，如图 5-31(c)所示。t_2 时刻，i_{L_r} 达到峰值，u_{C_r} 下降到零，随后 VD_S 导通给 i_{L_r} 续流并维持峰值，u_{C_r} 维持零，直到 t_3 时刻 VT_{S1} 关断，该阶段结束。

(4)$t_3 \sim t_4$ 阶段，工作模式 4，如图 5-31(d)所示。t_3 时刻，VT_{S1} 关断，VD_1 导通，i_{L_r} 和 VD_S 中的电流开始下降。t_4 时刻，VD_S 中的电流下降到零，该阶段结束。在 $t_2 \sim t_4$ 时间段内，VT_S 的反并联二极管 VD_S 在导通，这时开通 VT_S，VT_S 零电压导通。

(5)$t_4 \sim t_5$ 阶段，工作模式 5，如图 5-31(e)所示。t_4 时刻，VD_S 中的电流下降到零，随后 VT_S 开始导通，i_{VT_S} 增大，i_{L_r} 减小。t_5 时刻，i_{VT_S} 等于 I_i，i_{L_r} 下降到零，该阶段结束。

(6)$t_5 \sim t_6$ 阶段，工作模式 6，如图 5-31(f)所示。t_5 时刻，i_{L_r} 下降到零，i_{VT_S} 上升到 I_i，随后 VT_S 为输入电流提供续流回路。该状态维持到 t_6 时刻，VT_S 关断，该阶段结束。

(7)$t_6 \sim t_7$ 阶段，工作模式 7，如图 5-31(g)所示。t_6 时刻，VT_S 在谐振电容的作用下软关断，随后谐振电容两端电压 u_{C_r} 即 VT_S 两端电压线性上升。t_7 时刻，u_{C_r} 上升至 U_o，随后 VD 导通，该阶段结束。

(8)$t_7 \sim t_8$ 阶段，工作模式 8，如图 5-31(h)所示。t_7 时刻，VD 导通，u_{C_r} 电压被钳在 U_o，直到 t_8 时刻，VT_{S1} 导通，进入下一个工作周期。

2. 零电流转换 PWM 变换器

对零电流转换(ZCT)PWM 变换器，它利用谐振网络并联在开关上，使得电路中的有源开关和无源开关二者都实现零电流开关，而且不增加器件的电压、电流耐量。

理论上说，只要在基本的 DC/DC 变换器的开关上并联可控的串联谐振环节，就能得到相应的零电流转换 PWM 变换器。以 Boost 型零电流转换 PWM 变换器为例，分析零电流转换 PWM 变换器的工作原理。

Boost 型零电流转换 PWM 变换器的电路拓扑如图 5-32(a)所示，主要工作波形如图 5-32(b)所示。

为了简化分析，假设输入滤波电感足够大，输入电流看成是理想的直流电流源 I_i，同时，假定输出滤波电容足够大，输出电压看成是理想的直流电压源 U_o。一个开关周期内存在 7 个不同的工作阶段，对应 7 个工作模式如图 5-33 所示。

(1)$t_0 \sim t_1$ 阶段，工作模式 1，如图 5-33(a)所示。t_0 以前，主开关 VT_S 通态、辅助开关 VT_{S1} 断态，二极管 VD 断态，$u_{C_r} = -U_o$。t_0 时刻，VT_{S1} 导通，C_r、L_r 谐振，i_{L_r} 上升，u_{C_r} 反向减小，同时 i_{VT_S} 减小，t_1 时刻，i_{VT_S} 减小到零，该阶段结束。

(2)$t_1 \sim t_3$ 阶段，工作模式 2，如图 5-33(b)所示。t_1 时刻，i_{VT_S} 减小到零，随后 VT_S 的反并联二极管导通。t_2 时刻，i_{L_r} 达到最大值，u_{C_r} 反向下降到零，接着 i_{L_r} 减小，u_{C_r} 正向增大，流过 VT_S 的反并联二极管中的电流减小。t_3 时刻，VD_S 中的电流下降到零，i_{L_r} 下降到 I_i，随后 VD

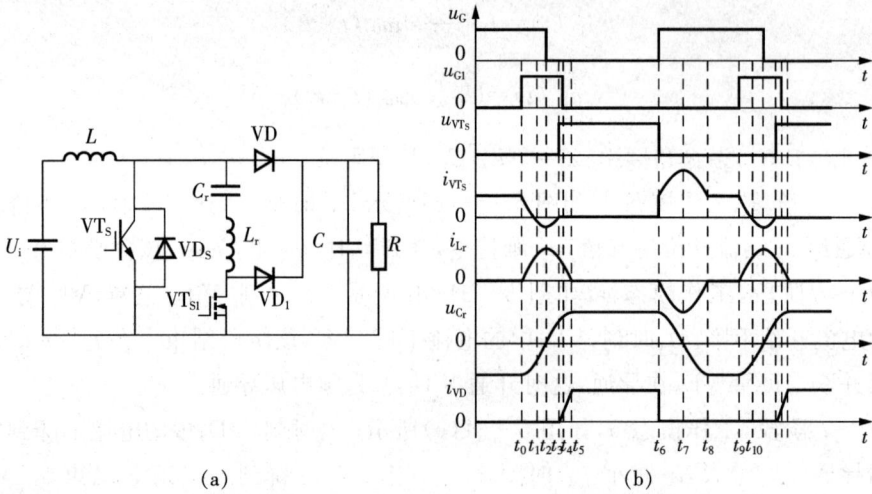

图 5-32　Boost 型零电流转换 PWM 变换器的电路拓扑

开始导通,该阶段结束。若 VT_S 在 $t_1 \sim t_3$ 期间关断,VT_S 为零电流关断。$t_0 \sim t_3$ 阶段的谐振电感中的电流和谐振电容两端的电压可由式(5-21)确定:

$$\begin{cases} L_r \dfrac{di_{L_r}}{dt} + u_{C_r} = 0 \\[3mm] C_r \dfrac{du_{C_r}}{dt} = i_{L_r} \end{cases} \tag{5-21}$$

t_0 时刻,谐振电感的初始电流为 $i_{L_r}(t_0) = 0$,谐振电容的初始电压为 $u_{C_r}(t_0) = -U_o$,解微分方程组(5-21),得

$$i_{L_r}(t) = \frac{U_o}{Z_r} \sin\omega_r(t - t_1) \tag{5-22}$$

$$u_{C_r}(t) = U_o - U_o \cos\omega_r(t - t_1) \tag{5-23}$$

其中,ω_r、Z_r 同上。

(3)$t_3 \sim t_4$ 阶段,工作模式 3,如图 5-33(c)所示。t_3 时刻,VD_S 中的电流下降到零,VD 开始导通,i_{VD} 开始增大,直到 t_4 时刻,VT_{S_1} 关断,该阶段结束。该阶段的谐振电感中的电流和谐振电容两端的电压由式(5-24)确定:

$$\begin{cases} L_r \dfrac{di_{L_r}}{dt} + u_{C_r} = U_o \\[3mm] C_r \dfrac{du_{C_r}}{dt} = i_{L_r} \end{cases} \tag{5-24}$$

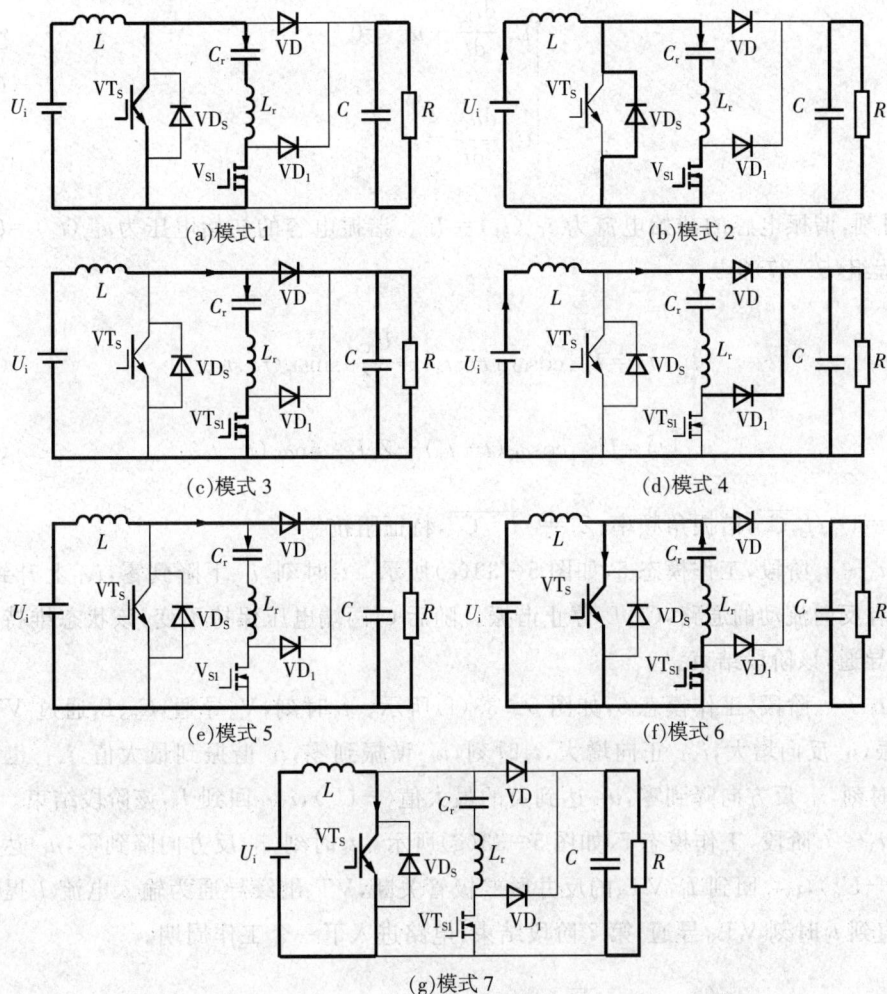

(a)模式 1　　　　　　　　　　　　　(b)模式 2

(c)模式 3　　　　　　　　　　　　　(d)模式 4

(e)模式 5　　　　　　　　　　　　　(f)模式 6

(g)模式 7

图 5-33　Boost 型零电流转换 PWM 变换器的工作过程分解

t_3 时刻，谐振电感的初始电流为 $i_{L_r}(t_3)=U_o/Z_r\sin\omega_r(t_3-t_1)=I_{L_r3}$，谐振电容的初始电压 $u_{C_r}(t_3)=U_o-U_o\cos\omega_r(t_3-t_1)=U_{C_r3}$，解微分方程组(5-24)，得

$$i_{L_r}(t)=I_{L_r3}\cos\omega_r(t-t_3)+\frac{U_o-U_{C_r3}}{Z_r}\sin\omega_r(t-t_3) \tag{5-25}$$

$$u_{C_r}(t)=U_o-(U_o-U_{C_r3})\cos\omega_r(t-t_3)+Z_rI_{L_r3}\sin\omega_r(t-t_3) \tag{5-26}$$

其中，$\omega_r=1/\sqrt{L_rC_r}$，谐振角频率；$Z_r=\sqrt{L_r/C_r}$，特征阻抗。

(4)$t_4\sim t_5$ 阶段，工作模态 4，如图 5-33(d)所示。t_4 时刻，VT_{S_1} 关断，VD_1 导通，C_r、L_r 通过 VD_1 构成回路继续谐振，i_{L_r} 继续下降，u_{C_r} 继续增大。t_5 时刻，i_{L_r} 下降到零，i_{VD} 上升到 I_i，u_{C_r} 上升到最大值(U_o)，该阶段结束。该阶段的谐振电感中的电流和谐振电容两端的电压可由式(5-27)确定：

$$\begin{cases} L_r \dfrac{di_{L_r}}{dt} + u_{C_r} = 0 \\[3mm] C_r \dfrac{du_{C_r}}{dt} = i_{L_r} \end{cases} \tag{5-27}$$

t_4时刻，谐振电感的初始电流为$i_{L_r}(t_4)=I_{L_r4}$，谐振电容的初始电压为$u_{C_r}(t_4)=U_{C_r4}$，解微分方程组(5-27)得：

$$i_{L_r}(t) = I_{L_r4}\cos\omega_r(t-t_3) - \frac{U_{C_r4}}{Z_r}\sin\omega_r(t-t_3) \tag{5-28}$$

$$u_{C_r}(t) = U_{C_r4}\cos\omega_r(t-t_3) + Z_r I_{L_r3}\sin\omega_r(t-t_3) \tag{5-29}$$

其中，$\omega_r = 1/\sqrt{L_r C_r}$，谐振角频率；$Z_r = \sqrt{L_r/C_r}$，特征阻抗。

(5)$t_5 \sim t_6$阶段，工作模态5，如图5-33(e)所示。t_5时刻，i_{L_r}下降到零，i_{VD}上升到I_i，由于i_{L_r}没有反向流动的通路，C_r、L_r停止谐振。随后C_r两端电压保持不变，该状态维持到t_6时刻，VT_5导通，该阶段结束。

(6)$t_6 \sim t_8$阶段，工作模态6，如图5-33(f)所示。t_6时刻，V_5导通，C_r、L_r通过VT_5构成回路谐振，i_{L_r}反向增大，i_{VT_5}正向增大，t_7时刻，u_{C_r}谐振到零，i_{L_r}谐振到最大值，i_{VT_5}也达到最大值t_8时刻，i_{L_r}反方向降到零，u_{C_r}达到负的最大值$(-U_o)$，i_{VT_5}回到I_i，该阶段结束。

(7)$t_8 \sim t_9$阶段，工作模态7，如图5-33(g)所示。t_8时刻，i_{L_r}反方向降到零，u_{C_r}达到负的最大值$(-U_o)$，i_{VT_5}回到I_i，VT_5的反并联二极管关断，VT_5继续导通为输入电流I_i提供续流回路。直到t_9时刻VT_{S1}导通，第7阶段结束，电路进入下一个工作周期。

5.4 移相控制 ZVS-PWM 全桥变换器

5.4.1 移相控制 ZVS-PWM 全桥变换器的工作原理

移相控制 ZVS-PWM 全桥变换器电路拓扑和通常的全桥变换器一样，如图5-34所示。在通常的全桥变换器中，VT_1和VT_4的控制信号是同相位的，VT_2和VT_3的控制信号是同相位的，而在移相控制 ZVS-PWM 全桥变换器中，VT_1、VT_2分别超前VT_4、VT_3一个相位角φ，所以VT_1、VT_2构成的桥臂称超前桥臂，VT_4、VT_3构成的桥臂称滞后桥臂。

假设：①所有开关管、二极管均为理想器件；②所有电感、电容和变压器均为理想元件；③$C_1=C_2=C_3=C_4=C$；④$L \gg L_r/n^2$，n为变压器原副边匝比。

在一个开关周期中，移相控制 ZVS-PWM 全桥变换器有12个工作阶段，图5-35所示为该变换器的工作波形，图5-36所示为半个工作周期内各工作阶段的电流路径和方向。

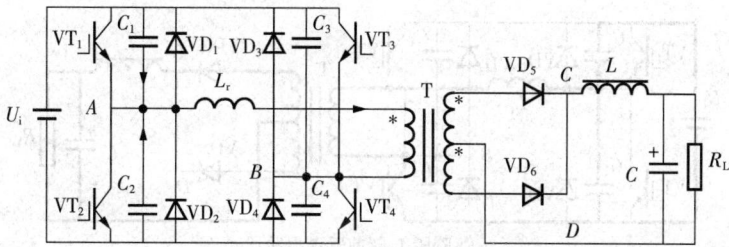

图 5 - 34　移相控制 ZVS - PWM DC/DC 全桥变换器的主电路拓扑

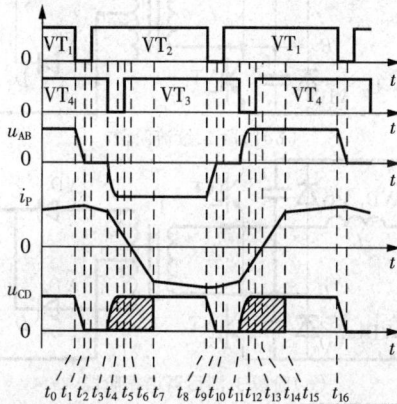

图 5 - 35　移相控制 ZVS - PWM 全桥变换器的工作波形

（1）$t_0 \sim t_1$ 阶段，超前臂谐振阶段，如图 5 - 36（a）所示。t_0 之前，VT_1、VT_4 导通，u_{AB} 为 $+U_i$，t_0 时刻，VT_1 关断，变压器原边电流 i_p 从 VT_1 转移到 C_1、C_2 支路，这时 L_r 与 n^2L（折算到原边的电感值）串联和 C_1、C_2 开始谐振。由于 n^2L 足够大，i_p 基本不变，因此谐振过程 C_1 两端电压线性增大，C_2 两端电压线性减小，直到 t_1 时刻，C_1 两端电压增大到 U_i，C_2 两端电压减小到零，VD_2 导通，谐振过程结束。

（2）$t_1 \sim t_3$ 阶段，续流阶段，如图 5 - 36（b）所示。t_1 时刻，C_1 两端电压增大到 U_i，C_2 两端电压减小到零，VD_2 导通，将 VT_2 两端电压钳位成零电压。t_2 时刻开通 VT_2，则 VT_2 零电压开通，这时由负载电流（恒流）折算到变压器原边的电流 i_p 经 VT_4、VD_2 续流，u_{AB} 为零，变压器副边电流路径不变，直到 t_3 时刻，VT_4 关断。注意，若负载不是恒流源，变压器原边电流在这一阶段将开始下降，VD_5、VD_6 将开始换相。

（3）$t_3 \sim t_4$ 阶段，滞后臂谐振阶段，如图 5 - 36（c）所示。t_3 时刻，VT_4 关断，变压器原边电流 i_p 从 VT_4 转移到 C_3、C_4 支路，这时 L_r 和 C_3、C_4 开始谐振，谐振过程 C_4 两端电压增大，C_3 两端电压减小，由于 VT_4 的关断，使得变压器原边电流下降，副边 VD_5、VD_6 将开始换相，变压器副边相当于短路，因此 L 不参与谐振。直到 t_4 时刻，C_4 两端电压增大到 U_i，C_3 两端电压减小到零，VD_3 导通，谐振过程结束。

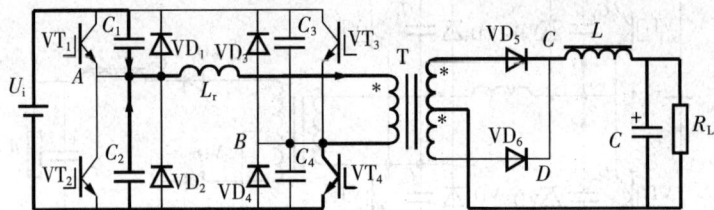

（a）阶段 1,超前臂谐振阶段

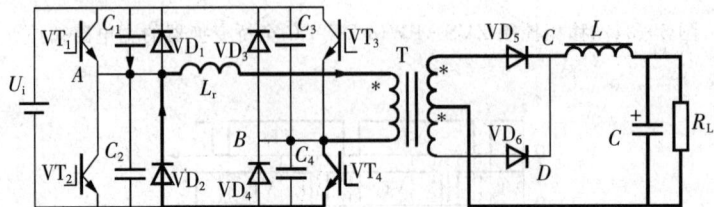

（b）阶段 2,续流阶段

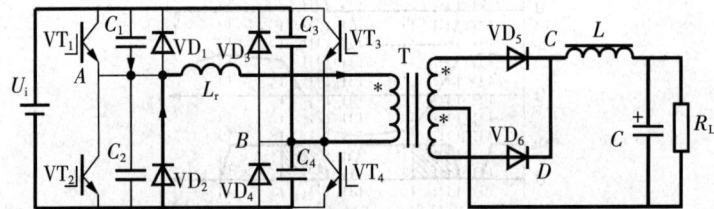

（c）阶段 3,滞后臂谐振阶段

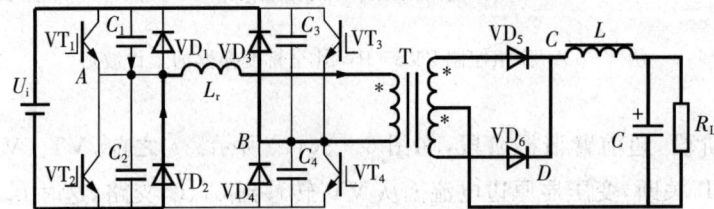

（d）阶段 4,能量回馈阶段

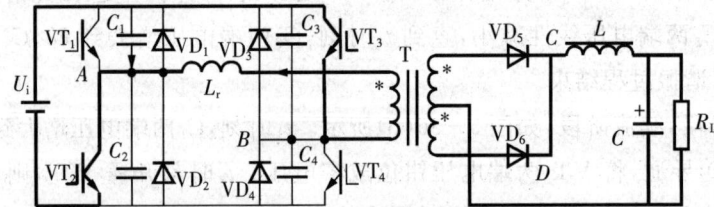

（e）阶段 5,电流反向增大阶段

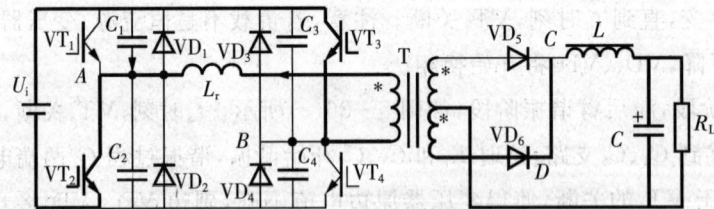

（f）阶段 6,能量传输阶段

图 5-36　移相控制 ZVS-PWM 全桥变换器的工作过程分解

（4）$t_4 \sim t_6$ 阶段，能量回馈阶段，如图 5-36（d）所示。t_4 时刻，C_4 两端电压增大到 U_i，C_3 两端电压减小到零，VD_3 导通，这时变压器原边漏抗中储存的能量经 VD_2、VD_3 回馈到输入电源。t_5 时刻开通 VT_3，由于 VD_3 导通将 VT_3 两端电压钳位成零，因此 VT_3 零电压开通，直到 t_6 时刻，变压器原边电流 i_p 下降到零。

（5）$t_6 \sim t_7$ 阶段，电流反向增大阶段，如图 5-36（e）所示。t_6 时刻，变压器原边电流 i_p 下降到零，电源经过 VT_3、VT_2 将 U_i 加到变压器原边，由于变压器副边换相短路，变压器原边电流 i_p 将以 U_i/L_r 的速率增加，t_7 时刻 i_p 上升到等于负载电流，副边换相结束，VD_5 关断。

（6）$t_7 \sim t_8$ 阶段，能量传输阶段，如图 5-36（f）所示。t_7 时刻 i_p 上升到等于负载电流，副边换相结束，VD_5 关断，电源 U_i 将经过 VT_3、VT_2、变压器和 VD_6 向负载传输能量，这一阶段变压器原边电流仍增加，增加速率为 $(U_i - nU_o)/(L_r + n^2 L)$，直到 t_8 时刻，VT_2 关断，随后进入下一个半周期。

5.4.2　移相控制 ZVS-PWM 全桥变换器软开关实现条件

为了实现零电压开通需满足两个条件：①谐振电路本身（参数与状态）应保证能通过谐振，使导通管结电容完全放电；②驱动信号必须在导通管结电容完全放电（两端电压降为零）后给出，即同一桥臂的导通与关断信号之间的间隔，应大于相应结电容的充放电时间。

1. 超前桥臂软开关条件

工作过程的第 1 阶段，超前桥臂谐振阶段的等效电路如图 5-37 所示。

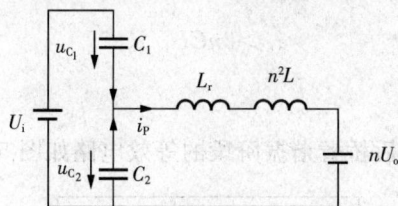

图 5-37　超前臂谐振阶段的等效电路

不考虑变压器匝间电容，由图 5-37 得到：

$$
\begin{cases}
C_1 \dfrac{\mathrm{d}(U_i - u_{C_2})}{\mathrm{d}t} - C_2 \dfrac{\mathrm{d}u_{C_2}}{\mathrm{d}t} = i_p \\[3mm]
(L_r + n^2 L) \dfrac{\mathrm{d}i_p}{\mathrm{d}t} = u_{C_2} - nU_o
\end{cases}
\tag{5-30}
$$

初始条件：$u_{C_2}(0) = U_i$，$i_p(0) = I_p$。

若 $C_1 = C_2 = C$，解式（5-30）微分方程组，并代入初始条件得：

$$
\begin{cases}
u_{C_2} = nU_o + U_{CM}\cos(\omega_1 t + \varphi) \\[2mm]
i_p = I_{PM}\sin(\omega_1 t + \varphi)
\end{cases}
\tag{5-31}
$$

其中，$\omega_1 = 1/\sqrt{2(L_r + n^2 L)C}$ 为谐振角频率；$U_{CM} = \sqrt{(U_i - nU_o)^2 + I_P^2 Z_1^2}$ ；$I_{PM} = \sqrt{(U_i - nU_o)^2/Z_1^2 + I_P^2}$ ；$\varphi = \arctan(I_P Z_1/(U_i - nU_o))$ ；$Z_1 = \sqrt{(L_r + n^2 L)/2C}$ 。

若考虑到滤波电感很大，在超前臂谐振过程中变压器原边电流近似不变，即 $i_P = I_P = I_o/n$，则 u_{C_2} 可近似认为是线性下降，即

$$u_{C_2} = U_i - \frac{I_o}{2nC}t \tag{5-32}$$

这一阶段的持续时间为：

$$t_{01} = \frac{2nCU_i}{I_o} \tag{5-33}$$

(1)根据式(5-31)，若要保证通过谐振使导通管结电容完全放电，必须满足 $U_{CM} > nU_o$，即

$$\sqrt{(U_i - nU_o)^2 + I_P^2 Z_1^2} > nU_o$$

整理得：

$$(L_r + n^2 L)I_P^2 > 2CU_i^2(2D - 1) \tag{5-34}$$

(2)第二个条件很容易满足，即

$$t_d > 2nCU_i/I_o \tag{5-35}$$

2. 滞后桥臂软开关条件

工作过程的第 3 阶段，滞后桥臂谐振阶段的等效电路如图 5-38 所示。

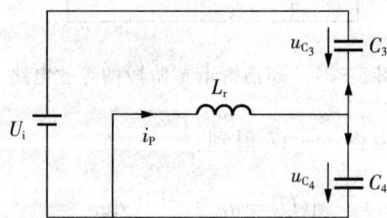

图 5-38　滞后臂谐振阶段的等效电路

不考虑变压器匝间电容，根据图 5-38 得到：

$$\begin{cases} C_4 \dfrac{du_{C_4}}{dt} - C_3 \dfrac{d(U_i - u_{C_4})}{dt} = i_P \\ L_r \dfrac{di_P}{dt} = -u_{C_4} \end{cases} \tag{5-36}$$

初始条件：$u_{C_4}(0) = 0, i_P(0) = I_2$。

若 $C_3 = C_4 = C$,解 5-36 微分方程组,并代入初始条件得:

$$\begin{cases} u_{C_3} = U_i - I_2 Z_2 \sin\omega_2 t \\ u_{C_4} = I_2 Z_2 \sin\omega_2 t \\ i_p = I_2 \cos\omega_2 t \end{cases} \tag{5-37}$$

其中,$\omega_2 = 1/\sqrt{2L_r C}$ 为谐振角频率,$Z_2 = \sqrt{L_r/2C}$。

(1)根据式(5-37),若要保证通过谐振使导通管结电容完全放电,必须满足 $I_2 Z_2 \geqslant U_i$。整理得:

$$L_r I_2^2 > 2C U_i^2 \tag{5-38}$$

(2)第二个条件很容易满足,上、下开关管的逻辑延时时间必须大于 1/4 谐振周期,即

$$t_d \geqslant T/4 = \pi\sqrt{2L_r C}/2 \tag{5-39}$$

5.4.3 移相控制 ZVS-PWM 全桥变换器的占空比丢失

在晶闸管整流电路中,曾讨论过交流侧电抗或变压器漏抗对整流电路的影响,对单相双半波或单相桥式可控整流电路在换相过程中直流侧电压为零,并且变压器漏抗越大换相重叠角 γ(对应的换相时间为 $\gamma/2\pi$)也越大。对于移相全桥 PWM 软开关变换器,其副边的整流环节相当于单相双半波或单相桥式整流电路,在变压器副边的整流二极管换相时同样存在着换相重叠,在换相重叠期间直流侧电压为零,通常在移相全桥 PWM 软开关变换器中称之为占空比丢失,如图 5-35 所示的阴影部分,同样变压器漏抗越大,占空比丢失越多。由图 5-35 可知,假设 $i_p(t_3) = I_1$,$i_p(t_7) = -I_2$,占空比丢失为 ΔD,则

$$\frac{I_1 + I_2}{\Delta D T_s/2} \approx \frac{U_i}{L_r}$$

整理得:

$$\Delta D \approx \frac{2L_r(I_1 + I_2)}{U_i T_s} \tag{5-40}$$

考虑滤波电感足够大,其滤波电感中的电流纹波可以忽略,则 $I_1 = I_2 = I_o/n$,代入式(5-13)得:

$$\Delta D \approx \frac{4L_r f_s I_o}{n U_i} \tag{5-41}$$

5.4.4 移相控制 ZVS-PWM 全桥变换器的优缺点分析

与常规的全桥 PWM 变换器相比,移相式 FB-ZVS-PWM 变换器具有很明显的优势。后者取消了 Snubber 电路,利用变压器漏感与开关管结电容谐振。在不增加额外元器件的情况下,通过移相控制方式,使功率开关管实现了零电压导通,减小了开关损耗;降低了开关噪声,提高了整机效率,减小了整机的体积与重量;保持了恒频控制,且开关管的电压电流应

力与常规的全桥 PWM 变换器基本相同。其主要缺点为:滞后臂开关管在轻载下将失去零电压开关功能;原边有较大环流,增加了系统通态损耗;存在着占空比丢失;输出整流二极管为硬开关,开关损耗较大。

5.5 移相控制 ZVZCS - PWM 全桥变换器

ZVZCS - PWM 全桥变换器进一步解决了前面所提的 ZVS - PWM 全桥变换器的某些限制,如高的环流能量、占空比损失、对滞后桥臂开关实现软开关的负载范围限制以及对功率 MOSFET 管的输入、输出电容有较苛刻的要求等。

对于较高的功率量级,如 2~10kW 应用,为了获得高的功率密度和较低的成本,希望采用 IGBT 代替 MOSFET,而 IGBT 管比 MOSFET 有较高的开关损耗,尤其是由存储时间引起的电流拖尾特性,使得开关的关断损耗较高。为了减小开关的关断损耗,用外接大电容加在管子两端实现零电压开关,能有效地降低开关的关断损耗,但零电流开关更为有效。

超前桥臂开关是用储存在输出滤波电感中的能量实现零电压开通的,因此在宽的电源和负载范围下容易实现零电压开关。

如果采用 IGBT 管能用于超前桥臂作开关管(要外接电容),而在滞后桥臂中,零电压开关是用储存在变压器漏感中的能量实现的,所以滞后桥臂的零电压工作范围是受限制的。如果用外接大电容的 IGBT 管则进一步减小了零电压开关的工作范围,可以采用外加辅助开关和谐振电感有源缓冲器的方法来解决这一矛盾,但增加了电路的复杂性。

5.5.1 变压器原边加饱和电感和隔直电容的 ZVZCS - PWM 变换器

如图 5 - 39(a)所示,变压器原边加饱和电感和隔直电容的 ZVZCS - PWM 全桥变换器与 ZVS - PWM 全桥变换器类似,超前桥臂的工作机理是相同的,采用零电压开关工作。但是在滞后桥臂的工作中,采用零电流开关工作,为此电路中加入小容量的隔直流电容 C_b,并加入小的饱和电抗器 L_s。在续流期间,初级电流用小的隔离电容复位,并使初级电流保持零,由于饱和电抗器阻隔了反向电流,使得右支路开关呈现零电流开关关断特性,储存在漏感中的能量回到隔直流电容上。图 5 - 39(b)所示为电路主要工作波形。

1. 移相控制 ZVZCS - PWM 全桥变换器的工作原理

变压器原边加饱和电感和隔直电容的 ZVZCS - PWM 全桥变换器的 6 种开关模式,如图 5 - 40 所示。

为了便于分析,在稳态工作时假定:

(1)所有的元件是理想的;

(2)当不饱和时,饱和电抗器电感为无穷大,当饱和时,电感为零;

(3)输出滤波电感足够大,在开关周期内,可以认为是恒流源;

(4)假设 $C_1 = C_2 = C_3 = C_4 = C$。

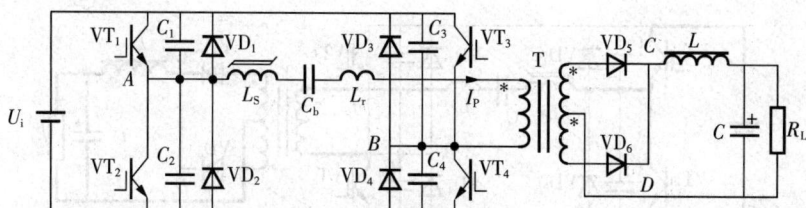

(a)电路拓扑

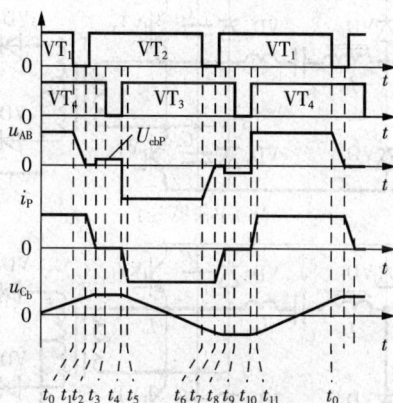

(b)主要工作波形

图 5 - 39 变压器原边加饱和电感和隔直电容的 ZVZCS - PWM
全桥变换器的电路拓扑与主要波形

每半个工作周期,变换器有 6 种开关模态,图 5 - 40 所示为每种开关模态的电流路径和方向。每个桥臂的开关(超前桥臂 VT_1、VT_2 和滞后桥臂 VT_3、VT_4)具有接近 50% 的占空比交错通断,2 个桥臂之间的相移决定变换器的工作占空比。

(1) t_0 之前,工作模态 0,如图 5 - 40(a)所示。开关 VT_1 和 VT_4 导通,输入功率传递给负载,这期间,饱和电抗器 L_S 饱和,隔离电容 C_b 上的电压线性上升,即

$$u_{C_b}(t) = \frac{I_o}{nC_b}t - U_{C_{bp}} \tag{5-42}$$

其中 n 是变压器初级与次级匝比,下同;$U_{C_{bp}}$ 是电容 C_b 的峰值电压。

t_0 时刻,VT_1 关断,工作模态 0 结束,进入工作模态 1。

(2) $t_0 \sim t_1$ 阶段,工作模态 1,如图 5 - 40(b)所示。t_0 时刻,VT_1 关断,电流向 VT_1、VT_2 的结电容 C_1、C_2 转移,C_1 充电,C_2 放电,VT_1 两端电压 u_{C_1} 线性上升,即

$$u_{C_1}(t) = \frac{I_o}{n(C_1+C_2)}t = \frac{I_o}{2nC}t \tag{5-43}$$

开关管 VT_2 两端电压 u_{C_2} 和 u_{AB} 线性下降,即

$$u_{C_2}(t) = U_i - \frac{I_o}{n(C_1+C_2)}t = U_i - \frac{I_o}{2nC}t \tag{5-44}$$

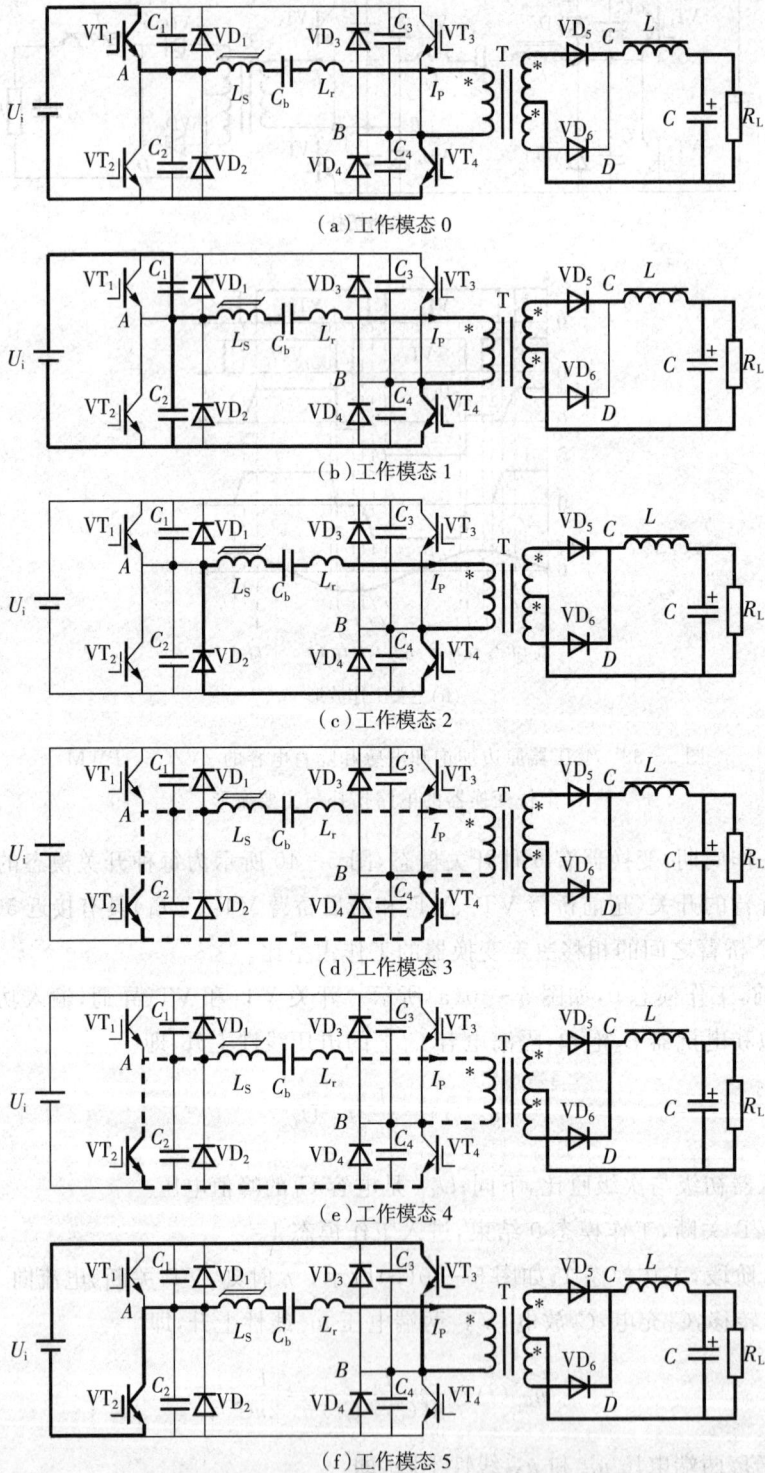

（a）工作模态0

（b）工作模态1

（c）工作模态2

（d）工作模态3

（e）工作模态4

（f）工作模态5

图5-40 变压器原边加饱和电感和隔直电容的ZVZCS-PWM全桥变换器的6种开关模态

t_1时刻u_{C_2}下降至零，随后 VD$_2$导通，进入工作模式2，这一阶段C_b两端的电压仍按式(5-42)线性上升。

(3)$t_1 \sim t_2$阶段，工作模式2，如图5-40(c)所示。t_1时刻，u_{C_2}下降至零，i_P沿 VD$_2$续流，VT$_2$两端电压u_{C_2}被钳位成零，这时开通 VT$_2$，则 VT$_2$零电压导通。在 VD$_2$导通以后，桥路之间的电压u_{AB}被钳位到零，隔离电容上的电压加到漏感L_r上，这期间，隔离电容上的电压看作恒压源，初级电流i_P线性下降。即

$$i_P(t) = -\frac{U_{C_{bp}}}{L_r}t + I_o/n \qquad (5-45)$$

储存在漏感(谐振电感)L_r中的能量返回到隔离电容，饱和电抗器L_S仍然饱和，折合到次级的初级电流与滤波电感中电流I_o之间的差值，通过次级整流二极管续流。

(4)$t_2 \sim t_3$阶段，工作模式3，如图5-40(d)所示。t_2时刻，i_P下降至零，并有变负趋势。但是由于饱和电抗器离开饱和态，阻隔负向电流，所以i_P维持为零，隔离电容上的电压加到饱和电抗器上。在这期间，隔离电容电压维持不变，VT$_4$仍然导通，但没有电流流过。t_3时刻，VT$_4$零电流关断。

(5)$t_3 \sim t_4$阶段，工作模式4，如图5-40(e)所示。VT$_4$零电流关断以后，初级电流i_P仍为零，负载电流沿 VD$_5$、VD$_6$续流，直到t_4时刻，VT$_3$零电流开通，开关模式4结束，进入下一阶段。

(6)$t_4 \sim t_5$阶段，工作模式5，如图5-40(f)所示。t_4时刻，VT$_3$开通，由于在很短的开关时间内饱和电抗器没有饱和，初级电流不能突变，所以 VT$_3$的导通过程也是零电流开通。在VT$_3$导通以后，高的电压(输入电压U_i和$U_{C_{bp}}$之和)加在饱和电抗器上，因此L_S迅速饱和。当饱和电抗器L_S饱和以后，这个高电压加到漏感L_r上，而初级电流i_P线性增加。当i_P增大至I_o/n时，副边续流状态结束，即

$$i_P(t) = \frac{U_i + U_{C_{bp}}}{L_r}t \qquad (5-46)$$

$t_5 \sim t_6$期间，VT$_2$、VT$_3$导通，输入功率传递给负载，这期间，饱和电抗器L_S饱和，隔离电容C_b上的电压从正的最大值线性下降，即

$$u_{C_b}(t) = U_{C_{bp}} - \frac{I_o}{nC_b}t \qquad (5-47)$$

t_6时刻，阻断电容C_b两端的电压为：

$$u_{C_b}(t_6) = U_{C_{bp}} - \frac{I_o}{nC_b}t_{56} \qquad (5-48)$$

阻断电容C_b两端的电压在t_7时刻达到负的最大值$U_{C_{bp}}$，而$(t_6 \sim t_7)$时段与$(t_0 \sim t_1)$时段类似，因此有

$$u_{C_b}(t_7) = u_{C_b}(t_6) - \frac{I_o}{nC_b}\frac{2nU_iC}{I_o} = U_{C_{bp}} - \frac{I_o}{nC_b}t_{56} - \frac{2U_iC}{C_b} = -U_{C_{bp}} \qquad (5-49)$$

$$U_{C_{bp}} = \frac{I_o}{2nC_b} t_{56} \qquad (5-50)$$

2. 移相控制 ZVZCS-PWM 全桥变换器软开关实现条件

(1)超前桥臂零电压软开关条件

为了保证超前桥臂零电压开通需满足：谐振电路本身（参数与状态）和超前桥臂上、下两个开关管的逻辑延时时间，应大于相应结电容的充放电时间。

由式(5-17)可求得这一阶段的持续时间为：

$$t_{01} = 2nCU_i/I_o \qquad (5-51)$$

超前桥臂软开关条件为两个开关管的逻辑延时时间，即

$$t_d > 2nCU_i/I_o \qquad (5-52)$$

(2)滞后桥臂零电流软开关条件

要实现滞后桥臂的 ZCS，原边电流 i_P 必须在滞后桥臂开通之前从负载电流减小到零。从式(5-18)可以推出 i_P 从负载电流减小到零的时间 t_{12} 为：

$$t_{12} = \frac{L_r I_o}{nU_{C_{bp}}} \qquad (5-53)$$

将式(5-50)代入式(5-53)，得

$$t_{12} = \frac{2L_r C_b}{t_{56}} = \frac{2L_r C_b}{DT/2} = \frac{4L_r C_b}{DT} \qquad (5-54)$$

由图 5-39(b)可知，要实现滞后桥臂的 ZCS，必须

$$t_{01} + t_{12} < (1-D)T/2 \qquad (5-55)$$

不考虑超前桥臂谐振时间 t_{01}，则 $t_{12} < (1-D)T/2$，即

$$\frac{4L_r C_b}{DT} < (1-D)T/2$$

$$8L_r C_b < T^2 D(1-D) \qquad (5-56)$$

从式(5-54)中可以看出，t_{12} 与负载电流无关，与占空比 D 成反比。也就是说，可以在任意负载和输入电压变化范围内，实现滞后桥臂的零电流开关。

3. 移相控制 ZVZCS-PWM 全桥变换器的工作特性

(1)有效的软开关特性

超前桥臂为零电压开关，导通损耗为零，但关断损耗不是零，如图 5-41(a)所示。关断特性与开关电容及其流过的电流有关，而电流与开关电压的上升速率(dv/dt)有关。

对于 MOSFET 那样的高速开关，开关的关断损耗是很低的，这是因为管子的输出电容足够大，在管子沟道完全关断时，足以延迟电压的上升。但是对于 IGBT 管，由于电流拖尾使得关断损耗明显，所以应外加大电容增加开关并联电容，使得 IGBT 用于左支路时有足够

宽的零电压开关范围,同时 IGBT 管的关断损耗大大减小。

对于滞后桥臂的开关为零电流开关,关断损耗为零,导通损耗几乎为零,因为当开关导通时,初级电流维持在零,由于在开关电压下降到零以前,饱和电抗器不饱和,所以零电流开关能够实现,开关过程如图 5 - 41(b)所示。在续流期间初级电流为零,所以能有效地采用 IGBT,只要续流期间足够长,使得大部分少数载流子被复合,也就不存在电流拖尾问题,这种特性使得 IGBT 在高频下工作成为可能。

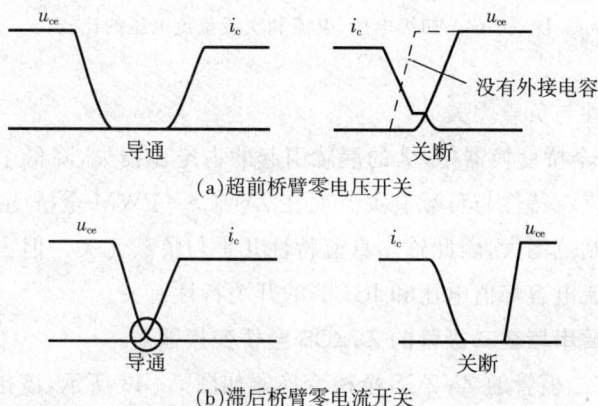

(a)超前桥臂零电压开关

(b)滞后桥臂零电流开关

图 5 - 41　采用 IGBT 的零电压、零电流开关波形

(2)宽的软开关范围

实现超前桥臂零电压开关,与前面所述的 ZVS - PWM 全桥变换器工作机理是相同的,采用 IGBT 管子外接大电容的方法。为了保持零电压开关工作,超前桥臂上下开关管的逻辑延迟时间为:

$$t_d = U_i \frac{C_1 + C_2}{I_o / n} \tag{5 - 57}$$

在轻载情况下,I_o 小,t_d 将增大,因此工作的最大占空比范围将减小,通常应折中考虑左支路的零电压开关工作范围和最大占空比控制范围。

而滞后桥臂在零电流开关下工作,适应于整个电源输入电压变化和负载变化范围。这个特性是很重要的,特别适用于高功率、高密度和高可靠性下工作。

(3)降低导通损耗

前面的 ZVS - PWM 全桥变换器中,在续流期间要求漏感保持与输出电流相应的折射电流来实现有支路开关的零电压转换,这表明通过初级侧续流有很大的电流,如图 5 - 42(a)所示,因此,在续流期间两个初级开关的导通损耗和变压器上的损耗使电路效率降低,此外由于采用大的漏感,在初级电流上升期间产生的占空比损失也使电路效率有所下降。

在 ZVZCS - PWM 全桥变换器中,初级的续流电流完全消除,如图 5 - 42(b)所示。由于漏感不需要大,饱和电抗器在有源态很快饱和,因此占空比损失可以忽略,总的效率提高。

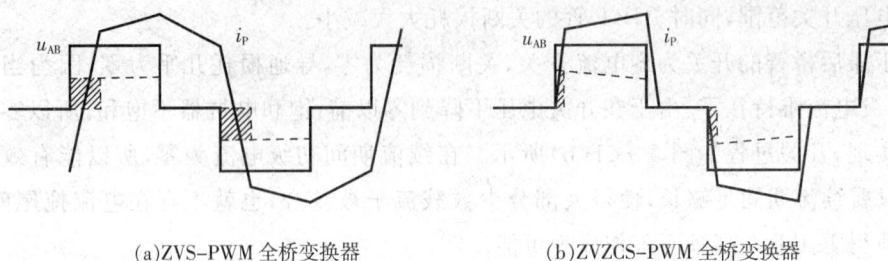

(a)ZVS-PWM 全桥变换器   (b)ZVZCS-PWM 全桥变换器

图 5-42 初级电压、电流和次级整流电压的比较

(4)输出直流特性与负载无关

在 ZVS-PWM 全桥变换器中,大的漏感引起的占空比损失,降低了占空比控制的有效范围,同时使得输出直流特性与负载有关。而在 ZVZCS-PWM 全桥变换器中,占空比损失可以忽略,占空比控制范围大,因此输出直流特性几乎与负载无关。但占空比的控制范围与变压器的漏感、隔直流电容峰值电压和 IGBT 的开关特性有关。

5.5.2 滞后桥臂串堵塞二极管的 ZVZCS 全桥变换器

滞后桥臂串堵塞二极管的 ZVZCS 全桥变换器如图 5-43 所示,该拓扑是在带饱和电感的拓扑的基础上经过改进而得出的,与变压器原边带饱和电感的拓扑在运行机制和预期效果上均差别不大。所不同的是,该拓扑结构取消了变压器原边的饱和电感,同时在原边电路的滞后桥臂串入 2 个二极管。通过采用这种方式,在原边电流复位之后,由于二极管不能反向导通,从而将原边电流钳位为零,为滞后桥臂的零电流开关创造了条件。

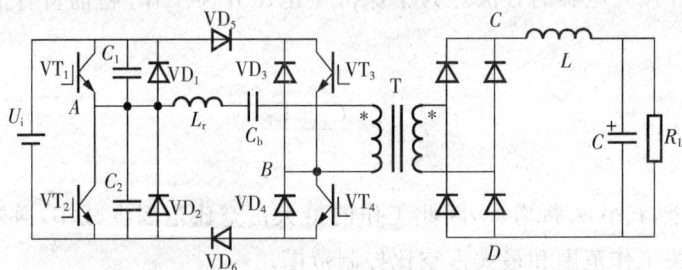

图 5-43 滞后桥臂串二极管和原边串隔直电容的 ZVZCS 全桥变换器主电路图

该拓扑继承了变压器原边带饱和电感的拓扑优点,能在较宽的范围内满足 ZVZCS,尤其是滞后臂,极大地改善了 ZVS 全桥变换器滞后臂在轻载时不易实现软开关的缺陷,而且占空比损失小。整体性能优良,效率在 90% 以上,并且克服了变压器直流磁偏的问题,更重要的是该拓扑避免了因理想饱和电感的设计困难而带来的附加问题。

电路仍采用传统的移相控制方式,VT_1 和 VT_2 为超前桥臂,VT_3 和 VT_4 为滞后桥臂,超前桥臂需要外并电容以实现 ZVS 开关,滞后桥臂需要外串二极管以实现滞后桥臂零电流关断。L_r 为变压器漏感,提供续流前期维持超前桥臂反并联二极管导通的能量,保证二极管的有效钳位作用,为超前桥臂零电压开通提供条件。C_b 为隔直电容,在续流阶段后期为变压器原边提供近似恒定的反电动势,使变压器原边电流迅速复位,为滞后桥臂的零电流开通提供条件。L 为输出滤波电感,用于滤除电流纹波,并在超前桥臂开关管关断后,其外并电容电压置位期间提供反射电流,使外并电容电压迅速置位,同时同一桥臂的另一开关管迅速复位。该阶段由于 $n^2L \gg L_r$,故此时变压器漏感可忽略不计。C 为输出滤波电容,不参与谐振过程。由于其容量很大,故可将输出电压视为恒值。

滞后桥臂串堵塞二极管和原边串隔直电容的 ZVZCS 全桥变换器在每个工作半周期期间,变换器有 6 种开关模式,工作波形与变压器原边加饱和电感和隔直电容的 ZVZCS 变换器基本相同,工作过程分析也基本相同,仅仅是后者利用饱和电感退饱和后电抗值很大,阻止了隔直电容与漏感之间的负半周期谐振,而前者是利用阻塞二极管阻止了隔直电容与漏感之间的负半周期谐振。

5.5.3 副边采用有源钳位的 ZVZCS 全桥变换器

图 5-44 所示给出一种副边采用有源钳位的 ZVZCS 全桥变换器,该电路与上述电路的区别在于该电路是在变压器副边引入一电压源,当原边电流续流时,开通有源开关管 VT_C,将钳位电容 C_C 上的电压反射到原边,作为一反向阻断电压源,使原边电流迅速下降到零,从而为滞后桥臂开关管提供零电流条件。

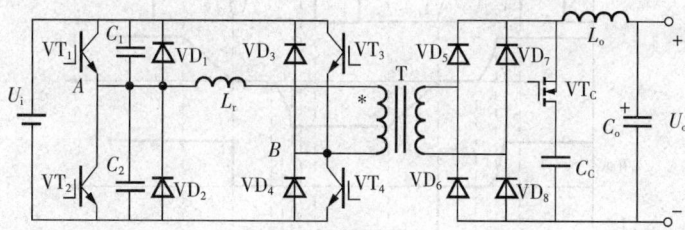

(a)电路拓扑

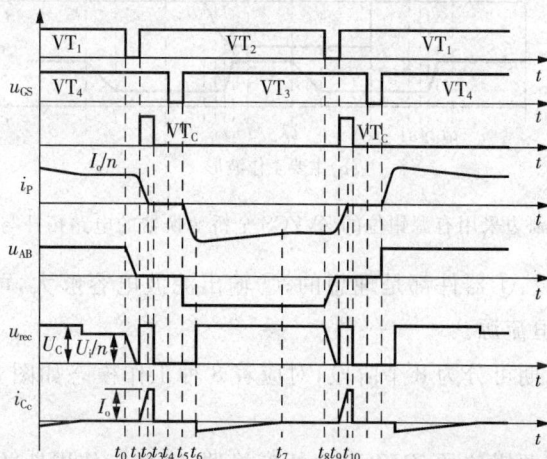

(b)工作波形

图 5-44 副边采用有源钳位 FB-ZVZCS 变换器的电路拓扑与工作波形

图 5-44 所示的电路能为原边滞后桥臂开关提供 ZCS 条件,电路拓扑简单。但是附加的开关工作在硬开关状态下,增加了损耗和控制的复杂性,且环流较大,钳位的效果与占空比有关。图 5-45(a)给出一种改进的副边有源钳位的 ZVZCS 全桥变换器电路拓扑,该电路仍采用移相控制,超前臂的 ZVS 的工作原理和其他各种 ZVZCS 全桥变换器一样,而滞后臂的 ZCS 则是通过在原边环流期间开通钳位开关,使得输出滤波电感两端电压为零,而输出滤波电容和钳位电容两端电压反射到原边加到漏感上,使原边环流快速复位而实现的。该电路的主要工作波形如图 5-45(b)所示。

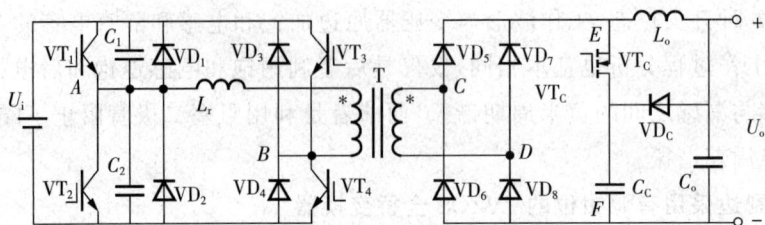

(a)电路拓扑

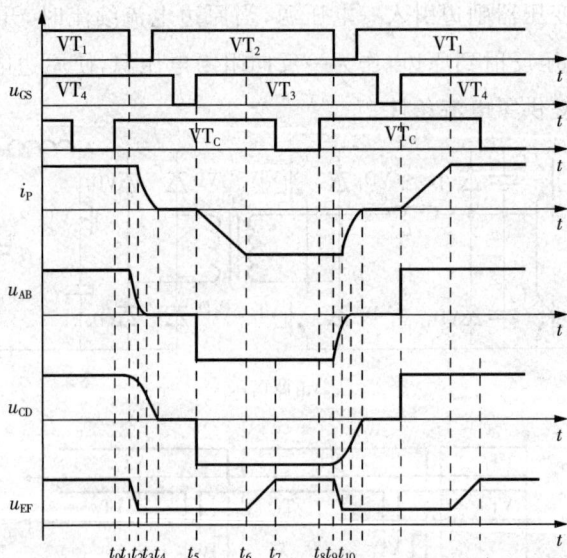

(b)主要工作波形

图 5-45 副边采用有源钳位的 ZVZCS 全桥变换器的电路拓扑与工作波形

为了方便分析,假设:①器件都是理想的;②输出滤波电容够大,可视为恒压源;③输出滤波电感够大,可视为恒流源。

该电路半个工作周期可分为 8 个阶段,对应着 8 种工作模式如图 5-46 所示,假设电路已工作于稳定状态。

变压器副边采用有源钳位的 ZVZCS 全桥变换器,半个工作周期共有 8 种工作模式。

(1)$t_0 \sim t_1$ 阶段,工作模式 1,如图 5-46(a)所示。t_0 之前,VT$_1$、VT$_4$ 导通,副边整流器电压被钳制在 U_i/n(n 为变压器变比),$u_{AB} = U_i$,$i_P = I_o/n$。t_0 时刻,导通钳位开关管 VT$_C$,此时

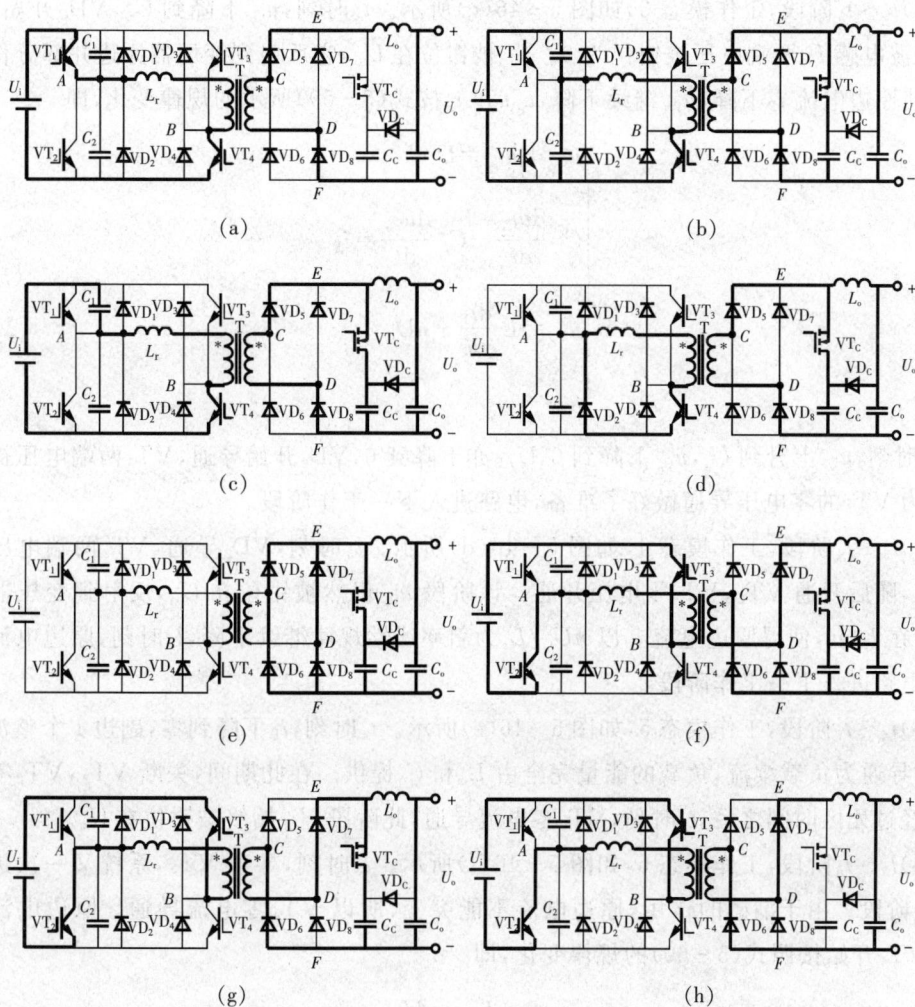

图 5-46 变压器副边采用有源钳位的 ZVZCS 全桥变换器工作模态

由于 $U_{EF}=U_{CD}=U_{C_c}$,且 U_{C_c} 大于 U_o,所以 VD_c 仍处于截断状态,VT_c 两端电压被 C_c 钳位为零,i_{VT_c} 在 U_{EF} 下降之前不会上升,VT_c 在零电压的状态下导通,导通损耗很小。t_1 时刻,VT_1 关断,电路进入下一工作阶段。

(2)$t_1 \sim t_2$ 阶段,工作模态 2,如图 5-46(b)所示。t_1 时刻,VT_1 关断,变压器漏感加上副边滤波电感折算至原边共同与电容 C_1、C_2 及 C_c 产生谐振。C_1 两端电压上升,C_2 两端电压下降,使 u_{AB} 下降,副边整流电路输出电压(即 C_c 两端电压)也同比例下降,此阶段时间非常短,主回路电流可被视为恒流源,故 u_{AB} 按式(5-58)的规律下降为:

$$u_{AB}=U_i-\frac{I_o/n}{C_1+C_2}t \tag{5-58}$$

t_2 时刻,u_{AB} 下降到等于 nU_o,u_{C_c} 下降到等于 U_o,副边钳位二极管 VD_c 导通,电路进入下一工作阶段。

(3)$t_2 \sim t_3$ 阶段,工作模式 3,如图 5 - 46(c)所示。t_2 时刻,u_{C_c} 下降到 U_o,VD_C 开始导通,输出滤波电感 L_o 两端电压被钳位为 0。u_{C_c} 被钳位在 U_o,它反射到变压器原边并部分作用在 L_r 上,使原边电流 i_P 下降,u_{AB} 继续下降,u_{AB} 和 i_P 按式(5-59)所示的规律变化,即

$$\begin{cases} u_{C_1} + u_{C_2} = U_i \\[2mm] C_1 \dfrac{du_{C_1}}{dt} - C_2 \dfrac{du_{C_2}}{dt} = i_P \\[2mm] u_{C_2} = L \dfrac{di_P}{dt} + nU_o \\[2mm] u_{AB} = u_{C_2} \end{cases} \tag{5-59}$$

t_3 时刻,u_{C_1} 上升到 U_i,u_{C_2} 下降到 0,U_{AB} 亦下降到 0,VD_2 开始导通,VT_3 两端电压被钳位在零,为 VT_3 的零电压导通做好了准备,电路进入下一工作阶段。

(4)$t_3 \sim t_4$ 阶段,工作模式 4,如图 5 - 46(d)所示。t_3 时刻,VD_2 导通,VT_3 两端电压被钳位在零,随后开通 VT_2,VT_2 零电压开通。该阶段 u_{C_c} 仍然被钳位在 U_o。反射到变压器原边并作用在 L_r 上,使得原边电流 i_P 以 nU_C/L_r 为斜率线性规律继续下降,t_2 时刻,原边电流下降到零,电路进入下一工作阶段。

(5)$t_4 \sim t_5$ 阶段,工作模式 5,如图 5 - 46(e)所示。t_4 时刻,i_P 下降到零,副边 4 个整流二极管同时导通为负载续流,负载的能量完全由 L_o 和 C_o 提供。在此期间,关断 VT_2,VT_2 零电流关断,经过死区时间之后,t_5 时刻,VT_4 零电流导通,此阶段 U_{EF} 始终被钳位在 U_o。

(6)$t_5 \sim t_6$ 阶段,工作模式 6,如图 5 - 46(f)所示。t_5 时刻,导通 VT_4,系统又一次进入能量传送阶段。由于漏感的作用,原边电流不能突变,所以 VT_4 零电流导通。原边电流通过 VT_3,VT_4 开始按照式(5-60)的规律变化,即

$$i_P = \frac{U_i - nU_o}{L_r} t \tag{5-60}$$

t_6 时刻,i_P 上升到等于 I_o/n,流过 VT_C 的电流为零,钳位二极管 VD_C 关断,VT_C 本体二极管开始导通,电路进入下一工作阶段。

(7)$t_6 \sim t_7$ 阶段,工作模式 7,如图 5 - 46(g)所示。t_6 时刻,钳位二极管 VD_C 关断,VT_C 本体二极管开始导通,VT_C 两端电压被钳位成零,在随后的某个时刻,VT_C 零电压关断,U_i 在提供负载电流的同时,通过 VT_C 的本体二极管给钳位电容 C_C 充电,u_{EF} 和 u_{C_c} 按式(5-61)的规律变化,即

$$u_{EF} = u_{C_c} = \frac{U_i}{nU_o} + (1 - \frac{U_i}{nU_o})\cos\omega t \tag{5-61}$$

其中,$\omega = n\sqrt{1/L_r C_C}$。

t_7 时刻,u_{EF} 和 u_{C_c} 上升到 U_i/n,$i_C = 0$,VT_C 的本体二极管零电流关断,这时 U_i 只提供负载电流,整流器电压为 U_i/n,电路进入下一工作阶段。

(8)$t_7 \sim t_8$ 阶段,工作模态 8,如图 5-46(h)所示。该阶段仍为能量传递阶段,U_i 只提供负载电流,整流器电压为 U_i/n,t_8 时刻,VT_2 关断,电路工作进入下一半周期,下一半周期的工作过程仍分为 8 个工作阶段,8 种工作模态,与前半周期类似。

5.5.4　副边带无源钳位电路的 ZVZCS 全桥变换器

在移相控制的全桥变换器副边增加一个由 1 个电容和 2 个二极管组成的无源钳位电路,该无源钳位电路,没有耗能元件和有源开关,不仅为原边开关提供了 ZVZCS 条件,并可以钳位副边整流电压,电路结构简单。图 5-47 所示为该变换器的电路拓扑和工作波形。

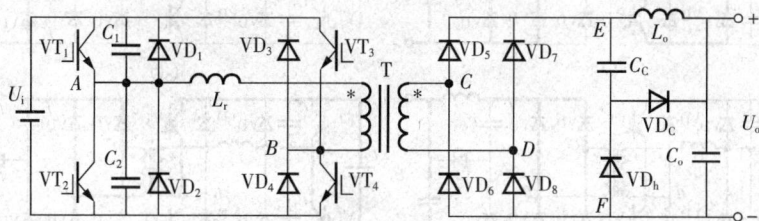

(a)电路拓扑

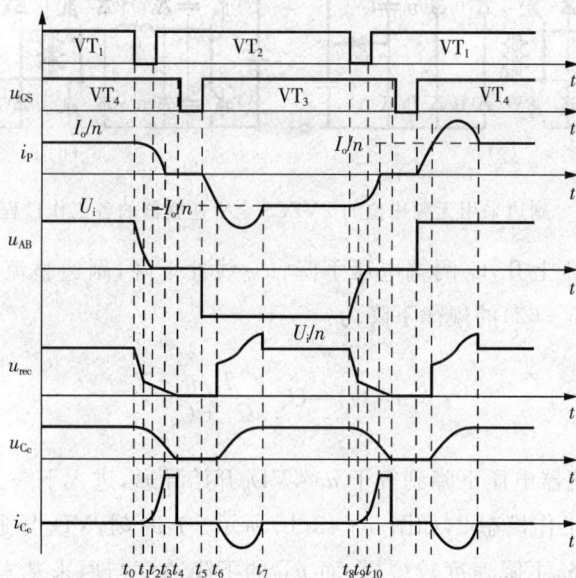

(b)主要工作波形

图 5-47　副边采用无源钳位的 ZVZCS 全桥变换器的电路拓扑与工作波形

该变换器和 FB-ZVS-PWM 全桥变换器一样,仍采用移相控制,半个工作周期分为 8 个阶段,对应 8 种工作模态如图 5-48 所示。

(1)$t_0 \sim t_1$ 阶段,工作模态 1,如图 5-48(a)所示。t_0 之前,VT_1、VT_4 导通,由于 C_c 和 L_r 的谐振作用,钳位电容 C_c 两端的电压被钳制在 $2(U_i/n - U_o)$(n 为变压器变比),$u_{AB} = U_i$,$i_P = I_o/n$。t_0 时刻,VT_1 关断,变压器漏感加上副边滤波电感(折算至原边)共同与电容 C_1、C_2

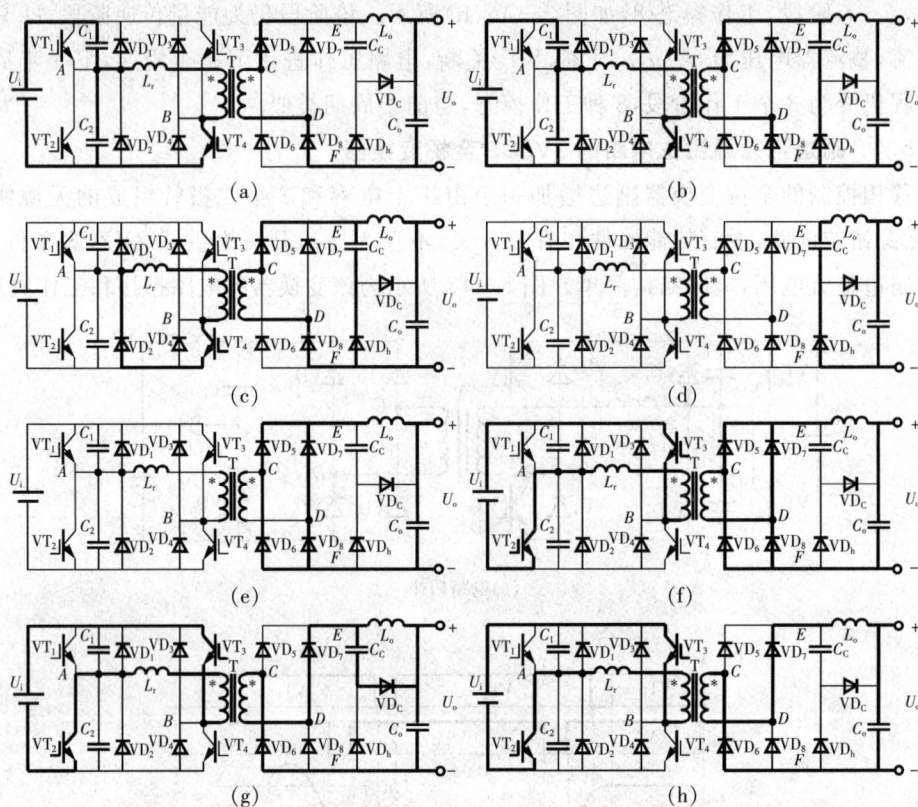

图 5-48 副边采用无源钳位的 ZVZCS 全桥逆变器的各工作过程等效电路

产生谐振，C_1 两端电压上升，C_2 两端电压下降，u_{AB} 线性下降，副边整流器电压按相同速度下降，该阶段 u_{AB} 按式(5-62)的规律下降为：

$$u_{AB}(t) = U_i - \frac{I_o/n}{C_1 + C_2} t \tag{5-62}$$

t_1 时刻，副边整流器电压下降到等于 u_{C_c}，VD_h 开始导通，进入下一工作阶段。

(2) $t_1 \sim t_2$ 阶段，工作模式 2，如图 5-48(b)所示。t_1 时刻，VD_h 导通，副边整流器电压与 C_c 两端电压同步下降，下降速度较缓慢，而 u_{AB} 的下降速度与原来基本相同，u_{AB}、u_{C_c} 和 i_P 按式(5-63)~式(5-65)的规律变化，即

$$u_{AB}(t) = \frac{I_o/n}{\omega_a} \left(\frac{1}{\omega_a^2} - \frac{1}{C_{12}} \right) \sin(\omega_a t) - \frac{I_o/n}{\omega_a^2} t + 2u_{L_o} \tag{5-63}$$

$$i_P(t) = I_o/n \left(1 - \frac{C_{12}}{\omega_a^2} \right) \cos(\omega_a t) + \frac{C_{12}}{\omega_a^2} I_o/n \tag{5-64}$$

$$u_{C_c}(t) = \frac{I_o C_{12}}{C_C \omega_a^2} \sin(\omega_a t) + \frac{I_o C_{12}}{C_C \omega_a^2} t + 2u_{L_o} \tag{5-65}$$

其中
$$\omega_a = \sqrt{\frac{C_C + n^2 C_{12}}{L_r C_C C_{12}}}, \quad C_{12} = C_1 + C_2$$

t_2 时刻，u_{AB} 下降到零，VD_2 开始导通，电路进入下一阶段，工作模态 3。

（3）$t_2 \sim t_3$ 阶段，工作模态 3，如图 5-48(c) 所示。t_2 时刻，VD_2 导通，电路进入续流阶段，VT_2 两端电压被钳制为零，这时开通 VT_2，则 VT_2 零电压开通，副边整流器电压钳位在 u_{C_C} 继续下降，该电压反射到原边加在漏感上，使原边电流下降。假设上一阶段结束时，原边电流和副边整流电压分别为 I_a 和 U_a，则 i_P 和 u_{C_C} 将分别按式(5-66)和式(5-67)的规律变化，即

$$i_P(t) = (I_a - I_o/n)\cos(\omega_b t) + \frac{n U_a}{Z_a}\sin(\omega_b t) + I_o/n \tag{5-66}$$

$$u_{C_C}(t) = (I_a/n - I_o/n^2)\sin(\omega_b t) + U_a\cos(\omega_b t) \tag{5-67}$$

其中
$$Z_a = n\sqrt{L_r/C_C}, \quad \omega_b = n/\sqrt{L_r C_C}$$

t_3 时刻，原边电流下降到零，电路进入下一工作阶段。

（4）$t_3 \sim t_4$ 阶段，工作模态 4，如图 5-48(d) 所示。t_3 时刻，原边电流下降到零，并维持为零。假设上一阶段结束时，副边整流电压为 U_β，则负载电流通过 VD_h 使 C_C 两端电压 u_{C_C} 按式(5-68)的规律下降，即

$$u_{C_C}(t) = -\frac{I_o}{C_C}t + U_\beta \tag{5-68}$$

t_4 时刻，u_{C_C} 下降到零，整流器电压亦下降到零，这时 $VD_5 \sim VD_8$ 导通，为负载电流提供续流回路，电路进入下一工作阶段。

（5）$t_4 \sim t_5$ 阶段，工作模态 5，如图 5-48(e) 所示。该阶段，原边电流仍为零，负载电流通过 $VD_5 \sim VD_8$ 续流，第 4 阶段与第 5 阶段，原边电流均为零，在这期间 VT_4 零电流关断，t_5 时刻，VT_3 导通，电路进入工作模态 6。

（6）$t_5 \sim t_6$ 阶段，工作模态 6，如图 5-48(f) 所示。t_5 时刻，VT_3 导通，由于漏感的作用，原边电流不能突变，VT_3 为零电流开通，负载电流仍通过 $VD_5 \sim VD_8$ 续流，相当于变压器副边短路，电源电压 U_i 全部加在漏感 L_r 上，原边电流以 U_i/L_r 的速率线性增大。

$$i_P(t) = \frac{U_i}{L_r}t \tag{5-69}$$

t_6 时刻，原边电流上升至 I_o/n，即副边电流上升到 I_o 时，VD_5、VD_8 关断，电路进入下一阶段，工作模态 7。

（7）$t_6 \sim t_7$ 阶段，工作模态 7，如图 5-48(g) 所示。t_6 时刻，原边电流 i_P 上升至 I_o/n，随后 i_P 继续增大，因为，该阶段 U_i 在一方面提供负载电流，同时通过 VD_C 给钳位电容充电，这时整流器电压被钳位在 $U_o + u_{C_C}$，经过一段时间后，i_P 开始下降。t_7 时刻，i_P 下降至 I_o/n，$i_C = 0$，电容电压达最大值，VD_C 关断，整流器电压为 U_i/n，随后电路进入下一工作阶段。

$$i_P(t) = I_o(1 - \cos(\omega_b t))/n - \frac{U_i - nU_o}{Z_a}\sin(\omega_b t) + I_o/n \qquad (5-70)$$

$$i_{C_c}(t) = I_o - i_P(t) \qquad (5-71)$$

$$u_{C_c}(t) = U_i(1 - \cos(\omega_b t))/n + Z_a I_o \sin(\omega_b t)/n^2 \qquad (5-72)$$

(8)$t_7 \sim t_8$阶段,工作模式 8,如图 5-48(h)所示。该阶段为能量传递阶段,U_i只提供负载电流,整流器电压为U_i/n,t_8时刻,VT$_2$关断,电路工作进入下一半周期,下一半周期的工作过程仍分为 8 个工作阶段,8 种工作模式,与前半周期类似。

为了减小原边电压过零期间的原边环流和副边二极管的电压应力,人们提出了一种副边带能量恢复缓冲电路和改进的能量恢复缓冲电路,如图 5-49 所示。

图 5-49(a)所示的能量恢复缓冲电路的工作原理大致是:在变压器原边电压过零期间,存储在缓冲电容(C_{C_1}、C_{C_2})中的能量开始释放。由于缓冲电容放电,整流二极管 VD$_5$ 和 VD$_6$反偏,使得变压器副边绕组开路,原边和副边的电流都为零,从而减小了续流期间的环流。因为在 VT$_1$、VT$_4$ 或 VT$_2$、VT$_3$ 导通期间,能量恢复缓冲电路提供了通过变压器副边、C_{C_1}、VD$_{C_1}$ 和 C_{C_2} 的一个低阻抗回路,从而实现副边整流二极管(VD$_5$、VD$_6$)和续流二极管(VD$_7$)的零电压开关。但是,由于缓冲电容和变压器漏抗构成了串联谐振电路,谐振过程中,缓冲电容被充电到$2U_i/n$,从而使副边发生过电压,增加了整流管的电压应力。

图 5-49(b)所示的简单的能量恢复缓冲电路可以减小环流和副边钳位电压,但不能实现变换器副边的软开关。因为串联谐振发生在变压器漏抗 L_r、缓冲电容 C_{C_1}、缓冲二极管 VD$_{C_1}$ 和输出滤波电容 C_o 之间,因此在 VT$_1$、VT$_4$ 或 VT$_2$、VT$_3$ 导通期间,由于反向恢复特性,使得 VD$_5$、VD$_6$ 和 VD$_7$ 产生额外的损耗和开关噪声。

图 5-49(c)所示的改进的能量恢复缓冲电路只是在图 5-23(a)的基础上增加了一个二极管 VD$_{C_2}$,基本原理相同,但是副边整流电压峰值降到($U_i/n+U_o$),大大降低了整流二极管的电压应力,同时实现了副边整流二极管(VD$_5$、VD$_6$)和续流二极管(VD$_7$)的零电压开关,减小了二极管的反向恢复损耗和寄生振荡。

图 5-49(d)所示的是通过在副边增加一个变压器的辅助绕组,实现原边电流的复位。在能量传递期间通过变压器辅助绕组对钳位电容充电,当 VT$_1$ 关断时,原副边电压均下降,当下降到钳位电压 U_{C_c} 时,VD$_h$ 开通,整流电压随钳位电压变化而变化,即副边电压下降比原边电压慢,原边电压和副边电压反射值的差额加到漏感两端,使得电流迅速复位。

图 5-49(e)所示的为带耦合输出电感的 ZVZCS 全桥变换器,该电路同样不需增加任何谐振元件和有源开关。工作原理与增加变压器辅助绕组的变换器相似,副边整流二极管的电压应力和传统的全桥变换器相同,而且对电容 C_c 的环流随着负载变化自动调整,保证了宽负载范围内的高效率。

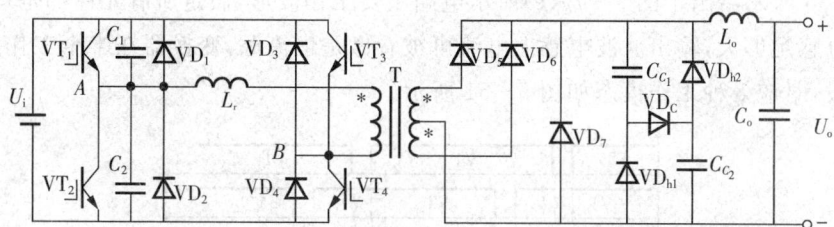

（a）带能量恢复缓冲电路的 ZVZCS 全桥变换器

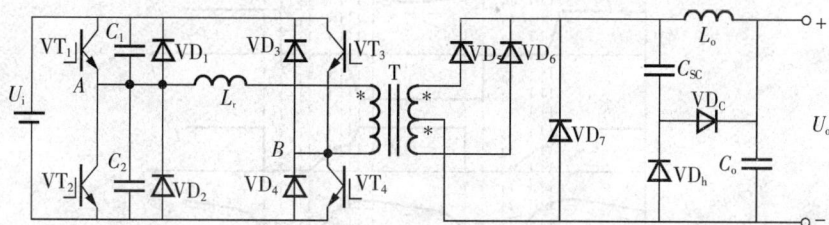

（b）带简单的能量恢复缓冲电路的 ZVZCS 全桥变换器

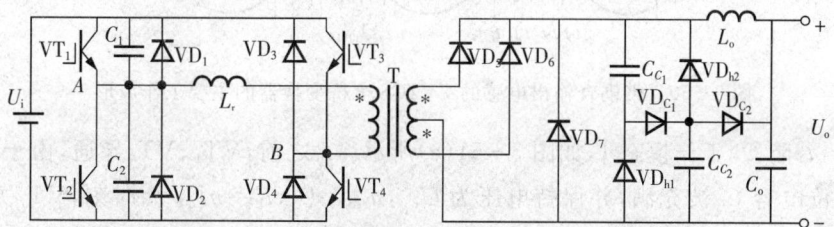

（c）带改进的能量恢复缓冲电路的 ZVZCS 全桥变换器

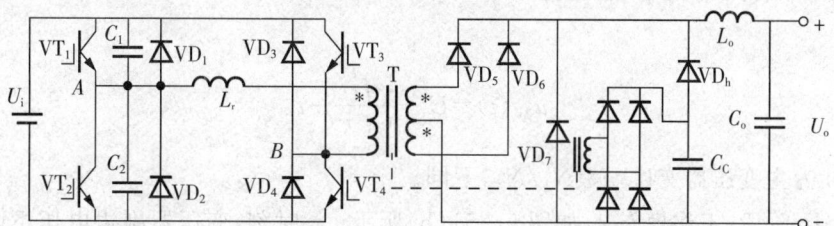

（d）利用变压器辅助绕组来实现原边电流的复位的 ZVZCS 全桥变换器

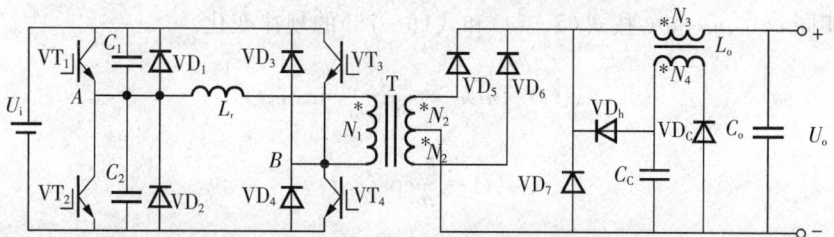

（e）带耦合输出电感的 ZVZCS 全桥变换器

图 5-49 几种常见的副边带无源钳位电路的 ZVZCS 全桥变换器的电路拓扑

图5-50所示给出了图5-49(e)所示电路主要工作波形,假定所有元件都是理想的,且输出滤波电感足够大,输出滤波电感上电流可被看做是恒流源,变换器在半个工作周期可分成8个阶段,对应8种工作模态如图5-51所示。

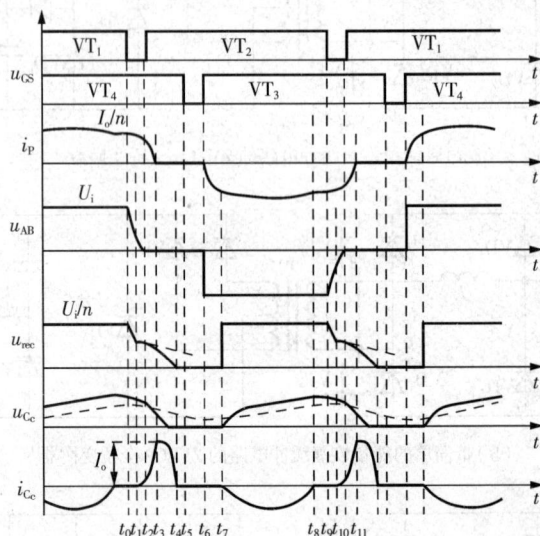

图5-50 带耦合输出电感的ZVZCS全桥变换器的主要工作波形

(1)$t_0 \sim t_1$阶段,工作模态1,如图5-51(a)所示。t_0之前,VT_1、VT_4导通,由于耦合电感的作用,钳位电容C_c被充满,并保持电压为U_{C_c},$u_{AB}=U_i$,$i_P=nI_o$。t_0时刻,VT_1关断,变压器漏感加上副边滤波电感(折算到原边)共同与电容C_1、C_2产生谐振,C_1两端电压上升,C_2两端电压下降,u_{AB}线性下降,副边整流器电压按相同速度下降,该阶段u_{AB}按式(5-73)的规律下降,即

$$u_{AB}(t)=U_i-\frac{I_o/n}{C_1+C_2}t \tag{5-73}$$

其中n为主变压器变比,$n=N_1/N_2$,下同。

(2)$t_1 \sim t_2$阶段,工作模态2,如图5-51(b)所示。t_1时刻,变压器副边电压下降到U_{C_c},VD_h导通,副边整流器电压与C_c两端电压同步下降,下降速度较缓慢,而u_{AB}的下降速度与原来基本相同,u_{AB}、u_{C_c}和i_P按式(5-74)和式(5-75)的规律变化。

$$u_{AB}(t)=nU_{C_c}-\frac{I_o}{nC_{12}\omega_a}\sin(\omega_a t) \tag{5-74}$$

$$i_P(t)=\frac{I_o}{n}\cos(\omega_a t) \tag{5-75}$$

其中 $\omega_a=1/\sqrt{L_r C_{12}}$, $C_{12}=C_1+C_2$

t_2时刻,u_{AB}下降到零,VD_2开始导通,电路进入下一工作阶段。

(3)$t_2 \sim t_3$阶段,工作模态3,如图5-51(c)所示。t_2时刻,VD_2导通,电路进入续流阶段,

VT_2 两端电压被钳制为零,这时开通 VT_2,则 VT_2 零电压开通,副边整流器电压钳位在 u_{C_c} 继续下降,该电压反射到原边加在漏感上,使原边电流下降,假设上一阶段结束时,副边整流电压为 U_a,则 i_P 和 u_{rec} 将分别按式(5-76)和式(5-77)的规律变化,即

$$i_P(t) = \frac{I_o}{n} \cos(\omega_b \Delta t_3) - \frac{nU_a}{Z_b} \sin(\omega_b t) \tag{5-76}$$

$$u_{rec}(t) = U_a \cos(\omega_b t) \tag{5-77}$$

其中　　　　　　　$Z_b = n\sqrt{\dfrac{L_r}{C_C}}, \quad \omega_b = \dfrac{n}{\sqrt{L_r C_C}}, \quad \Delta t_3 = t_3 - t_2$

t_3 时刻,原边电流下降到零,电路进入下一工作阶段。

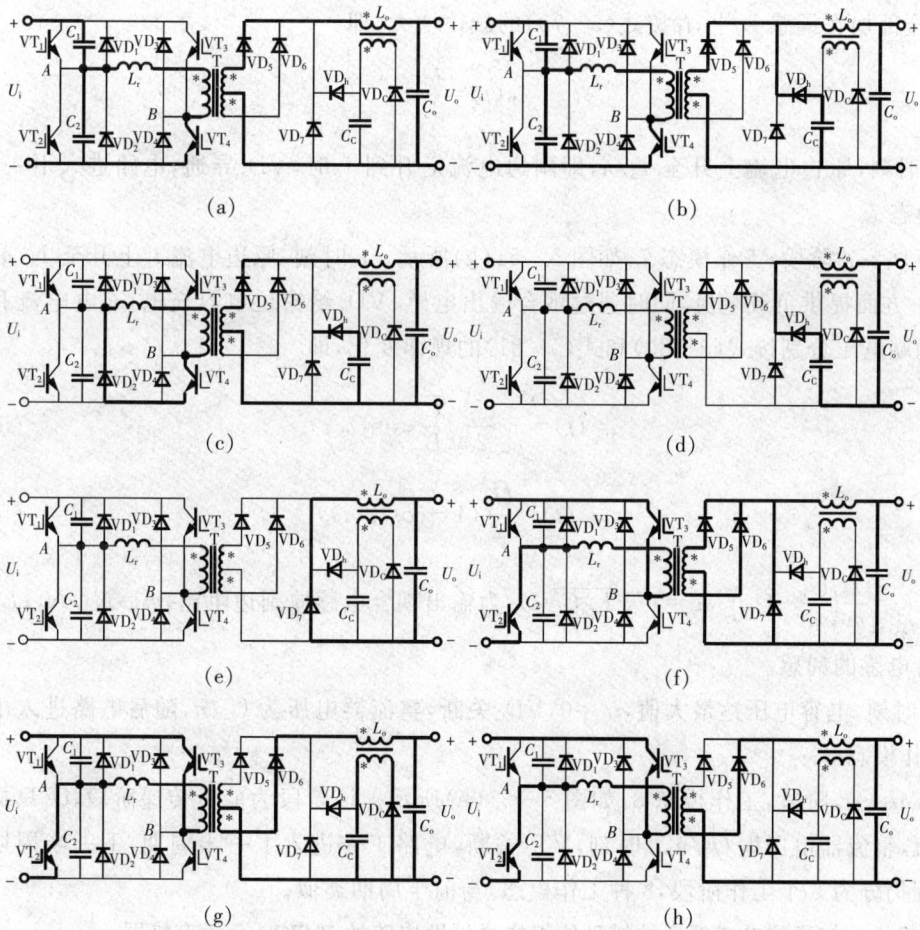

图 5-51　带耦合输出电感的 ZVZCS 全桥变换器各工作阶段

(4) $t_3 \sim t_4$ 阶段,工作模式 4,如图 5-51(d)所示。 t_3 时刻,原边电流下降到零,并维持为零,副边整流二极管关断。假设上一阶段结束时,副边整流电压为 U_β,则负载电流通过 VD_h 使 C_c 两端电压 u_{C_c} 按式(5-78)的规律下降,即

$$u_{C_c}(t) = U_{C_c}\cos(\omega_b \Delta t_4) - \frac{I_o}{C_C}t \qquad (5-78)$$

其中
$$\Delta t_4 = t_4 - t_3$$

t_4时刻，u_{C_c}下降到零，整流器电压亦下降到零，这时 VD$_7$导通，为负载电流提供续流回路，电路进入下一工作阶段。

(5)$t_4 \sim t_6$阶段，工作模态 5，如图 5-51(e)所示。该阶段，原边电流仍为零，负载电流通过 VD$_7$，t_5时刻，VT$_4$零电流关断。$t_5 \sim t_6$期间为滞后臂逻辑延时时间，t_5时刻，VT$_3$导通，电路进入工作模态 6。

(6)$t_6 \sim t_7$阶段，工作模态 6，如图 5-51(f)所示。t_5时刻，VT$_3$导通，由于漏感的作用，原边电流不能突变，这时 VT$_3$为零电流开通，负载电流仍通过 VD$_7$续流，相当于变压器副边短路，U_i全部加在漏感 L_r上，i_P按式(5-79)的规律增大，即

$$i_P(t) = \frac{U_i}{L_r}t \qquad (5-79)$$

t_7时刻，原边电流上升至 I_o/n，即副边电流上升到 I_o时，VD$_5$导通，电路进入下一阶段，工作模态 7。

(7)$t_7 \sim t_8$阶段，工作模态 7，如图 5-51(g)所示。t_7时刻，原边电流 i_P上升至 I_o/n，该阶段 U_i一方面提供负载电流，同时通过耦合输出电感、VD$_C$给钳位电容充电，充电电流和钳位电容两端电压分别按式(5-80)和式(5-81)的规律变化，即

$$i_{C_c}(t) = -\frac{U_\beta}{2}\sqrt{\frac{C_C}{L_{rs}}}\sin(\omega_c t) \qquad (5-80)$$

$$u_{C_c}(t) = \frac{U_\beta}{2}(1-\cos(\omega_c t)) \qquad (5-81)$$

其中，$U_\beta = \frac{2}{m}\left(\frac{U_i}{n}-U_o\right)$；$\omega_c = 1/\sqrt{L_{rs}C_C}$；$m$ 为输出耦合电感原副边匝比，$m = N_3/N_4$；L_{rs}为输出耦合电感的漏感。

t_8时刻，电容电压达最大值，$i_C=0$，VD$_C$关断，整流器电压为 U_i/n，随后电路进入下一阶段，工作模态 8。

(8)$t_8 \sim t_9$阶段，工作模态 8，如图 5-51(h)所示。该阶段为能量传递阶段，U_i只提供负载电流，整流器电压为 U_i/n，t_9时刻，VT$_2$关断，电路工作进入下一半周期，下一半周期的工作过程仍分为 8 个工作阶段，8 种工作模态，与前半周期类似。

5.5.5 与滤波电感耦合的辅助绕组构成辅助电路的 ZVZCS 全桥变换器

利用与输出滤波电感耦合的辅助绕组构成辅助电路的 ZVZCS 全桥变换器如图 5-52(a)所示，主要工作波形如图 5-52(b)所示。

工作原理如下：变换器输出功率期间，由于辅助绕组 L_c 与滤波电感 L_o 耦合，L_c 两端将产生感应电动势 u_{L_c}，但由于二极管 VD$_C$ 反偏，因此辅助电路中没有电流，原边电流应力保持不

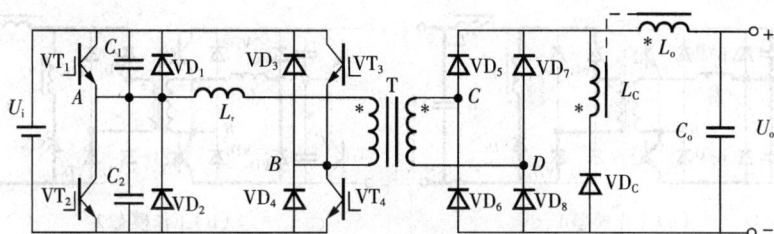

(a)电路拓扑

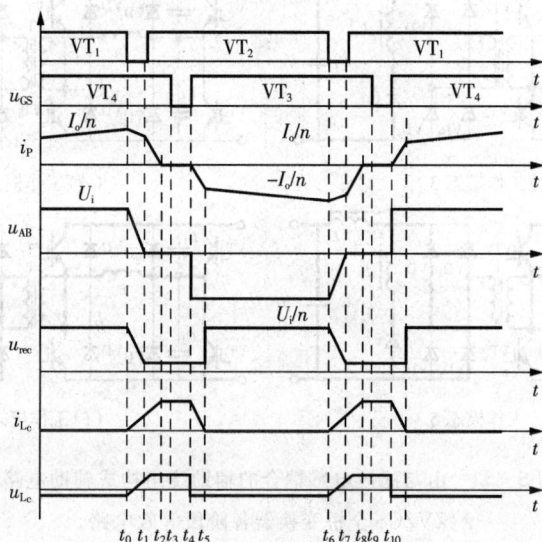

(b)主要工作波形

图 5-52 与滤波电感耦合的辅助绕组构成辅助电路的 ZVZCS 全桥变换器

变。当变换器超前桥臂开关管关断时,副边电压开始减小,L_o进入续流阶段。当L_o两端电压极性变为左正右负时,u_{L_c}的极性翻转。当副边电压进一步下降到满足 VD_C 导通条件时,L_c开始参与续流过程。此时,u_{L_c}反射到原边,构成反向阻断电压源使原边电流 i_P 迅速下降至零,此时开关滞后臂功率管,即可实现零电流开关(ZCS)。这种电路结构简单没有耗能元件和有源开关,不增加原边的电流应力。

假设滤波电感足够大,可等效为恒流源 I_o,滤波电容足够大,可等效为恒压源 U_o,变换器 1/2 开关周期可分为 6 个工作阶段,对应 6 种工作模态如图 5-53 所示。

(1)$t_0 \sim t_1$阶段,工作模态 1,如图 5-53(a)。t_0之前,VT_1、VT_4导通,由于耦合电感的作用,在 L_c 两端形成一个下正上负的电压 U_{L_c},这时,$u_{AB}=U_i$,$i_P=nI_o$。t_0时刻,VT_1关断,变压器漏感加上副边滤波电感(折算至原边)共同与电容 C_1、C_2产生谐振,C_1两端电压上升,C_2两端电压下降,u_{AB}线性下降,副边整流器电压按相同速度下降,该阶段 u_{AB}按式(5-82)的规律下降,即

$$u_{AB}(t)=U_i-\frac{I_o/n}{C_1+C_2}t \tag{5-82}$$

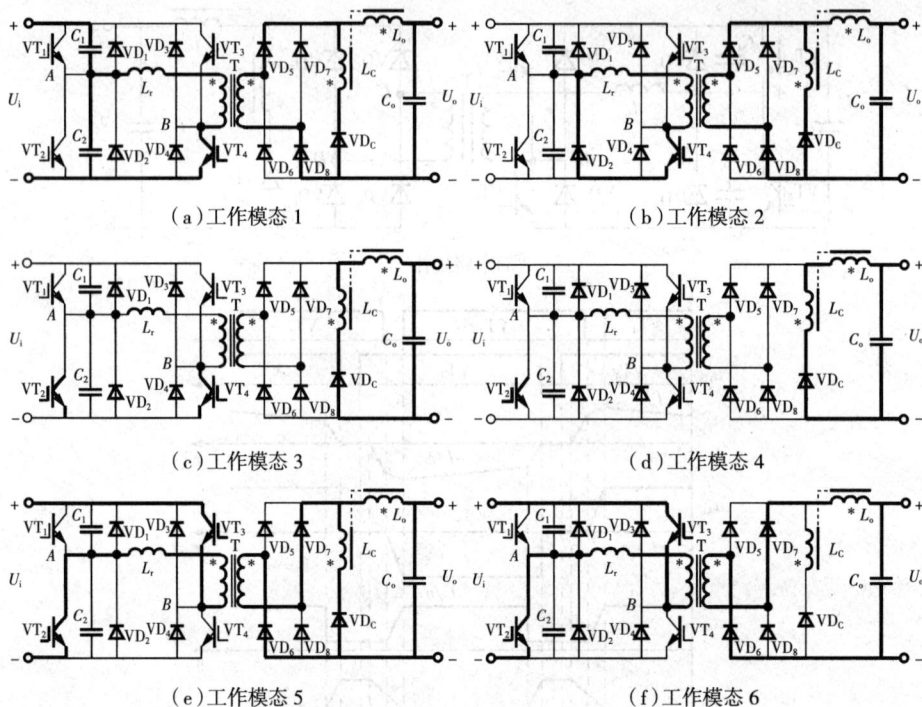

（a）工作模态1　　　　　　　　　　（b）工作模态2

（c）工作模态3　　　　　　　　　　（d）工作模态4

（e）工作模态5　　　　　　　　　　（f）工作模态6

图 5-53　由与滤波电感耦合的辅助绕组构成辅助电路的
ZVZCS 全桥变换器各阶段等效电路

其中 n 为主变压器变比，$n=N_1/N_2$，下同。

随着 u_{AB} 的下降，u_{rec} 也跟着下降，当 u_{rec} 下降到低于 U_o 时，I_o 开始下降，而在 L_C 两端形成一个左负右正（下负上正）的电压 U_{L_c}，VD_C 导通，L_C 开始参与换流。

（2）$t_1 \sim t_2$ 阶段，工作模态2，如图 5-53（b）所示。t_1 时刻，u_{AB} 下降到零，VD_2 导通，负载电流通过 VD_2、VT_4 和变压器原边绕组续流，在这段期间内开通 VT_2，VT_2 零电压开通，电感 L_C 两端的感应电压反射到原边加在漏感 L_r 两端，使原边电流 i_P 快速下降，i_P 按式（5-83）的规律下降，即

$$i_P(t) = \frac{I_o}{n} - \frac{nU_{L_c}}{L_r}t \tag{5-83}$$

t_2 时刻，i_P 下降到零，耦合电感电流上升到 I_o，电路进入下一阶段。

（3）$t_2 \sim t_3$ 阶段，工作模态3，如图 5-53（c）所示。t_2 时刻，i_P 下降到零，耦合电感电流上升到 I_o，整流管 VD_5、VD_8 关断，负载电流通过耦合电感续流，原边没有电流，t_3 时刻，关断 VT_4，则 VT_4 零电流关断，同时，电路进入下一工作阶段。

（4）$t_3 \sim t_4$ 阶段，工作模态4，如图 5-53（d）所示。该阶段，原边电流仍为零，负载电流仍通过耦合电感续流，该期间为滞后臂逻辑延时时间，t_4 时刻，VT_3 导通，电路进入下一工作阶段。

（5）$t_4 \sim t_5$ 阶段,工作模态 5,如图 5-53(e)所示。t_4 时刻,VT_3 导通,由于漏感的作用,原边电流不能突变,这时 VT_3 为零电流开通,i_P 按式(5-84)的规律增大,即

$$i_P(t) = \frac{U_i - nU_{L_c}}{L_r} t \qquad (5-84)$$

同时,耦合电感 L_C 中的电流按相同的斜率下降,t_5 时刻,原边电流上升到等于 I_o/n,i_{L_c} 下降到零,VD_C 关断,电路进入下一工作阶段。

（6）$t_5 \sim t_6$ 阶段,工作模态 6,如图 5-53(f)所示。该阶段为能量传递阶段,U_i 只提供负载电流,整流器电压为 U_i/n,由于耦合电感的作用,在 L_C 两端形成一个左正右负(下正上负)的电压 U_{L_c},VD_C 反偏,辅助电路中没有电流,原边将按照负载电流 I_o 的变化规律缓慢上升。t_6 时刻,VT_2 关断,电路工作进入下一半周期,下一半周期的工作过程仍分为 6 个工作阶段,6 种工作模态,与前半周期类似。

第6章 开关稳压电源的控制电路

伴随着开关电源变换器新拓扑的产生和控制方式的变化,厂家研制出各种新的集成控制电路。市场上有各种型号PWM控制器,常用的型号有单端输出的电流型PWM控制器UC3842/3/4/5、双端输出的电流型PWM控制器UC3846等;双端输出的电压型PWM控制器有SG3524/5、TL494等。软开关谐振控制器UC3861/62/63/64可固定关断时间,UC3865/66/67/68可固定导通时间,MC34066可固定关断时间或固定导通时间,还可以将两种形式组合使用,如移相PWM谐振控制器UC3875等。

另外还有其他的控制器,如PFC控制器UC3854/5、开关电源并联运行时的均流控制器UC3907等。

6.1 CW3524 脉冲宽度调制器

美国硅通用公司生产的SG1524/2524/3524型单片集成脉冲宽度调制器是国外较早出现的品种,它包括了双端输出脉宽调制开关稳压电源所需的各种基本电路。其后美国RCA公司、NC公司以及ST公司等都研制了该产品。SG1524成为早期开关稳压电源常用的脉冲宽度调制器,SG1524列入我国国标集成稳压器的优选品种,其型号为CW1524/2524/3524。CW1524/CW2524/CW3524的工作原理和等效电路是完全相同的,只是其使用环境条件不同。CW1524系Ⅰ类军品,适于−55℃～125℃环境温度,CW2524系Ⅱ类工业品,适于−40℃～85℃环境温度,CW3524系Ⅲ类民品,适于0～70℃环境温度。后面凡有1、2、3字头的产品型号,其所代表的意义相同。

CW3524系采用双极型工艺制作的模拟数字混合电路,它包括输出5V的稳压器、误差放大器、电压比较器、电流限制放大器、振荡器、触发器、2个或非门、2只输出推动管及1只电路关闭用晶体管。它的引脚与功能方框图如图6-1所示。

稳压器是一个典型的小功率串联调整型线性稳压器,输出电压为5V,输出电流为20mA;该电压提供给芯片内的其他部件作为电源电压,同时也提供给比较器作为基准电压。

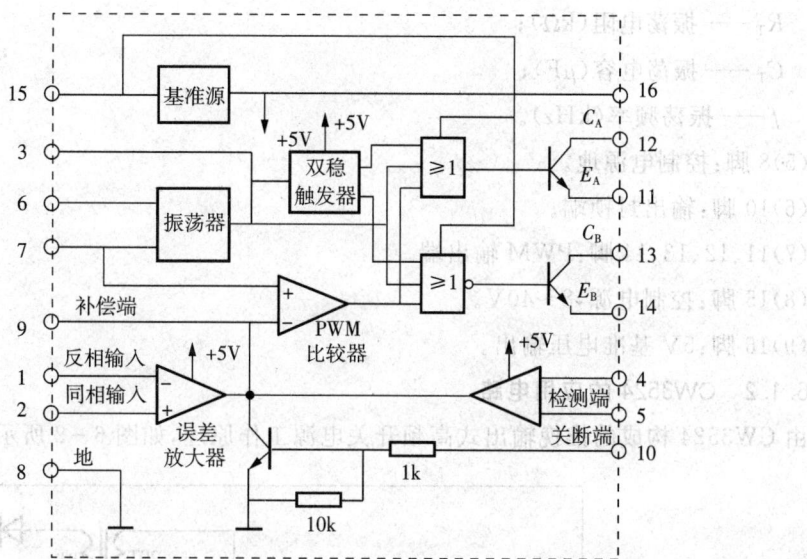

图 6-1 CW3524 引脚及内部框图

6.1.1 CW3524 的引脚功能

CW3524 为 DIP16 封装，SG3524 可以是 DIP16 封装，也可以是 SOP16 封装，具有 16 个引脚功能。

(1)1、2、9 脚:1 脚是误差放大器的反向输入端，2 脚是误差放大器的正向输入端，9 脚为误差放大器的输出端(补偿端)，误差放大器是一个差分放大器，为使放大器能稳定工作，最好在 9 端至地端串入 RC 网络，当然这会在放大器低频段引入一个或多个附加极点。

RC 网络可用一个 100pF 电容和 50kΩ 电阻，在放大器输出端(9 端)还接上了内部关闭电路和电流限制电路。内部关闭电路由晶体管组成控制电平接在基极，并通过 10 脚引出。该放大器像常规运算放大器一样接入反馈电路，无论采用同相端反馈还是反相端反馈，都必须注意放大器的输入共模限制。

(2)3 脚:3 脚为振荡器输出端。

(3)4、5 脚:电流限制控制脚。电流限制电路的控制也接在误差放大器的输出端(9 端)，当 4、5 端之间电位差小于 200mV 时，对放大器输出没有影响；若 4 端电位高于 5 端电位 200mV 时，这样放大器输出电位被拉下来，迫使脉宽调制器输出关闭。恒流限制，4 端和 5 端还可以用在推挽输出式变换电路中用以检测启动电流并短路输出脉冲。

另外一种用法就是将 5 端接地，用 4 端作为附加的关闭端，即输出端将同 4 端分开，并当 4 端为地电位时再接上。图 6-1 给出一种当短路时减小功耗的反馈电流限制网络，这种电路输出电压和电流信号将同时起作用，可使短路电流减至最大输出电流的 1/3。

(4)6、7 脚:6 脚接振荡电阻、7 脚接振荡电容。振荡频率为:

$$f = \frac{1.18}{R_T C_T}$$

$$(6-1)$$

式中 R_T——振荡电阻($k\Omega$)；

C_T——振荡电容(μF)；

f——振荡频率(kHz)。

(5)8 脚:控制电源地。

(6)10 脚:输出封锁端。

(7)11、12、13、14 脚:PWM 输出端。

(8)15 脚:控制电源,8~40V。

(9)16 脚:5V 基准电压输出。

6.1.2 CW3524 的应用电路

由 CW3524 构成的推挽输出式高频开关电源工作原理,如图 6-2 所示。

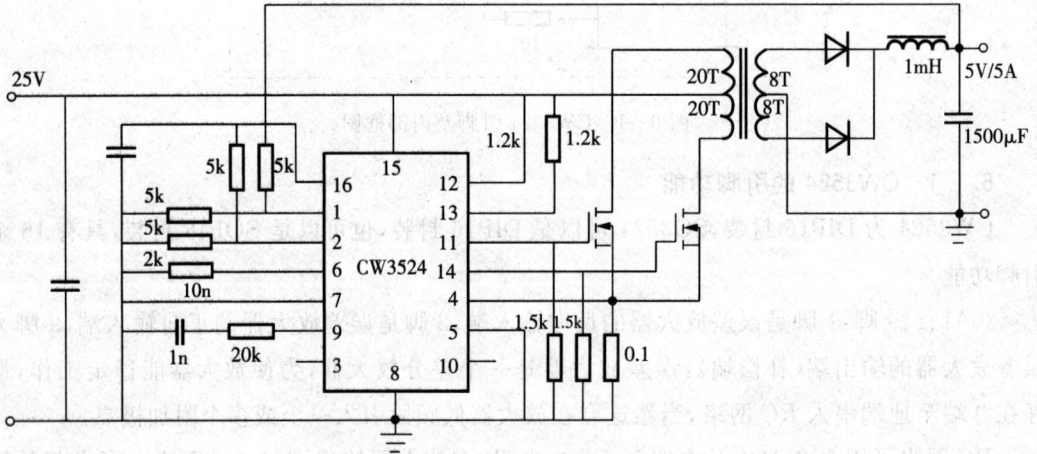

图 6-2 基于 CW3524 的推挽式高频开关电源电路

其次级绕组可根据实际需要设置,图 6-2 所示的电路是一组 5V、5A 输出。

6.2 CW3525A 型脉冲宽度调制器

随着半导体技术的发展,MOS 型功率晶体管发展非常迅速,V-MOS 功率管和 D-MOS 功率管具有高耐压、低驱动功率、好的频率响应、极短的开关时间,这些都使得它在很多方面取代双极晶体管。开关电源中采用 MOS 功率管作高压开关元件后,可使工作频率从 20kHz 上升到 200kHz 以上。美国硅通用公司设计了适用于高频功率 MOS 管驱动的第二代集成电路脉冲宽度控制器 SG3525A,适于驱动 N 沟道 MOS 功率管,驱动 P 沟道 MOS 功率管的型号为 SG3527A,除输出部分略有不同,其他部分工作原理是完全相同的。我国国家标准分别为 CW3525A 和 CW3527A。

CW3525A 的方框原理图如图 6-3 所示,它是在 CW3524 的基础上改进而来的,克服了原 CW3524 的不足,从而成为第二代集成电路脉冲宽度调制器。

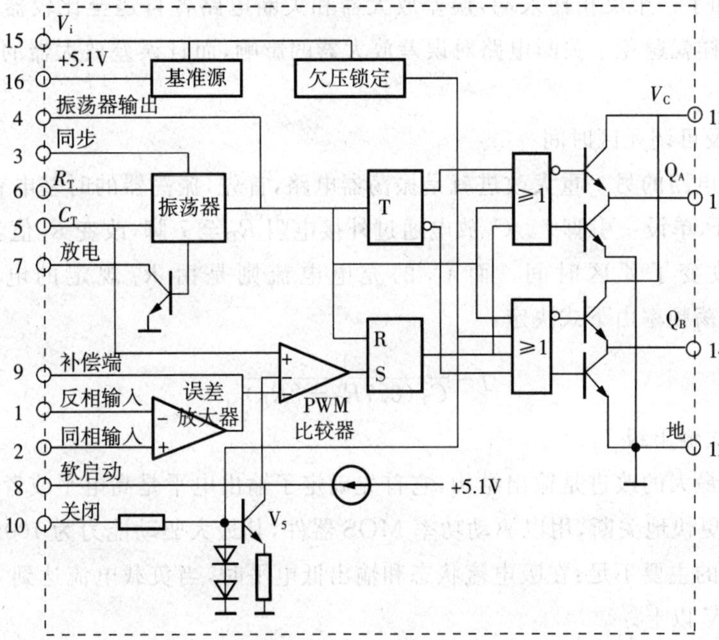

图 6-3 CW3525A 引脚及原理方框图

1. 设置欠压锁定电路,软启动电路

为防止电路在欠压状态下($V_i < 8V$),有效地使输出保持关断状态,CW3525A 电路中新设置了欠压封锁电路。当 $V_i > 2.5V$ 时,欠压锁定电路即开始工作,直到 $V_i = 8V$。当 V_i 达到 8V 之前,电路内部各部分都已进入正常工作状态。而当电压 V_i 从 8V 降低至 7.5V 时,欠压锁定电路又开始恢复工作。

2. 输出限流和关断电路

CW3525A 中除去了 CW3524 中的电流限制放大器,它采用关断控制电路进行限流控制,包括逐个脉冲电流限制和直流输出电流的限流控制。一般将过流脉冲信号送至关闭控制端(10 脚),若 10 脚信号持续时间较短,即使 10 脚信号消失,输出仍将保持关断到由下一个时钟脉冲复位为止。V_5 管导通时,软启动电容 C_{SS} 通过 V_5 放电,如果 C_{SS} 放电没有结束,10 脚的控制信号消失,V_5 立即关闭,则软启动时间将缩短。若 10 脚控制信号时间持续较长,C_{SS} 放电完毕,则软启动电路将重新工作。

3. 基准电压源

CW3525A 中的基准电压源精度提高,其准确度在内部一般控制在 $5.1V \pm 1\%$,免除放大器反馈中的电位器调整。

4. 误差放大器

CW3525A 中的误差放大器电路由 V_{REF} 供电改为输入电 V_i 供电,这样扩展了放大器的共模输入范围和差模输入范围。

5. 脉宽调制比较器

比较器增加了一个反相输入端,误差放大器和关断电路各自送至比较器的信号采用不同的输入端,这样就避免了关断电路对误差放大器的影响,而且误差放大器的输出还取决于其补偿网络。

6. 振荡器及可调死区时间

CW3525A 电路的另一重大改进就是振荡器电路,首先,振荡器的时基电容 C_T 放电电路与充电电源分开,单设一引脚 7。C_T 放电通过外接电阻 R_D 至 7 脚,改变 R_D 值就可改变 C_T 的放电时间,也改变了死区时间。而 C_T 的充电电流则是由 R_T 规定的电流源决定的。CW3525A 的振荡频率由下式决定:

$$f = \frac{1}{C_T(0.7R_T + 3R_D)} \tag{6-2}$$

7. 图腾柱式输出级

CW3525A 最大的改进是输出结构,它首先确定了输出电平是高电平或者是低电平。其次,它可使输出更快地关断,用以驱动功率 MOS 器件,其最大驱动能力为 100mA。

CW3525A 的主要不足:在吸电流状态和输出低电平时,当负载电流达到 50mA,压降将从 0.5V 升至 1V 以上。

CW3527A 与 CW3525A 的主要区别就在于输出极,其输出平时为高电平,当有信号时,变为低电平,所以它适合于驱动 PMOS 功率管。

6.3 TL494 型脉宽调制器

TL494 和 TL495 是美国德克萨斯仪器公司的产品,作为双端输出类型的脉冲宽度调制器,其功能比 CW3525A/27A 更强。其电路功能如图 6-4 所示,国标规定为 CW494。

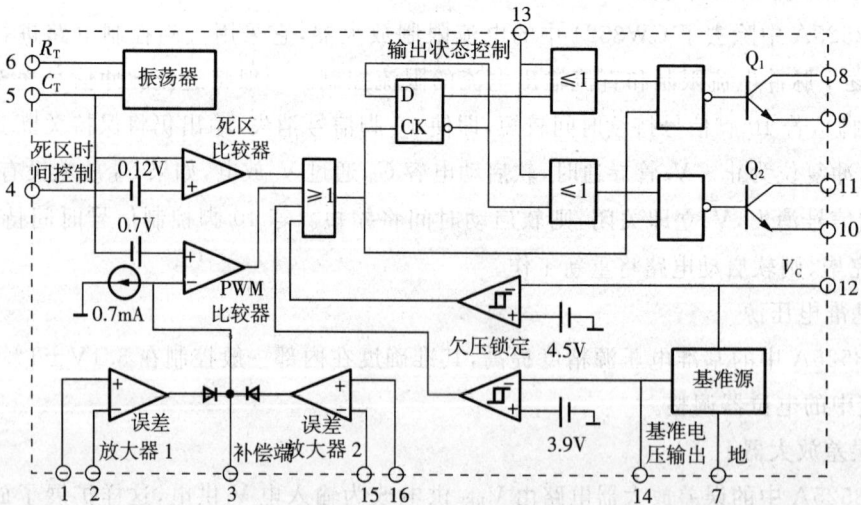

图 6-4　TL494 型脉宽调制器等效方框图

TL494 中有一个独立的死区时间比较器,控制比较器输入端(4 脚)的电位,除可以改变调制器的死区时间之外,还可以用它设计电源的软启动电路,或者欠压保护电路。CW494 中的 2 个误差放大器可以分别控制输出电压 V_o 稳定和作输出过电流保护一类的功能。

输出方式控制端(13 脚),控制 TL494 的应用方式。当该端为高电平时,两路输出分别由触发器的 Q 和 $\overline{Q}$ 端控制,形成双端输出式;当 13 脚为低电平时,触发器失去作用,两路输出同时由 PWM 比较器后的或门输出控制,同步工作。两路并联输出时,输出驱动电流较大(达 400mA)。

6.3.1 TL494 管脚功能

TL494 大多为 DIP 封装形式,也有 SMD 和 SOP 封装形式,对 DIP 封装,有 16 个引脚,各引脚功能说明如下:

(1)1、2 脚分别为误差比较放大器的同相输入端和反相输入端。

(2)3 脚为控制比较放大器和误差比较放大器的公共输出端,输出时表现为或输出控制比较特性,也就是说在 2 个放大器中输出幅度大者起作用。当 3 脚的电平变高时,TL494 送出的驱动脉冲宽度窄,当 3 脚的电平低时,驱动脉冲的宽度变宽。

(3)4 脚死区电平控制端,从 4 脚加入死区控制电平可对驱动脉冲的最大宽度进行控制,使其不超过 180°,这样可以保护开关电源电路中的开关管。

(4)5、6 脚分别用于外接振荡电阻和电容。

(5)7 脚接地。

(6)8、9 脚和 11、10 脚分别为 TL494 内部末级 2 个输出三极管的集电极和发射极。

(7)12 脚为电源供电端,7~40V。

(8)13 脚为功能控制端。此脚接高电平时,Q_1、Q_2 互补输出;此脚为低电平时,输出相同的脉冲。

(9)14 脚为内部 5V 基准电压输出端。

(10)15、16 脚分别为控制比较放大器的反相输入端和同相输入端。

6.3.2 TL494 工作原理

TL494 内部设置了线性锯齿波振荡器,5 脚和 6 脚为振荡频率设定端,振荡频率可由 2 个外接元件 R_T 与 C_T 来调节。振荡频率为:

$$f_{osc} = \frac{1.1}{R_T C_T} \qquad (6-3)$$

TL494 的 1、2 和 16、15 脚分别为 2 个误差放大器的同相向和反相输入端,2 个误差放大器可构成电压反馈调节器和电流反馈调节器,分别控制输出电压的稳定和输出过流的保护,3 脚为 2 个放大器公共输出端,也称补偿端。使用时可以将反馈信号接入这些脚,通过调节每个脉冲占空比来稳定输出电压或进行各种保护。由于 2 个放大器的输出通过二极管之后才连接在公共补偿端 3 脚,因此 2 个放大器有一个优先问题,不能同时作为调节用,只能一个作为调节,一个作为保护。设置了 $5V \pm 1\%$ 的电压基准,它的死区时间可调节;输出形式可单端,也可以双端,一般是作为双端输出类型的脉宽调制器(PWM)。TL494 功能强于 SG3525。

输出脉冲的宽度调制,是通过电容器 C_T 上的正极性锯齿波电压与其他 2 个控制信号电压进行比较来实现的。激励输出管 Q_1 和 Q_2 的"或非"门工作状态,只有在双稳态触发器的时钟输入为低电平时才选通。这种情形只有在锯齿波电压大于控制信号期间里出现。因此,控制信号幅度的增大,将相应地使输出脉冲的宽度线性减小。有关波形的时间关系,如图 6-5 所示。

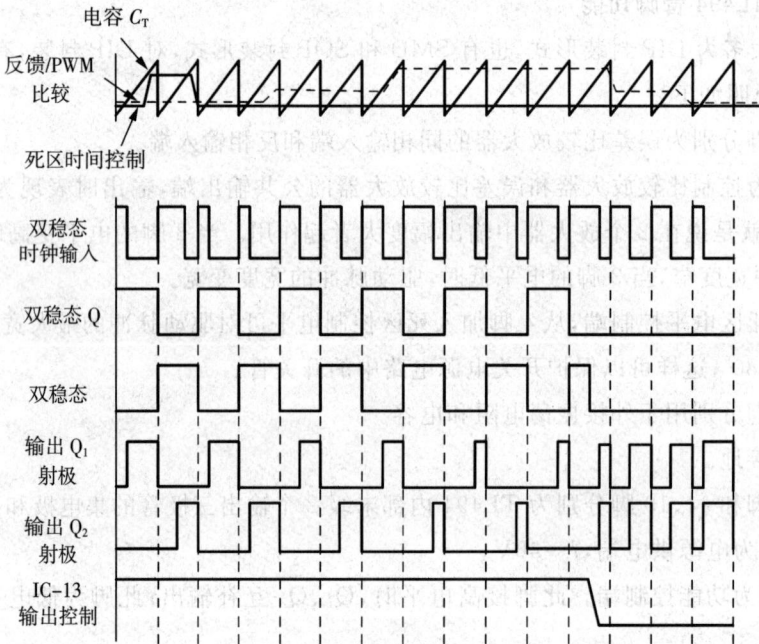

图 6-5 TL494 的脉宽调制控制原理各级工作波形图

控制信号由 IC 外部输入,一路送到死区时间比较器控制端,一路送到两误差放大器输出端,又称 PWM 比较器输入端。死区时间控制比较器具有 120mV 有效输入补偿电压,它限制最小输出死区时间近似等于锯齿波周期时间的 4%。在输出控制接地时,这将使最大占空系数为已知输出的 96%。而在输出接参考电平时,占空比则是给定输出的 48%。

当把死区时间控制输入端,设置在一个固定的电压值时(范围 0~3.3V 之间),就能在输出脉冲上产生附加的死区时间。脉宽调制比较器为误差放大器调节输出脉冲宽度提供了一条途径,例如当反馈电压从 0.5V 变到 3.5V 时,则输出脉宽从被死区时间控制输入端确定的最大导通时间下降到零。

两个误差放大器具有从 $-2.0 \sim -0.3V(V_{cc})$ 的共模输入范围,误差放大器的输出端处于通常的高电平,它与脉宽调制比较器的反相输入端共同进行"或"运算。

由于这种电路结构只需最小输出的放大器即可支配控制回路,其输入与输出控制功能为:当 13 脚接地时,在 Q_1 和 Q_2 单端 PWM 输出,$f_{out}/f_{osC}=1$;当 13 脚接参考电压 V_{ref} 时,推挽工作,$f_{out}/f_{osC}=0.5$。

当电容器 C_T 放电时,一个正脉冲出现在死区时间比较器的输出端,它对脉冲操纵式双稳态触发器进行计时,并且停止输出管 Q_1 与 Q_2 的工作。如果把输出控制端接到基准参考电压端,那么脉冲操纵式双稳态触发器,将把调制脉冲交替地送往工作在推挽状态的 2 只输出管基极,输出管工作频率等于振荡器频率的 1/2。当工作状态为单端,并且最大占空比小于 50% 时,也可从 Q_1 或 Q_2 得到输出激励脉冲。

在单端工作状态下,当需要有更高的输出电流时,可以把 Q_1 与 Q_2 并联使用,此时 IC-13 脚"输出状态控制"端必须接地,使双稳态触发器不起作用。在这种状态下,输出端的脉冲频率将等于振荡器的频率。

6.3.3　TL494 的特点

(1)内含两路独立的 40V、200mA 输出晶体管;

(2)内置 5V 基准电压,参考电压基准精度高达 1%;

(3)内置双误差放大器;

(4)脉宽及死区时间可方便地改变;

(5)可以单边或双边推挽输出工作;

(6)片内置线性锯齿波振荡器,外置振荡元件仅 2 个(1 个电阻和 1 个电容);

(7)集成了全部的脉宽调制电路。

6.3.4　TL494 的应用

TL494 的典型应用 1 如图 6-6 所示,这是一个单端输出方式,控制端(13 脚)接地。

TL494 的典型应用 2 如图 6-7 所示,这是一个双端输出方式,控制端(13 脚)接 V_{ref}。

TL494 适于制作输出功率较大的开关电源,例如半桥式和全桥式开关电源。

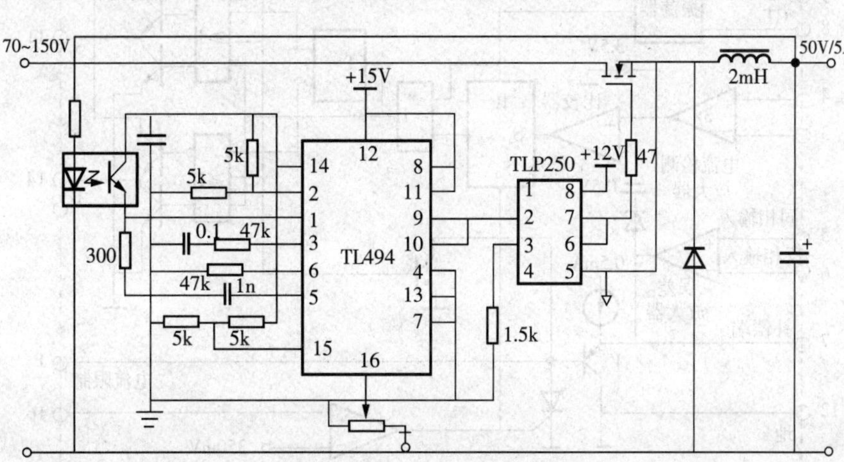

图 6-6　PWM Buck 变换器

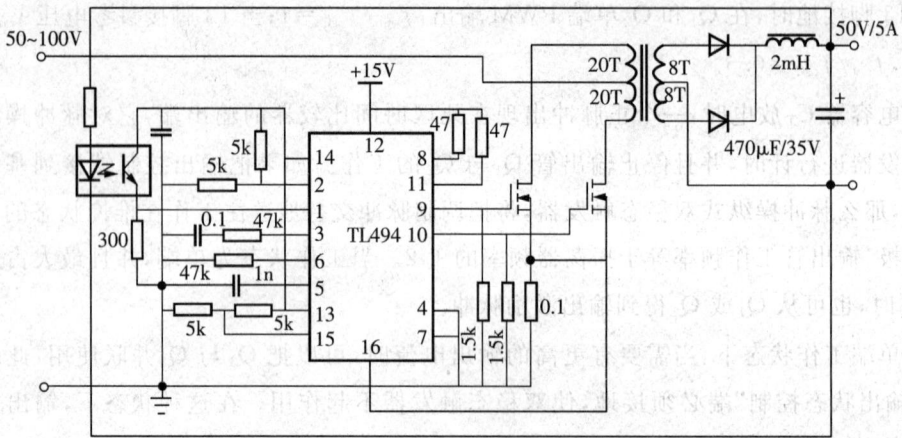

图 6 - 7　PWM 推挽式变换器

6.4　UC3846/3847 电流控制型脉冲宽度调制器

　　开关变换器电流型控制比电压型控制的 PWM 具有许多优点,即自动对称校正、固有的电流限制、简单的回路补偿以及并联工作的能力等特性,本节和下一节将分别介绍 UC3846 及 UC3842 两种电流型控制电路。

　　UC3846 是一种双端输出的电流控制型脉宽调制器芯片,其内部结构如图 6-8 所示,用

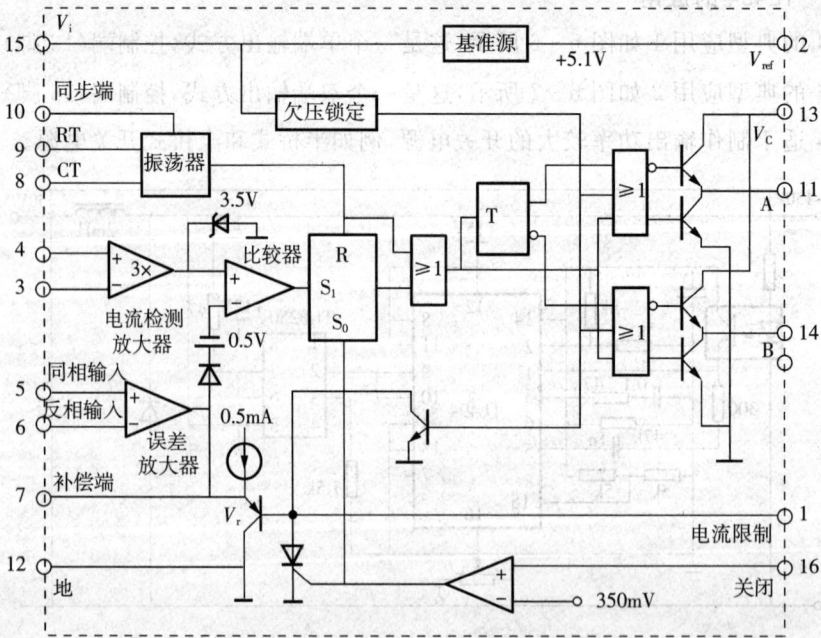

图 6 - 8　UC3846 内部结构框图

于电流型控制的开关电源。与电压型 PWM 控制器相比,它专门设置了一个电流检测放大器,放大倍数为 3。E/A 放大器为误差放大器,输出经二极管和 0.5V 偏压后送至比较器反相端,比较器同相端为 3 倍后的电流检测信号。注意振荡器的锯齿波信号没有输入比较器,为此比较器后增设一个锁存器。关闭信号经与电压相比较后,也送到锁存器,锁存器由锯齿波作为复位时钟脉冲。锁存器的作用与 SG3525A/3527A 相似,同样振荡器也有可变死区时间控制和外同步能力。电流限制 1 端电平可用外电路限定,由它影响误差放大器的电压输出限幅值。基准电压精度达 ±1%,振荡器频率可达 1MHz,因此脉宽调制器 A、B 输出端的工作频率可达 500kHz。

6.4.1 UC3846/3847 的管脚功能

UC3846 大多为双列直插式,有 16 个引脚,各引脚功能说明如下:

(1)1 脚为限流电平设置端,调节该引脚电压可调节误差放大器(E/A)的输出限幅值,从而可以调节变换器输出电流的限幅值;

(2)2 脚为基准电压输出端,$V_{ref}=5.1V$;

(3)3、4 脚分别为电流检测放大器的反相输入端与同相输入端;

(4)5、6 脚分别为误差放大器的同相输入端与反相输入端;

(5)7 脚为误差放大器(E/A)的输出端(补偿端),若使用误差放大器,一般需要在该引脚与误差放大器的反相输入端接反馈补偿网络。

(6)8、9 脚分别为振荡器的外接电容端和外接电阻端,该电阻电容决定振荡器的振荡频率;

(7)10 脚为同步端,当两片 UC3846 需要同步工作时可通过该引脚实现;

(8)11、14 脚分别为两组 PWM 脉冲 A 和 B 的输出端,两组 PWM 信号在相位上互差 180°;

(9)12 脚为控制地;

(10)13 脚为 UC3846 内部末级两个输出功率放大器的电源端;

(11)15 脚为电源供电端,8~40V;

(12)16 脚为输出 PWM 脉冲关闭端,当该引脚电压大于 350mV 时,内部比较器翻转,触发可控硅导通,强迫限流电平设置端 1 脚接地,使误差放大器的输出限幅值被强制成 0.5V,从而封锁 PWM 输出。

6.4.2 UC3846/3847 的工作原理

振荡器的振荡频率由 8、9 脚的外接电容和外接电阻决定:

$$f_{osc}=\frac{2.2}{R_T C_T} \tag{6-4}$$

R_T 值从 1~500 kΩ,C_T 值不能小于 100pF。增大 C_T,增大锯齿波下降时间,即死区增大,一般可选 $C_T=1000pF$。如果多片 UC3846 工作需要同步时,则只要在一个 UC3846 芯片上接 R_T、C_T,并把它的同步端连接到所有 UC3846 的同步端上即可,如图 6-9 所示。

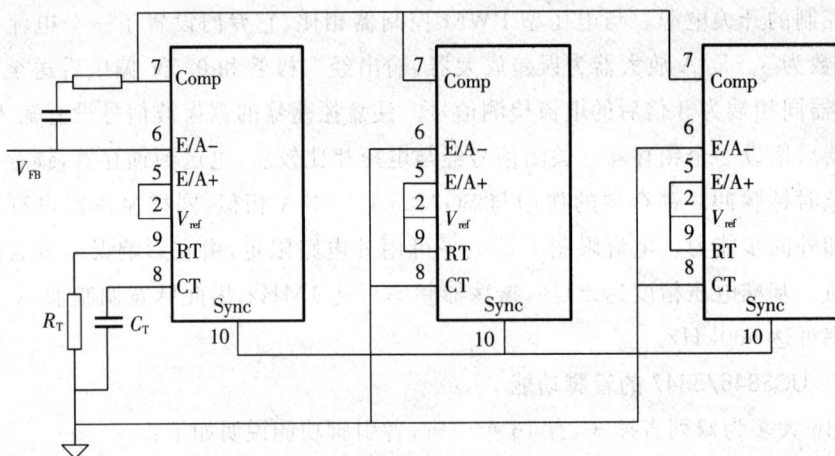

图 6-9 多个 UC3846 同步工作接线图

电流检测放大器输出由内电路限定在 3.5V,因此,电流检测信号输入最大电压值为 3.5V/3≈1.2V 之内。根据 1.2V 数值可以选定电流检测环节参数,当用电阻测定电流时,阻值 $R_S \approx 1.2V/I_{PK}$,I_{PK} 为所要检测的电流峰值。当要检测交流电流时,可以用互感器方法,得到 1.2V 加在 4、3 端。如果所测电流有瞬态尖峰,则应就地加入小时间常数的阻容滤波器进行滤波。UC3846 的电流限制方式是它的突出优点之一,它限制尖峰电流的能力特别强,并且是对每个尖峰波监测限定的。

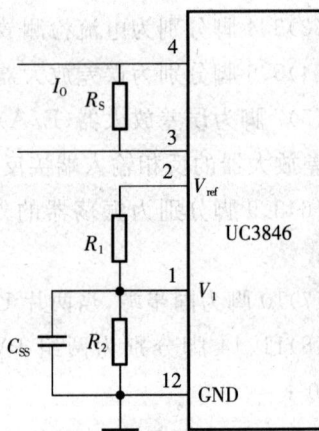

图 6-10 所示为电流检测、限定调整工作原理。V_{ref} 基准电压经电阻 R_1、R_2 分压加到电流限定调整端,$V_1 = V_{ref}R_2/(R_1+R_2)$。当 E/A 误差放大器输出电压 V_1 为 +0.5V 时(0.5V 为 V_r 导通所需的 V_{be} 电压),晶体管 V_r 将导通,从而将 E/A 误差放大器输出电压的 V_1 最

图 6-10 电流检测与限定调整工作原理图

大值限制在 +0.5V。调节电流限制端 1 的电压 V_1 即可调节 E/A 的限幅值,这时即可限制所测电流的最大值。当比较器 +、- 端相等时,比较器输出为零占空比,两路输出全部关闭。相应此时的峰值电流 I_{PK} 为:

$$I_{PK} = \frac{V_1 + 0.5}{3R_S} \tag{6-5}$$

此外,使用时可在图 6-10 中的 R_2 两端并联一个适当的电容 C_{SS},起到软启动的作用。

6.4.3 UC3846/3847 的应用

基于 UC3846 的全桥式高频开关稳压电源的控制电路,如图 6-11 所示。

(a)主电路

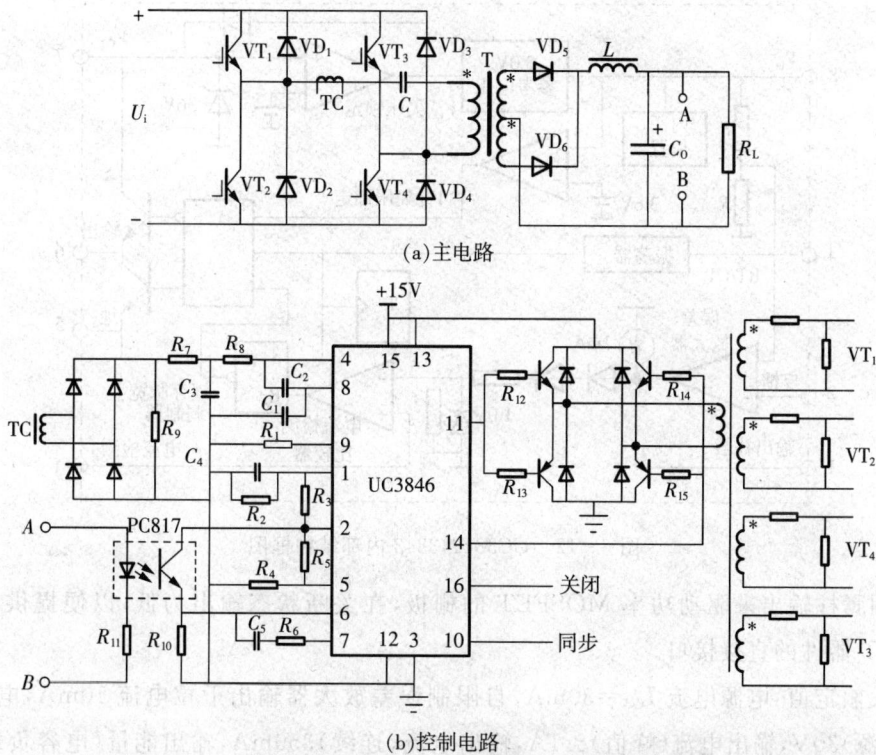

(b)控制电路

图 6-11　基于 UC3846 的全桥式高频开关电源原理图

为了防止主电路中 VT_1 和 VT_2 或 VT_3 和 VT_4 同时导通,要设定开关管都关断的死区时间。死区时间由振荡器的下降沿决定,该电路的死区时间 $t_d = 145C_1[12/(12-3.6/R_1)]$。$C_2$ 组成斜坡补偿网络,以保证控制电路的稳定,C_4 实现软启动。1 脚经电容 C_4 到地,开机后随着电容的充电,当电容电压(1 脚的电位)< 0.5 V 时无脉宽输出,电容电压高于 0.5 V 时才有脉宽输出,并随着电容电压的升高脉冲逐渐变宽,完成软启动功能。对主电路来的反馈电压,由 C_5 及 R_6 和电压误差放大器组成了电压环的 PI 调节器。

6.5　UC3842/3843 电流控制型脉冲宽度调制器

UC3842 是一种单端输出控制电路芯片,其最大优点是外接元件极少,接线很简单,可靠性高,成本极低。UC3842 提供直接进线固定频率开关电源所需的各种改进特性,电流型开关电源具有最小数量外接元件,电流型技术表示改善的线调整率、改善的负载调整率、脉冲-脉冲电流限制和合适的电源输出过流保护等功能,我国国家标准规定为 CW3842,其内部结构如图 6-12 所示。

基准电压在整个温度范围内变化±1%,振荡器放电电流小于 10mA,启动电流小于 1mA,并具有欠压锁定和电流限制电路。

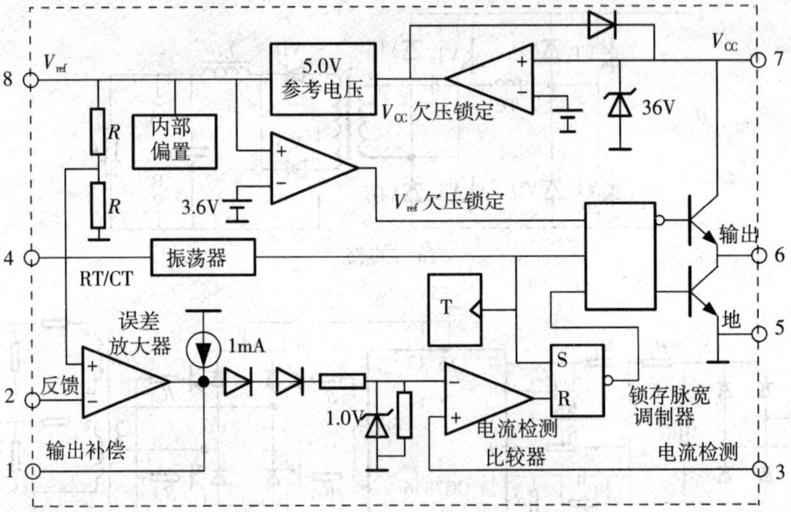

图 6-12 UC3842/3843 内部结构框图

用图腾柱输出来驱动功率 MOSFET 的栅极,在关断状态输出为低,以便提供 N 沟道 MOSFET 器件的直接接口。

最大额定值:电源电流 $I_{cc}=30\text{mA}$,自限制误差放大器输出下拉电流 10mA,电源电压(低阻抗源)30V,输出电流(峰值)±1A,输出电流(连续)350mA,输出能量(电容负载)5μJ,模拟输入(脚 2、3)-0.3~6.3V。

工作结温:密封(J、Y、F 封装)150℃,塑封(N.M.D 封装)150℃,储存温度范围-65℃~180℃,引线温度 300℃。

推荐工作条件(在此范围内器件稳定):电源电压范围 30V,输出电流峰值±1A,输出电流(连续)200mA,模拟输入(2 脚、3 脚)从 0~2.6V,误差放大器下拉电流 5mA,振荡频率范围 0.1~500kHz,振荡器定时电阻(R_T)500Ω≤R_T≤150kΩ,振荡器电容(C_T)1000pF≤C_T≤1μF。

6.5.1 UC3842/UC3843 的管脚功能

1 脚:输出补偿端。该管脚为误差放大器输出,并可用于环路补偿。

2 脚:电压反馈端。该管脚为误差放大器的反相输入端,通常通过一个分压器连接至开关电源的输出,使用内部 E/A 误差放大器构成电压闭环。

3 脚:电流取样端。一个正比于所控电流的电压接至该引脚,利用电流测定、电流测定比较器构成电流闭环。当该引脚电压≥1.0V 时,PWM 控制芯片封锁输出脉冲。

4 脚:RT/CT 端。用于外接振荡电阻和电容,将电阻 R_T 跨接在 4 脚与 8 脚(V_{ref})两端,电容 C_T 接在 4 脚与地之间。

5 脚:接地端。是控制电路与电源的公共地。

6 脚:脉冲输出端。该输出可直接驱动功率 MOSFET,具有 1A 的驱动(拉、灌)能力。

7 脚:电源供电端。启动门限电压为 16V,最低工作电压为 10V。

8 脚:基准电压输出端。该引脚输出 5V 基准电压,具有 50mA 的带载能力,该电源通过 R_T 向 C_T 提供充电电流。

6.5.2 UC3842/3843 的工作特性

多组 $R_T C_T$ 值将给出相同的振荡频率,但是只有一个组合将给出在给定频率下的特定占空比,当 $R_T > 5\text{k}\Omega$ 时,振荡频率为:

$$f_{OSC} = \frac{1.86}{R_T C_T} \qquad (6-6)$$

振荡电阻与振荡电容的接法如图 6-13 所示。

UC3842 的输出可直接驱动小功率的 MOSFET(如图 6-14)和 GTR(如图 6-15)。

在图 6-14 中,RC 低通滤波将消除由功率 MOSFET 寄生参数引起的电流尖刺,其中 R_S 的选择按下式计算:

$$R_S = \frac{1.0}{I_{PK}}$$

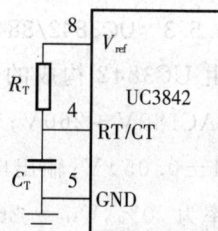

图 6-13 振荡电阻与振荡电容的接法

如图 6-14 所示,串联在 MOSFET 栅极的电阻(R_1)将减小由 MOSFET 输入电容和串联在栅极驱动中的任何电感引起的过冲和振荡。重要的是应用低电感接地通路以便保证集成电路的正常工作,并使接地通路尽可能短。

如图 6-15 所示,UC3842/43 输出级能提供负的基极电流移去功率晶体管(GTR)VT_1 基极电荷,以便快速关断。图中用在电阻 R_2 上并联一个电容 C_1 的方式来实现电阻 R_2 限制在导通期间的基极电流。

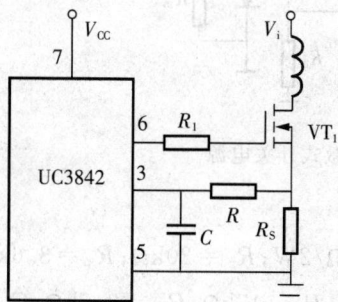

图 6-14 MOSFET 驱动及电流采样电路

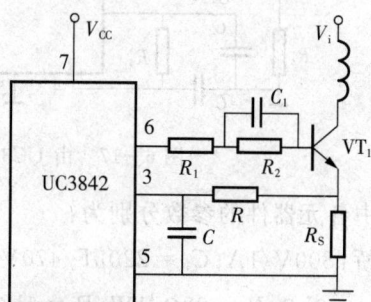

图 6-15 GTR 驱动及电流采样电路

UC3842/43 的输出还可以通过脉冲变压器来驱动功率器件,从而实现主电路与控制电路之间的隔离,如图 6-16 所示。

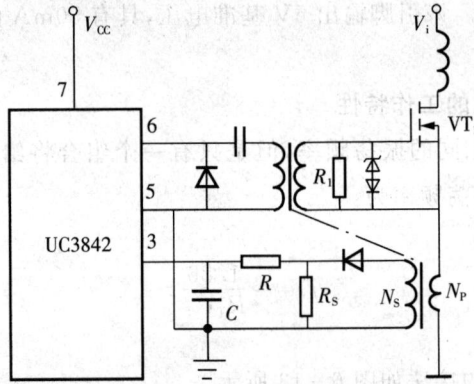

图 6-16 隔离的 MOSFET 驱动电路

6.5.3 UC3842/3843 的应用

由 UC3842 构成的反激式开关电源,如图 6-17 所示。电源的主要指标为:输入线电压 AC180V～260V;输入频率 50Hz;开关频率 40kHz;输出功率最大 25W;输出电压 $5 \times (1 \pm 0.05)$ V;输出电流 2～5A;输入电压调整率 0.01%;负载调整率 8%;$V_{AC} = 180$V 时效率为 70%,$V_{AC} = 260$V 时效率为 65%;输出短路电流 2.5A。

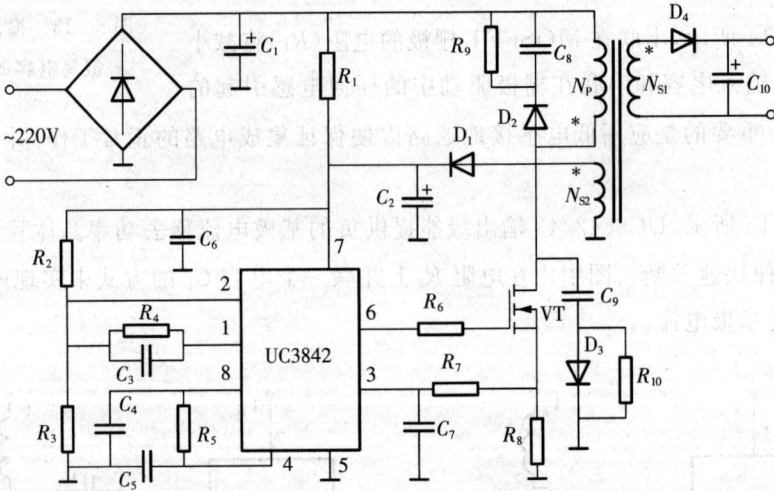

图 6-17 由 UC3842 构成的反激式开关电源

电路中各元器件的参数分别为:

整流桥:800V/1A;$C_1 = 220\mu$F/470V;$R_1 = 100$kΩ/2W;$R_2 = 20$kΩ;$R_3 = 3.6$kΩ;$R_4 = 150$kΩ;$R_5 = 10$kΩ;$R_6 = 22\Omega$/1W;$R_7 = 1$kΩ;$R_8 = 0.5\Omega$;$R_9 = 47$kΩ;$R_{10} = 2.5$kΩ;$C_2 = 10\mu$F/25V;$C_3 = 100$pF;$C_4 = 0.1\mu$F;$C_5 = 0.0047\mu$F;$C_6 = 0.1\mu$F;$C_7 = 470$pF;$C_8 = 0.01\mu$F/1000V;$C_9 = 820$pF/1000V;$C_{10} = 4700\mu$F/10V;D_1 选 FR104;D_2、D_3 选 FR107;D_4 选 USD735(35V/8A 肖特基二极管);VT 可选 4N90,高频变压器磁芯选 EI33,原边绕组匝数为 90 匝,导线截面和为 0.16mm^2,选 26$^{\#}$ AWG,反馈绕组为 10 匝,导线截面和为 0.067 mm^2,选 30$^{\#}$ AWG,

副边绕组 4 匝，选 6 根 26$^\#$ AWG 并绕。

其中，R_1、(C_2+C_6) 构成启动电路，当 7 脚电压超过 15V 时电路启动，然后由 N_{S2}、D_1、C_2 构成的自馈电电路供电，启动电流 <1mA，正常工作电流 15mA 左右。高频变压器和开关管均接有 RCD 缓冲电路，用于吸收尖峰电压防止开关管损坏，一般情况下只需选择其中一种吸收电路即可。R_8 为电流采样电阻，以控制流过开关管的尖峰电流。参考电压输出端和电源输入端分别接 C_4 和 C_6，一般采用瓷片电容来吸收电源上的高频毛刺，以增强电源的抗干扰能力。

6.6　相移脉冲宽度调制器谐振控制器

常用的相移 PWM 谐振控制器主要是 UC3875、UC3876、UC3877、UC3878、UC3879 等，UC3875 的内部结构框图如图 6-18 所示。其特性如下：0～100% 占空比，可编程控制输出导通延迟，电压或电流型拓扑相兼容，开关工作频率最高为 1MHz，4 个 2A 图腾柱输出，频带为 10MHz 的误差放大器，欠压锁定(U_{VLO})，低的软上升电流($150\mu A$)，在 U_{VLO} 期间输出低，具有软启动控制，有全周再启动过流比较门限及可调基准等。

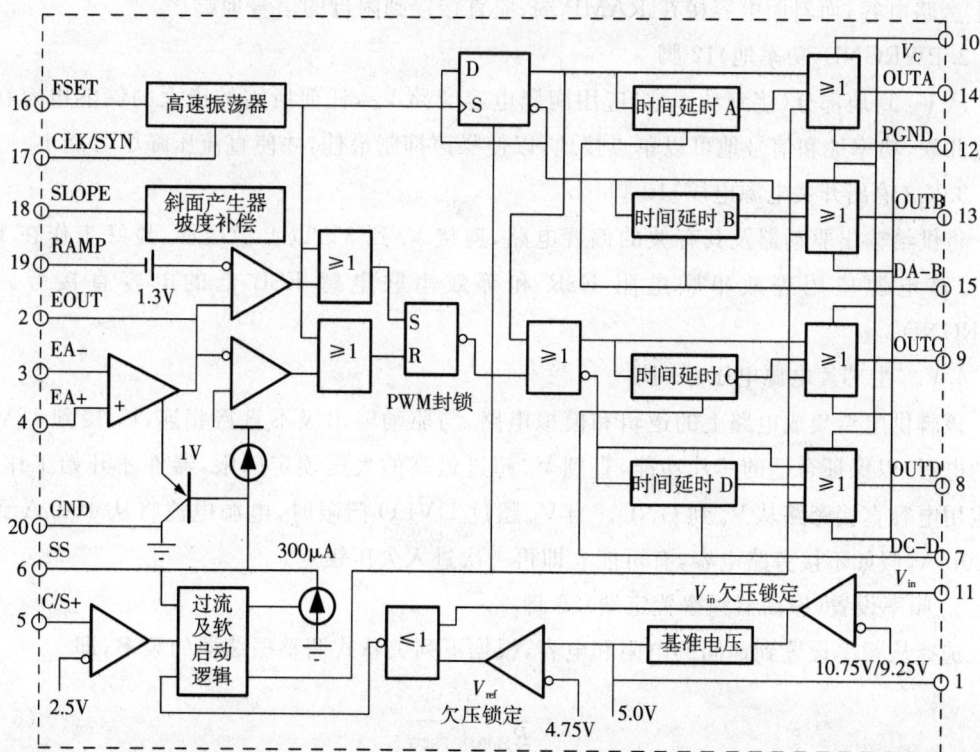

图 6-18　UC3875 内部结构框图

UC3875 集成电路用于一个半桥臂对另一个半桥臂的相移开关实现全桥功率级的控制，

使得固定频率脉宽调制与谐振零电压开关相结合。这种电路可提供电压或电流型控制,具有快速故障保护的功能。在每个输出级开启时插入死区时间,它为谐振开关工作提供了延迟时间,每个输出延迟(A、B和C、D)可以分别控制。振荡器能工作在约2MHz的频率,实际应用的开关频率为1MHz。标准自激振荡,带时钟/同步端,用户可以用这些器件接受外部时钟同步信号。

保护特征包括欠压锁定,保持所有的输出为有效的低态,直到电源达到10.75V门限为止,为了可靠建立1.25V滞后,芯片电源提供过流保护,并且在70ns以内封锁输出,电流故障电路实现全周再启动。

器件封装有很多种,20脚双列直插端短翼SOIC、塑封装PLCC,常用的为双列直插DIP20封装。

最大额定值:电源电压(V_C、V_{in})为20V,输出电流为直流0.5A,脉冲(0.5μs)3A。模拟I/O端(1、2、3、4、5、6、7、15、16、17、18、19脚)−0.3~5.3V。工作结温150℃,储存温度范围−65℃~150℃,引线温度(焊接10s)300℃。

6.6.1 UC3875 的管脚功能

1. GND(信号地)20脚

所有电压都是对GND而言,定时电容接在FREQ端上。在VREF端上旁路电容,在V_{in}上旁路电容,而斜面电容接在RAMP端,应直接接到附近的信号地端。

2. PWRGND(功率地)12脚

从V_C到地部分(接到功率地)应用陶瓷电容旁路V_C,任何所需的庞大的储能电容在这里应并联,功率地和信号地可以单点接地,以使噪声抑制最佳,并使直流压降尽可能小。

3. V_C(输出开关电源电压)10脚

将供给输出驱动器及其有关的偏置电路,连接V_C到3V以上稳压源,最好工作在12V以上,该电源应用等效串联电阻ESR和等效串联电感ESL低的电容直接旁路到PWRGND。

4. V_{in}(主芯片电源电压)11脚

该脚供电给集成电路上的逻辑和模拟电路,与驱动输出级不直接相连,V_{in}接到12V以上的电源,以保证合适的芯片功能,直到V_{in}超过最高的欠压锁定门限,器件才开始工作,这脚应用电容直接旁路从V_{in}到GND。当V_{in}超过UVLO门限时,电源电流将从100μA到超过20mA,假如不接旁路电容,有可能立即再一次进入欠压锁定。

5. 频率设置(振荡器频率置定端)16脚

选择从频率设置到地间的电阻和电容,根据下列关系式调整振荡器的频率,即

$$f = \frac{4}{R_{FREQ}C_{FREQ}} \tag{6-7}$$

6. 时钟同步(双向时钟和同步端)17脚

作为输出,该端提供时钟信号;作为输入,同时又用于同步端,在应用多个器件时,每个

有自身的本振频率,也可用 CLOCK/SYNC 端连接在一起。而按最快的振荡器同步,该端也可以用外部时钟同步该器件,提供高于本振频率的外部信号,在这端上需要接入电阻负载,以减小时钟脉冲宽度。

7. SLOPE(设定斜面斜度及斜度补偿)18 脚

从这端到 V_{CC} 接电阻,将调整用于产生斜面的电流,连接电阻 R_{SLOPE} 到直流输入线电压,将提供电压前馈。

8. RAMP 斜面(电压斜面)19 脚

该端输入到 PWM 比较器,由此到地接入电容,在这点叠加的电压斜面具有斜率:

$$\frac{dV}{dT} = \frac{V_{取样}}{R_{SLOPE}C_{RAMP}} \tag{6-8}$$

电流型控制可以用最小数量的外接电路实现,在这种情况下,该端提供斜度补偿,在下面应用部分可见。由于在斜坡输入和 PWM 比较器之间存在 1.3V 偏移,误差放大器输出电压可能超过有效的斜坡峰值电压,采用合适的 R_{SLOPE} 和 C_{RAMP} 值,可以容易地实现占空比的钳位。

9. E/A OUT(Comp)(误差放大器输出)2 脚

这是反馈控制的增益级,误差放大器输出电压低于 1V 为 0°相移。

10. E/A(-)(误差放大器反相输入端)3 脚

它通常接到与取样电源输出电压相接的电阻分压器上。

11. E/A(+)(误差放大器同相输入端)4 脚

它通常接到基准电压,与 E/A(-)端的取样电源输出电压电平相比较。

12. 软启动 6 脚

当 V_{in} 低于 U_{VLO} 门限,软启动将维持在 GND(地),当 V_{in} 为正常时(假定非故障条件)软启动将用内部 9μA 电流源上升到约 4.8V,在电流故障情况下(C/S+电压超过 2.5V),软启动端将回到地,而斜波电压上升到 4.8V。假如在软启动期间发生故障,输出将立即阻塞,而软启动必须在复位故障门限以前充满。对于并联控制器,软启动端可以并联到单个电容上,并外加充电路。

13. C/S+(电流取样+)5 脚

这是电流故障比较器的同相输入端,其基准内设为固定的 2.5V(从 V_{ref} 分压得到),当该点电压超过 2.5V 时,设置电流故障锁定,输出强迫关断,并且软启动周期初始化,假如同相输入端超过 2.5V 的固定电压,使开关输出阻塞并保持低态,直到 C/S(+)端低于 2.5V 为止。在软启动开始上升以前,输出可开始在开关为 0°相移,这样将保证不过早地传递功率到负载。

14. OUTA-OUTD(输出 A-D)14、13、9、8 脚

图腾柱输出 2A,最适合驱动 MOSFET 栅极,输出略小于 50%的占空比。A-B 用于驱动外部功率级一个半桥支路,并用时钟得到同步,C-D 用于驱动与开关 A-B 具有相移的

另一个半桥支路。输出波形如图 6-19 所示。

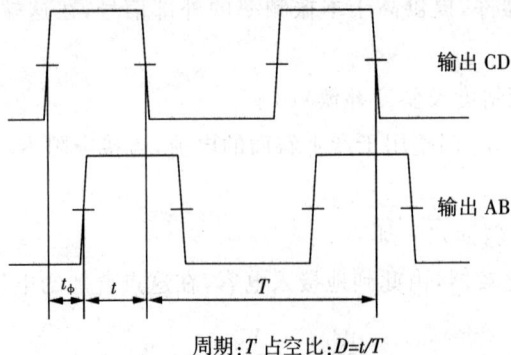

周期:T 占空比:$D=t/T$

图 6-19 UC3875 输出波形

15. 延迟设置 A-B、延迟设置 C-D(输出延迟控制端)15 脚、7 脚

调整该端到地的电流值,可以设置相应输出的导通延迟时间,引入在同一支路桥中一个开关关断和另一个开关导通之间的延迟,提供外接功率开关发生谐振所需的时间,对 2 个半桥提供各自的延迟来适应谐振电容器充电电流的差别。

16. V_{ref} 1 脚

该脚为准确的 5V 电压基准,有 60mA 容量供给周围电路,并且有内部短路电流限制。V_{in} 低于 UVLO 门限电压时,I_{in} 在 600μA 以下,基准电压发生器将关断,故障锁定被复位,软启动端被放电,其他的输出端都保持低电平。当 V_{in} 超过 UVLO 的上门限电压时,基准产生器工作,其余部分维持锁定,直到基准输出 V_{ref} 超过 4.75V 为止,V_{ref} 对地最好外接一个 0.1μF 及 R_{ES} 和 L_{ES} 都很小的滤波电容。

6.6.2 UC3875 的工作特性

UC3875 在实际应用中比较灵活,可根据芯片的电特性构成各种各样的实用电路。

1. 欠压锁定(UVLO)部分

由图 6-18 可知,当电路加入电源时,V_{in} 低于 UVLO 门限电压时,I_{in} 在 600μA 以下,基准电压发生器将关断,故障锁定被复位,软启动端被放电,其他的输出端都保持低电平。当 V_{in} 超过 UVLO 的上门限电压时,基准产生器工作,其余部分维持锁定,直到基准输出 V_{ref} 超过 4.75V 为止。

2. 振荡器

高频振荡器可以工作在自激振荡或者外同步工作中,对于自激振荡工作,以 FREQ 端到地外接电阻电容,如图 6-20 所示。

3. 振荡器同步

振荡器的时钟/同步端可以用于多个 UC3875 同步,简单地将每个 UC3875 的时钟/同步端与其他脚的同步端相连接,如图 6-21 所示。

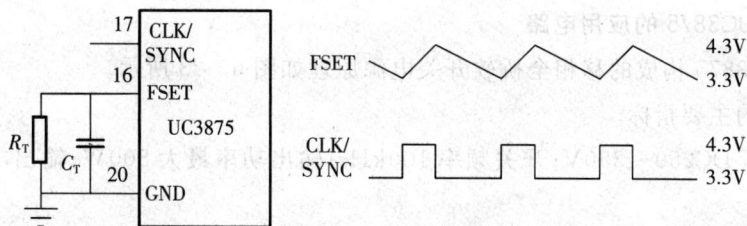

图6-20　振荡器接线图与工作波形

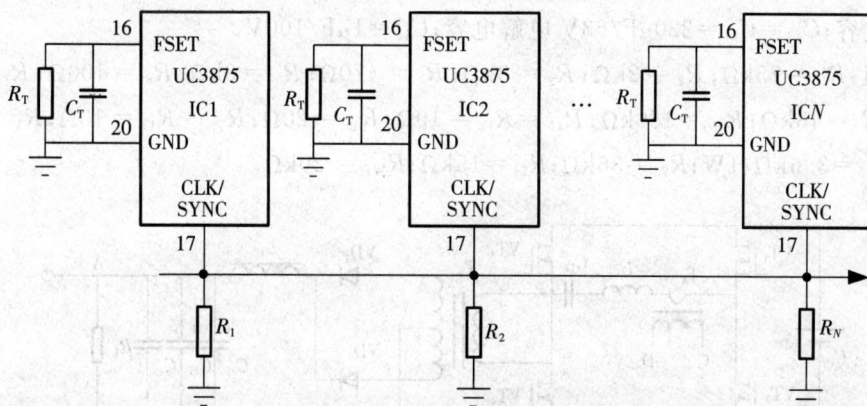

图6-21　振荡器同步接线图

　　所有集成电路用最快的本地振荡器同步,需要接入 R_1 到 R_N 可以保持同步脉冲比较窄,以减少分布电容对同步信号的影响,集成电路将同步在最高的频率上。

4. 延迟电路和输出级

　　UC3875的每个输出级都有高速图腾柱驱动器,具有总延迟近似30ns,高于1A峰值的源或漏电流,其输出与全桥变换器电路接口如图6-22所示。

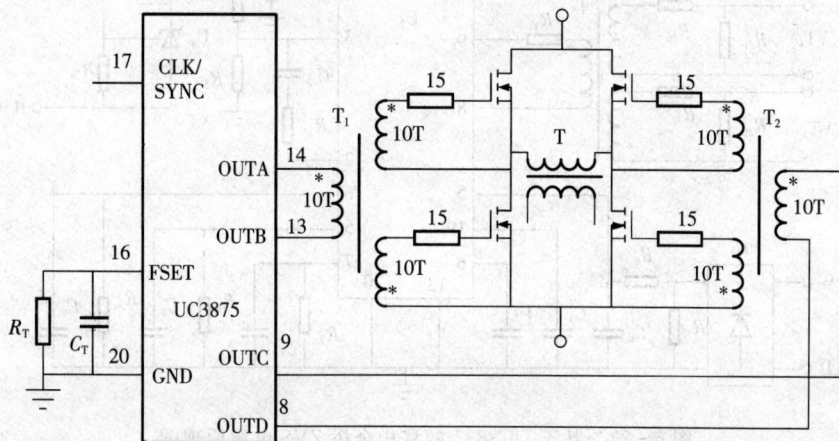

图6-22　UC3875的驱动输出

6.6.3　UC3875 的应用电路

利用 UC3875 构成的移相全桥软开关电源原理如图 6-23 所示。

1. 电源的主要指标

输入电压 DC250~350V;开关频率 100kHz;输出功率最大 500W;输出电压为 $48\times(1\pm0.05)$V。

2. 电路中各元器件的参数

电容:$C_1=1\mu F$;$C_2=47\mu F/25V$ 电解电容;$C_3=1\mu F$;$C_4=1\mu F$;$C_5=75pF/16V$ 聚乙烯电容;$C_6=1nF$;$C_7=C_8=10nF$;$C_9=470pF$;$C_{10}=0.1\mu F$;$C_{11}=0.47\mu F$;$C_{12}=1.2\mu F/450V$ 聚乙烯电容;$C_{13}=C_{14}=220\mu F/63V$ 电解电容;$C_{15}=1\mu F/100V$。

电阻:$R_1=75k\Omega$;$R_2=2k\Omega$;$R_3=3k\Omega$;$R_4=470\Omega$;$R_5=3k\Omega$;$R_6=100\Omega$;$R_7=R_8=6.8k\Omega$;$R_9=43k\Omega$;$R_{10}=150k\Omega$;$R_{11}=R_{12}=10\Omega$;$R_{13}=20\Omega$;$R_{14}\sim R_{17}=10\Omega$;$R_{18}\sim R_{21}=10k\Omega$;$R_{22}=3.6k\Omega/1W$;$R_{23}=36k\Omega$;$R_{24}=15k\Omega$;$R_{W1}=20k\Omega$。

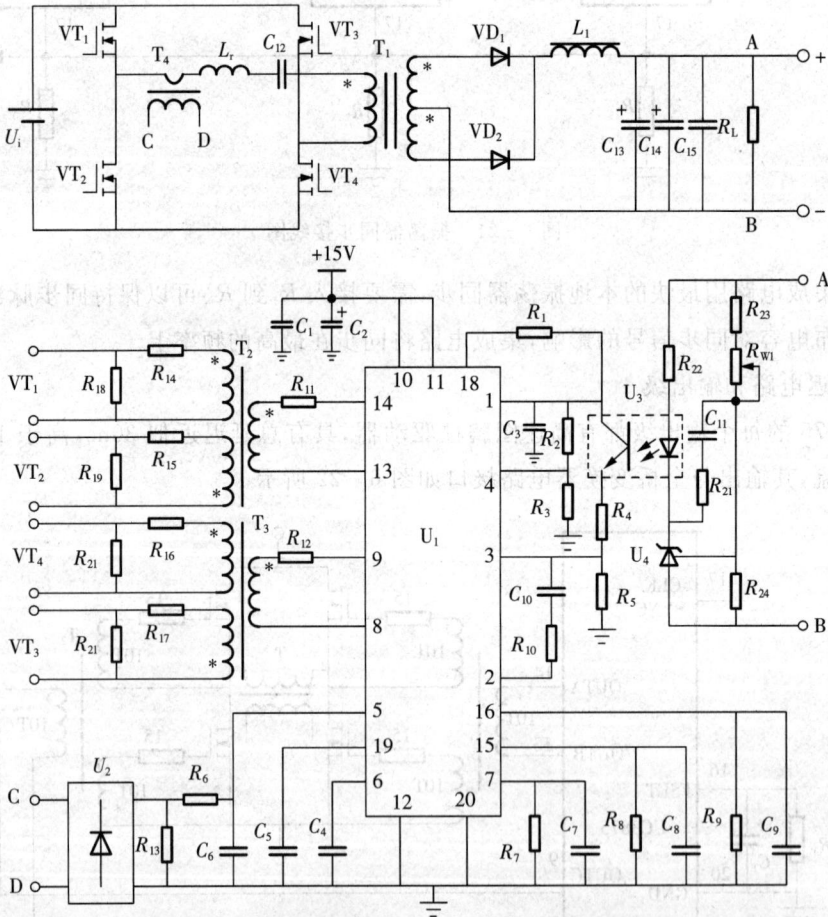

图 6-23　基于 UC3875 的移相全桥 ZVS 电源原理图

二极管：VD_1、VD_2 选 15A/200V 快恢复二极管；U_2 由 4 只 1N4148 构成的整流桥。

电感：$L_r = 47\mu H/3A$；$L_1 = 100\mu H/15A$。

集成电路：U_1 UC3875；U_3 PC817。

芯片供电电源为 15V。

开关管：$VT_1 \sim VT_4$ 选 2SK3341(10A /900V)

变压器：T_1 主变压器；T_2、T_3 脉冲变压器；T_4 电流互感器

其中，R_7、C_7、R_8、C_8 控制上、下桥臂控制信号的逻辑延时时间；R_9、C_9 决定电路的开关频率；T_4、U_2、R_{13}、R_6 和 C_6 构成电流检测和过流封锁电路；V_{ref} 经 R_2、R_3 分压送至 UC3875 的 4 脚作为电压给定；$R_{18} \sim R_{21}$、R_{w1}、U_3、U_4、R_3、R_4 构成电压检测与反馈电路；V_{ref} 经电阻 R_1 接至 UC3875 的 18(SLOPE)脚作为斜坡补偿；C_{10}、R_{10} 构成反馈补偿回路。电源输入端和参考电压输出端分别接的 C_1 和 C_3，一般采用瓷片电容用来吸收电源上的高频毛刺，以增强电源的抗干扰能力。

6.7　开关电源中常用的光电耦合器

光电耦合器是以光为媒介传输电信号的一种电-光-电转换器件，它由发光源和受光器两部分组成。把发光源和受光器组装在同一密闭的壳体内，彼此间用透明绝缘体隔离。发光源的引脚为输入端，受光器的引脚为输出端，常见的发光源为发光二极管，受光器为光敏二极管、光敏三极管等。光电耦合器的种类较多，常见有光电二极管型、光电三极管型、光敏电阻型、光控晶闸管型、光电达林顿型、集成电路型等。在开关电源设计中，光电耦合器器件组装成集成电路，用于在不同直流电压电平之间传输信号，具有良好的电气隔离特性。

6.7.1　光电耦合器的种类
光电耦合器的分类方法有很多种，主要按封装形式分类和按输入输出形式分类。

1. 按封装形式分类

(1)扁平封装：包含短外引线扁平、一般扁平；

(2)双列直插封装：包含陶瓷封装(白陶瓷、黑陶瓷)、塑封；

(3)圆筒形：包含 TO 型金属外壳封装(4 线、6 线、8 线等)、同轴型(模制同轴、陶瓷同轴、金属同轴)。

2. 按输入输出形式分类

(1)交流输入：达林顿双极晶体管输出、NPN 三极管输出；

(2)光敏集成电路输出：三极管 OC 输出、放大器集成电路输出、施密特触发器输出、逻辑门输出；

(3)光控晶闸管输出：带过零触发电路、单向晶闸管、双向晶闸管；

（4）光敏二极管输出：光电池、光敏二极管；

（5）光敏三极管输出：FET 三极管输出、达林顿双极晶体管输出、NPN 三极管输出（有基极、无基极）。

6.7.2 光电耦合器的基本特性

常用的光电耦合器的发射器为发光二极管，接收器是单个晶体管或达林顿晶体管。发光二极管的输入端加上直流或脉冲调制的信号，二极管的发光强弱随信号而变化，晶体管的输出电流与二极管的发光强度成比例变化。

图 6-24 所示为晶体管集电极电流 I_c 与集-射极电压 U_{ce} 关系曲线，其中以发光二极管电流 I_F 为变量。

发光二极管通常用砷化镓（GaAs）材料制成，它是一个 PN 结，当 PN 结加上正向电压时，电子由 N 区渡越到 P 区，与空穴复合，电子与空穴复合时释放的能量大部分以发光的形式出现，发出具有一定波长的单色光，发光二极管最大工作电流 I_{FM} 为 50mA。通常情况下，工作

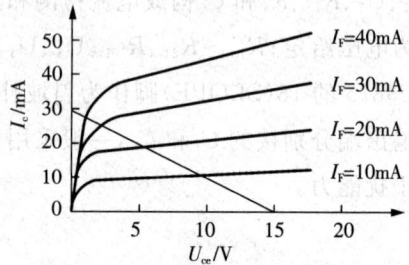

图 6-24 光电耦合器的基本特性

电流为 5～10mA，正向压降 $U_F \leqslant 1.3$V，反向漏电流 $\leqslant 100\mu$A。接收端的硅光电三极管是用 N 型硅单晶做成，具有 NPN 结构，入射光主要被基区吸收，光在基区中激发产生载流子，在基区漂移场作用下，引起集电极电流变化，于是在负载上得到一个放大的信号。在无光照条件下，$I_{ceo} < 0.1\mu$A，光照下，集电极最大电流 $I_{CM} = 50$mA，饱和压降 $U_{ces} \leqslant 0.4$V，最大功耗 $P_{CM} = 75$mW。

在光电耦合器中，电流传输增益或称电流传输比等效于晶体管的 β，定义为 $\Delta I_C / \Delta I_F$，即集电极电流变化量与发光二极管电流变化量之比，为动态增益，对于静态传递增益，定义为晶体管直流电流与发光二极管直流电流之比。对于固定的集电极电压，通常取 5V，如光耦 4N。当二极管电流为 10mA 时，直流传输增益在 0.25～0.4 范围。此外，光电耦合器的开关速度也是一个重要的参数。

表 6-1 列出了发光器件和光敏器件组合构成的光电耦合器的主要参数和特点。

6.7.3 光电耦合器在开关电源中的应用

现代电源技术中往往都存在着高电压、大电流及由此而来的电磁兼容性（EMC）问题，如果不能妥善解决，将会对电源设备本身及外部工作环境造成严重的电磁干扰，从而影响电源本身以及电子设备工作的可靠性。因此，随着计算机技术的发展，由微机控制与管理的智能化电源已经成为现代电源技术发展的主要潮流之一，在电源的设计过程中，如果电源本身的 EMC 问题不解决，那么微机控制系统也极易受到干扰。基于这一点，电源工程师做了大量的工作，如屏蔽、接地、隔离等，其中光电隔离技术以其优良的抗干扰性能（光信号是不受电磁干扰的）而在电源技术中得到了广泛应用。随着高速光电耦合器甚至光电集成电路的

出现,其应用范围已经跨越光电隔离,而在电源技术的各个领域(如线性隔离、电量反馈、电流传感、电量变换等方面)都有成功地应用,从而给电源的设计带来极大的方便。

表6-1 各种光电耦合器的特点

发光器件	光敏器件	电流传输比 CRT(%)	响应速度	特 点
GaAs IRED	光敏二极管 PIN 型	0.2~3	$t_r \leqslant 5ns$ $t_f \leqslant 50ns$	超高速、输出线性好, CRT 小
GaAs IRED	硅光敏三极管	10~750	10kbit/s $t_{on} = 5ms$ $t_{off} = 25ms$	响应速度快、暗电流小 CRT 比达林顿或 IC 小
GaAs IRED	有基极引线的硅光敏三极管,在基极和发射极间接合适的电阻	10~750	t_{on} 和 $t_{off} = 5ms$	响应速度比无基极快, CRT 比达林顿或 IC 小
GaAs IRED	PIN 型光敏二极管加硅光敏三极管	18~24	$t_{PLH} = 0.5ms$ $t_{PHL} = 0.5ms$ (典型值)	响应速度高、线性好
GaAsP IRED	光敏集成电路 (数字型)	1000	$t_{PLH} = 60ns$ $t_{PHL} = 60ns$ (典型值)	超高速、CRT 大,与 TTL 电路兼容
GaAs IRED	光敏集成电路 (模拟型)	转移阻抗增益 200mV/mA	带宽 250kHz	模拟信号传输用于电位差悬殊的系统间
GaAs IRED	光控晶闸管	—	—	交流信号直接控制,控制功率大
GaAlAs IRED	光敏集成电路 (数字型)	1000	$t_{PLH} = 60ns$ $t_{PHL} = 60ns$ (典型值)	超高速、CRT 大,与 TTL 电路兼容,发光器件工作电流小

1. 电量隔离反馈

反馈理论表明,要维持一个物理量的稳定,必须将这个物理量反馈至输入端,与给定值相比较而得到一个偏差量,该偏差量被处理后(比例,积分,微分环节)作为控制量来控制输出。在电源技术中,可利用这个控制量去调节功率管驱动波形的占空比(PWM 型)或控制角(移相型),从而实现稳压或稳流输出。

由于主电路与控制电路的电位级差较大,因此在对主电路被控电量测量时必须进行电气隔离。若被控量幅值变化不大时,只需采用单光耦即可,这一点在小型开关电源反馈取样电路中具有广泛地应用,如图 6 - 25 所示。

也可以采用如图 6 - 26a 所示的简单电路实现。由于光耦对温度比较敏感,当温度升高时,在 I_F 不变的情况下,I_C 略有下降,反馈电压 U_{FB} 也略

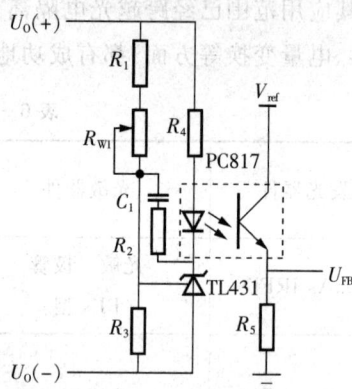

图 6 - 25　常用的电量隔离反馈电路

有下降,从而脉冲宽度加大,以保持反馈电压与给定电压相等,脉冲宽度加大最终使开关电源的输出电压升高。为了解决这一问题,可用 2 个同型号的光耦(最好选用集成在 1 个芯片内的 2 个光耦)按图 6 - 26b 所示的电路接线,只要参数选择合适,就可以完全补偿由于温度产生的影响。

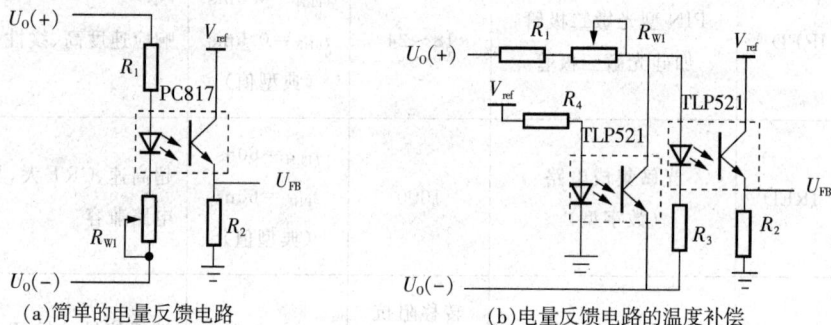

(a)简单的电量反馈电路　　　　(b)电量反馈电路的温度补偿

图 6 - 26　电量隔离反馈及温度补偿

但当输出量变化很大时,由于光耦内部光电三极管的非线性特性,普通单光耦不合适。较理想的方法是采用线性光耦反馈,但线性光耦的两边均需要独立的 ±15V 电源,使得电源电路非常复杂,成本也大大提高。

如图 6 - 27 所示,给出一种利用 2 个普通单光耦代替线性光耦来改善非线性失真特性的应用电路,实验证明,该电路可以取得较好的线性效果。

要保证图 6 - 27 所示电路的线性特性,关键是要保证光耦 OP1 和 OP2 的一致性,因此最好选用将 OP1 和 OP2 集成在一个芯片内的光耦器件,如 TLP521 - 2 等。另外,可在这个电路的前级及后级附加运放,并利用运放来加强负反馈的作用以稳定放大倍数,进一步减小非线性失真。这样,可以取得相当好的效果,但必须注意合理选择电阻及电容的参数,以防止运放发生自激振荡。

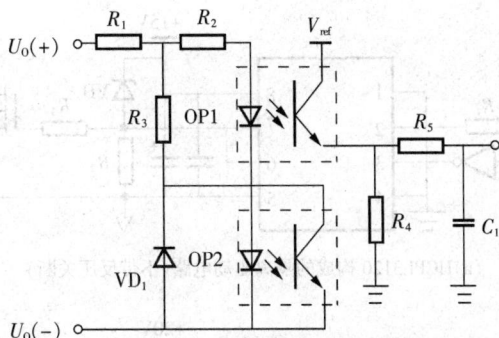

图 6-27 简单的线性反馈电路

2. 隔离驱动

传统的电力电子器件(如晶闸管、电力晶体管、MOSFET、IGBT 等)的驱动大多采用脉冲变压器进行信号隔离,但是脉冲变压器存在一定的漏感,使输出脉冲陡度受到限制,同时绕组寄生电感和寄生电容使脉冲前后沿出现振荡,对功率管不利。另外脉冲变压器在传输宽脉冲时容易出现磁芯饱和,其共模抑制比较低。

通常脉冲变压器的输出还需要进行处理,以满足功率器件对驱动脉冲的要求,无疑增加了线路的复杂程度。在开关频率不太高(小于 40kHz)电源功率比较大的情况下,可采用相关厂家生产的专用驱动电路(IGBT 的专用驱动芯片有:富士公司生产的 EXB840、EXB841 等,三菱公司生产的 M57962L 和 M57959L 等,MOSFET 的专用驱动芯片有三菱公司生产的 M57918L 等)是一种合理地选择。

在电源功率不太大的情况下可以采用输出功率比较大的光耦直接驱动,如 TLP250、HCPL3120 等是专为 MOSFET 和 IGBT 设计的高速光耦,其内部电路结构图如图 6-28 所示。

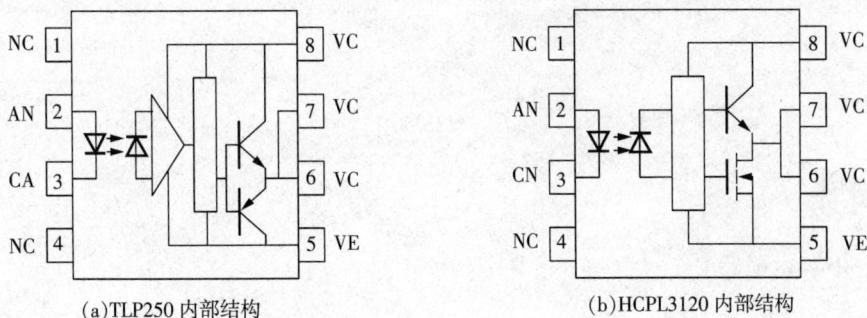

(a)TLP250 内部结构

(b)HCPL3120 内部结构

图 6-28 2 种隔离驱动的内部结构

TLP250 的供电电压为 $10\sim30\mathrm{V}$,最大延迟时间为 $0.5\mu\mathrm{s}$,可提供峰值为 1.5A 的驱动电流,HCPL3120 的典型供电电压为 15V,最大供电电压为 30V,最大延迟时间为 $0.5\mu\mathrm{s}$,并可提供峰值为 2A 的驱动电流,两者均只需附加少量的外围元件就可组成高性能的驱动电路,如图 6-29 所示。

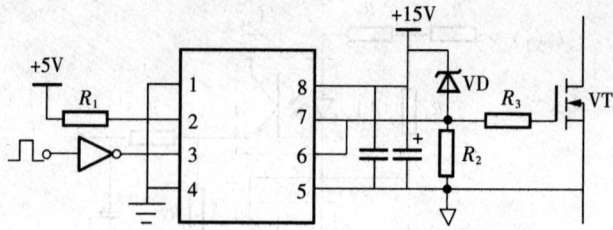

(a)HCPL3120 构成的隔离驱动电路(不带反压关断)

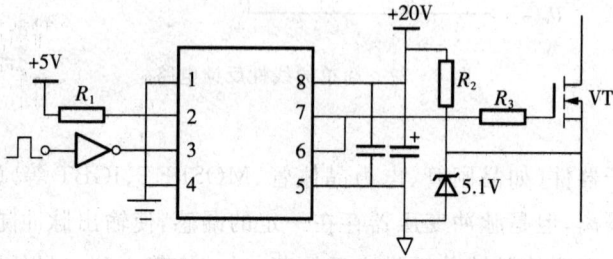

(b)TLP250 构成的隔离驱动电路(带反压关断)

图 6-29　由光耦构成的功率管驱动电路

第7章 有源功率因数校正技术

7.1　概　述

目前电力系统中,大量使用整流电路给人们解决了很多问题,但同时又引入了新的问题,其中最严重的问题就是使电网含有严重畸变的非正弦电流,这样的谐波电流对电网有危害作用,使得电网的功率因数下降。

针对高次谐波危害,1993 年,我国国家技术监督局颁布了 GB/T14549 – 1993《电能质量公用电网谐波》,国际电工委员会(IEC)在 1998 年制定了 IEC61000 – 3 – 2 标准。这些要求迫使交流输入电源必须采取措施降低高次谐波含量,提高功率因数。

7.1.1　功率因数校正概述

目前采用的功率因数校正(Power Factor Correction)方法主要有 2 种,即有源校正和无源校正。无源校正网络是用电容、电感、功率二极管等无源器件组成,主要是通过提高整流导通角的方法来减小高次谐波。它虽然控制简单,成本低,可靠性高,然而体积庞大,难以得到很高的功率因数。

有源功率因数校正器可以得到很高的功率因数,而且体积小,但是电路复杂,造价高,电磁干扰(EMI)大,平均无故障时间(MIBF)下降。有源功率因数校正已广泛应用于开关电源、交流不间断电源等领域。

有源功率因数校正(Active Power Factor Correction,APFC)电路根据输入电压的不同,又可以分为单相和三相两类,三相 APFC 具有一些优点,如输入功率高,然而它的一个严重缺点就是三相之间的耦合问题,控制机理比较复杂,本章主要介绍相对比较成熟的单相 APFC。

7.1.2　单相有源功率因数校正的分类

单相 APFC 可以分为两级 APFC 和单级 APFC。

1. 两级 APFC

两级 APFC 方案如图 7 – 1 所示,两级指的是 PFC 级和 DC/DC 级。

图 7-1 两级 PFC 方案

PFC 级使输入电流跟随输入电压,作用在于提高功率因数,后接的 DC/DC 变换器使输出电压达到要求。前级的 PFC 级可以是 BUCK、BOOST 或 BUCK - BOOST 等,但是由于 BOOST 电路本身的一些优点,如电感 L 适合电流控制等,现在用得最多的还是 BOOST 拓扑。后级 DC/DC 可以用正激、反激或其他电路拓扑。两级 PFC 虽然功率因数校正效果比较理想,但是由于用 BOOST 升压电路母线电压大于输入电压峰值,电容电压过高。另外由于两级传输,从而使得控制复杂,传输效率较低,成本也较高。据统计,使用两级的 PFC 电路比不使用 PFC 的电路成本上升 15%,这就限制了它在中小功率场合的应用。

2. 单级 APFC

20 世纪 90 年代初,美国科罗拉多大学的研究人员等将前置级 Boost 电路和后级反激(Flyback)或正激(Forward)变换器环节 MOSFET 公用,提出了单级 APFC 变换器。它与两级方案相比,控制简单,器件的数目减少,效率较高,成本降低。因为它的控制只是让 DC/DC 级快速稳定地输出,对于功率因数则需要功率级自身获得,所以它输入电流有些畸变,但仍能满足 IEC1000 - 3 - 2 对电流谐波含量要求。单级 APFC 变换器特别适用于小功率场合。

7.2 有源功率因数校正的基本原理及其控制方法

7.2.1 有源功率因数校正的工作原理

理论上,任何一种 DC/DC 变换器拓扑都可以作为 APFC 的主电路,由于 Boost 变换器的突出优点,在 APFC 中应用更为广泛。基于 Boost 变换器的 APFC 工作原理,如图 7-2 所示。

PFC 的工作原理如下:主电路的输出电压 U_o 和基准电压 U_{ref} 比较后,送给电压误差放大器,整流电压检测值和电压误差放大器的输出电压信号共同加到乘法器的输入端,乘法器的输出则作为电流反馈控制的基准信号,与输入电流检测值比较后,经过电流误差放大器,其输出再经过 PWM 比较器加到开关管控制极,以控制开关管 V 的通断,从而使输入电流(即电感电流)i_L 的波形与整流电压 u_{dc} 的波形基本一致,使电流谐波大为减少,提高了输入端功率因数,由于功率因数校正器同时保持输出电压恒定,使下一级开关电源设计更容易些。

7.2.2 有源功率因数校正的控制方法

PFC 的控制策略按照输入电感电流是否连续,分为电流断续模式(DCM)和电流连续模式(CCM),以及介于两者之间的临界 DCM(BCM)。有的电路还根据负载功率的大小,使得变换器在 DCM 和 CCM 之间转换,称为混合模式(Mixed Conduction Mode,简称 MCM)。

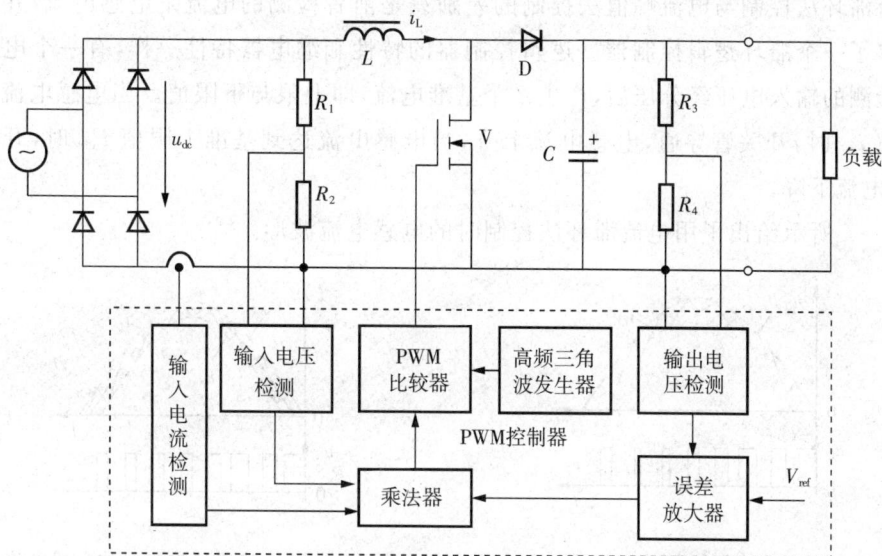

图 7 - 2 基于 Boost 变换器的 APFC 工作原理方框图

DCM 控制模式的特点:①功率因数 P_F 总小于 1,仅能起到改善作用;②功率因数 P_F 与输入电压和输出电压比值 α 有关($\alpha = U_m/U_o$);③开关峰值电流大,通态损耗增加;④输入电流波形随 α 增加而失真增大,所以 DCM 工作方式仅在小功率场合使用。

工作于非连续模式下的单开关 APFC 电路的功率因数 P_F 与开关管的工作频率有关,频率越高,P_F 越大,并且能得到更接近正弦波的输入电流。而开关频率提高受到开关损耗的限制,若引入软开关技术,可解决这一问题。

中大功率电路通常采用 CCM 工作方式,而 CCM 根据是否直接选取瞬态电感电流作为反馈量,又可分为直接电流控制和间接电流控制。直接电流控制检测整流器的输入电流作为反馈和被控量,具有系统动态响应快、限流容易、电流控制精度高等优点。直接电流控制有峰值电流控制(PCMC)、滞环电流控制(HCC)、平均电流控制(ACMC)、预测瞬态电流控制(PICC)、线性峰值电流控制(LPCM)、非线性载波控制(NLC)等方式。

CCM 优点为:①输入和输出电流纹波小,THD 和 EMI 小;②器件导通损耗小;③适用于大功率场合。

控制 AC - DC 开关变换器实现 APFC 的方法有很多种,常用的控制方法主要有 3 种,即电流峰值控制、电流滞环控制以及平均电流控制。本节以 Boost 功率因数校正器的控制为例,说明这 3 种方法的基本原理和基本特点。

1. 电流峰值控制

电流峰值控制是指电感(输入)电流的峰值包络线跟踪输入电压 u_{dc} 的波形,使输入电流与输入电压同相位,并接近正弦波,如图 7 - 3 所示。该控制方法中检测的电流是流过开关管中的电流。

2. 电流滞环控制

电流滞环法控制与电流峰值法控制的差别只是前者检测的电流是电感电流,并且控制电路中多了一个滞环逻辑控制器。逻辑控制器的特性和继电器特性一样,有一个电流滞环带。所检测的输入电压经分压后,产生 2 个基准电流,即上限与下限值。当电感电流达到基准下限值 i_{min} 时,开关管导通,电感电流上升,当电感电流达到基准上限值 i_{max} 时,开关管关断,电感电流下降。

图 7-4 所示给出了用电流滞环法控制时的电感电流波形。

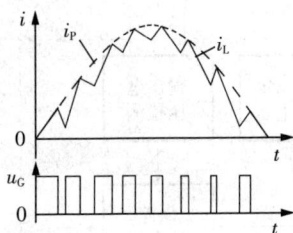

图 7-3 电流峰值控制时的电感电流波形   图 7-4 电流滞环控制时的电感电流波形

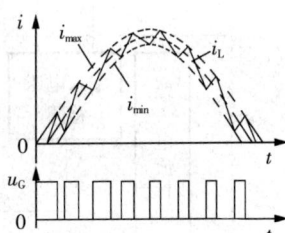

3. 平均电流控制

平均电流控制的主要特点是用电流误差放大器(或动态补偿器),代替电流峰值控制和电流滞环控制中的电流比较器。

平均电流控制原来是用在开关电源中形成电流环(内环),以调节输出电流,并且仅以输出电压误差放大信号为基准电流。现在将平均电流法应用于功率因数调节,以输入整流电压和输出电压误差放大信号的乘积为电流基准,并且电流环调节输入电流平均值,使与输入整流电压同相位,并接近正弦波形。输入电流信号被直接检测,与基准电流比较后,其高频分量(开关频率)的变化,通过电流误差放大器,被平均化处理。放大后的平均电流误差与锯齿波斜坡比较后,给开关管控制信号,并决定了其应有的占空比,于是电流误差被迅速而精确地校正。

图 7-5 平均电流控制
时的电感电流波形

由于电流环有较高的增益(带宽),使跟踪误差产生的畸变小于 1%,容易实现接近于 1 的功率因数。图 7-5 所示给出了用平均电流控制时的电感电流波形。

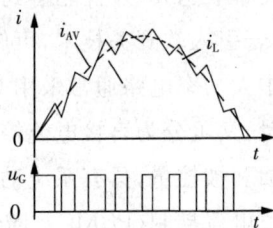

7.3 有源功率因数校正的集成控制芯片

根据实现 APFC 的方法和应用场合不同,一些公司相继推出技术成熟的不同型号的 APFC 专用集成控制芯片,如 Unitrode 公司先后推出了 5 种规格型号的 APFC 集成控制芯片,分别是:UC3852N-电子整流器用 PFC-IC;UC3853-平均电流型 PFC-IC;UC3854N-平均电流型 PFC-IC;UC3854A/BN-平均电流型改进 PFC-IC;UC3855N-零电压开通型 PFC-IC。下面以最常用的 UC3854 为例,介绍其功能和应用。

如图 7-6 所示,UC3854 是一种有源功率因数校正专用控制电路,它可以完成升压变换器校正功率因数所需的全部控制功能,使功率因数达到 0.99 以上,输入电流波形失真小于 5%。该控制器采用平均电流型控制,控制精度很高,开关噪声较低。采用 UC3854 组成功率因数校正电路后,当输入电压在 85～260V 之间变化时,输出电压还可保持稳定,因此也可作为 AC/DC 稳压电源。UC3854 采用推拉输出级,输出电流可达 1A 以上,因此输出的固定频率 PWM 脉冲可驱动大功率 MOSFET。

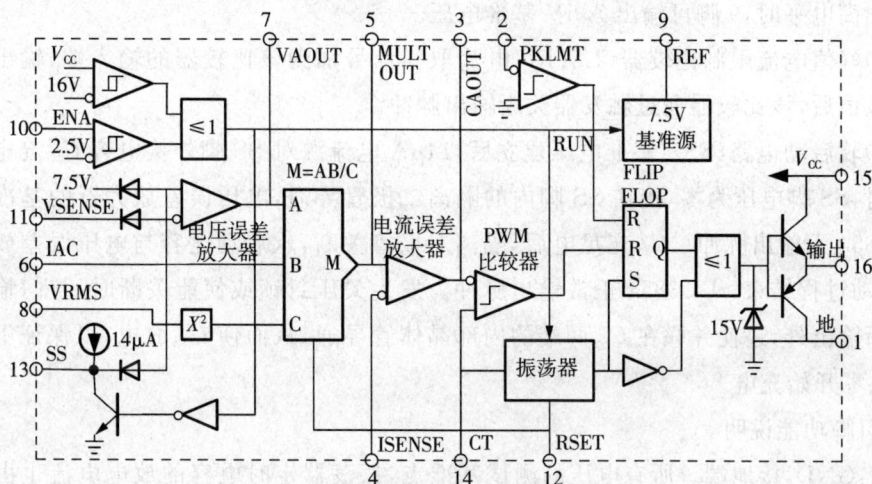

图 7-6　UC3854 功率因数校正控制器内部功能方框图

1. 功能组成

(1)欠压封锁比较器(UVLC):电源电压 V_{CC} 高于 16V,且 EC 输出高电平时,基准电压建立,振荡器开始振荡,输出级输出 PWM 脉冲;当电源电压 V_{CC} 低于 10V 时,基准电压中断,振荡器停止振荡,输出级被封锁。

(2)使能比较器(EC):同 UVLC 一样也是滞环比较器,使能脚(10 脚)输入电压高于 2.5V,且 UVLC 输出高电平时,输出级输出驱动脉冲;使能脚输入电压低于 2.25V 时,输出级关断。

以上两比较器的输出都接到与门输入端,只有 2 个比较器都输出高电平时,基准电压才能建立,器件才输出脉冲。

(3)电压误差放大器(VEA):功率因数校正电路的输出电压经电阻分压后,加到该放大器的反相输入端,与 7.5V 基准电压比较,其差值经放大后加到乘法器的一个输入端(A)。

(4)乘法器(MUL):乘法器输入信号除了误差电压外,还有与已整流交流电压成正比的电流 I_{AC}(B 端)和前馈电压 V_{RMS}。

(5)电流误差放大器(CEA):乘法器输出的基准电流 I_{MO} 在芯片外接电阻 R_{MO} 两端产生基准电压。电感电流采样电阻 R_S 两端压降与 R_{MO} 两端电压相减后的电流取样信号,加到电流误差放大器的输入端,误差信号经放大后,加到 PWM 比较器,与振荡器的锯齿波电压比较,调整输出脉冲的宽度。

(6)振荡器(OSC):振荡器的振荡频率由 14 脚外接电容 C_T 和 12 脚外接电阻 R_{SET} 决定,只有建立基准电压后振荡器才开始振荡。

(7)PWM 比较器(PWM COMP):电流误差放大器输出信号与振荡器的锯齿波电压经该比较器后,产生脉宽调制信号,该信号加到触发器。

(8)触发器(FLIP FLOP):振荡器和 PWM 比较器输出信号分别加到触发器的 S、R 端,控制触发器输出脉冲,该脉冲经与门电路和推拉输出级后,驱动外接的功率开关管。

(9)基准电源(REF):该基准电压受欠压封锁比较器和使能比较器控制,当这 2 个比较器都输出高电平时,9 脚可输出 7.5V 基准电压。

(10)峰值电流限制比较器(LMT):电流取样信号加到该比较器的输入端,输出电流达到一定数值后,该比较器通过触发器关断输出脉冲。

(11)软启动电路(SS):基准电压建立后,14μA 电流源对 SS 脚外接电容 C_{ss} 充电。刚开始充电时,SS 脚电压为零,接在 SS 脚内的隔离二极管导通,电压误差放大器的基准电压为零,UC3854 无输出脉冲。C_{ss} 充足电后,隔离二极管关断,软启动电容与电压误差放大器隔离,软启动过程结束,UC3854 正常输出脉冲。发生欠压封锁或使能关断时,与门输出信号除了关断输出外,还使并联在 C_{ss} 两端的内部晶体管导通,从而使 C_{ss} 放电,以保证下次启动时,C_{ss} 从零开始充电。

2. 引脚功能说明

1 脚:GND,接地端。所有电压的测试基准点,振荡器定时电容的放电电流也由该脚返回,因此定时电容到该脚的距离应尽可能短。

2 脚:PKLMT,峰值电流限制输入端。峰值限流门限值为零值(0.01V),该脚应接入电流取样电阻的负电压。为了使电流取样电压上升到地电位,该脚与基准电压脚(REF)之间应接入一只电阻。

3 脚:CA OUT,电流放大器输出端。该脚是宽带运放的输出端,该放大器检测并放大电网输入电流,控制脉宽调制器来强制校正电网输入电流。

4 脚:ISENSE,电流检测负输入端。该脚为电流放大器反相输入端。

5 脚:MULT OUT,乘法器的输出端和电流检测器的正输入端。模拟乘法器的输出直接接到电流放大器的同相输入端。

6 脚:IAC,交流电流输入端。该脚是乘法器的输入端,用于从输入整流来调整波形,该端保持在 6V,是一个电流输入。

7 脚:VA OUT,电压放大器的输出端。该端电压可调整输出电压,该脚电平低于 1V 时,将禁止乘法器输出。

8 脚:VRMS,电网电压有效值输入端。整流桥输出电压经分压后加到该脚,为了实现最佳控制,该脚电压应在 1.5～3.5V 之间。

9 脚:REF,基准电压输出端。该脚输出 7.5V 的基准电压,最大输出电流为 10mA,并且内部可以限流。当 V_{CC} 较低或使能脚 ENA 为低电平时,该脚电压为零。为了有良好的稳定性,该脚到地应接入 $0.1\mu F$ 或更大的陶瓷电容。

10 脚:ENA,使能控制端。使 UC3854 输出 PWM 驱动电压的逻辑控制信号输入端,该脚电压达到 2.5V 后,基准电压和驱动电压(GT DRV)才能建立。该信号还控制振荡器和软启动电路,不需要使能控制时,该脚应接到 5V 电源或通过 $22k\Omega$ 电阻接到 V_{CC} 脚。

11 脚:VSENSE,电压放大器反相输入端。功率因数校正电路的输出电压经分压后加到该脚,该脚与电压放大器输出端(7 脚)之间还应加入放大器 RC 补偿电路。

12 脚:RSET,振荡器定时电容充电电流和乘法器最大输出电流设定电阻接入端。该脚到地之间接入一只电阻,可设定定时电容的充电电流和乘法器最大输出电流,乘法器最大输出电流为 $3.75V/R_{SET}$。

13 脚:SS,软启动端。UC3854 停止工作或 V_{CC} 过低时,该脚为零电位。开始工作后,$14\mu A$ 电流源对外接电容充电,该脚电压逐渐上升到 7.5V,PWM 脉冲占空比逐渐增大,输出电压逐渐升高。

14 脚:CT,振荡器定时电容接入端。该脚到地之间接入定时电容 C_T,可按下式设定振荡器的工作频率:

$$f_s = \frac{1.25}{R_{SET}C_T} \tag{7-1}$$

15 脚:V_{CC},电源电压输入端。为了保证正常工作,该脚电压应高于 17V。为了吸收外接开关管栅极电容充电时产生的电源电流尖峰,该脚到地之间应接入旁路电容器。

16 脚:GT DRV,栅极驱动电压输出端。该脚输出电压可以直接驱动外接的 MOSFET,当驱动大功率 IGBT 时,则要加功率放大电路。该脚内部接有钳位电路,可将输出脉冲幅值钳位在 15V。因此当 V_{CC} 高达 35V 时,该器件仍可正常工作。

7.4　基于 UC3854 的有源功率因数校正电路

基于 UC3854 为控制芯片的有源功率因数校正电路,如图 7-7 所示。设定电路输入交流电压 U_{AC} 范围,$U_{AC}=187\sim253V$,输出为 385V 的稳定直流电压,输出功率 $P_o=3800W$,效率 $\eta \geqslant 95\%$,开关频率 $f_s=25kHz$。

1. 主电路主要参数确定

(1)升压电感的确定

电感电流的最大峰值出现在电网电压最低且负载最大时,其值为:

$$I_{PK} = \frac{\sqrt{2}P_{in}}{U_{in(min)}} = \frac{\sqrt{2}\times 3800/0.95}{187} = 30.25(A) \tag{7-2}$$

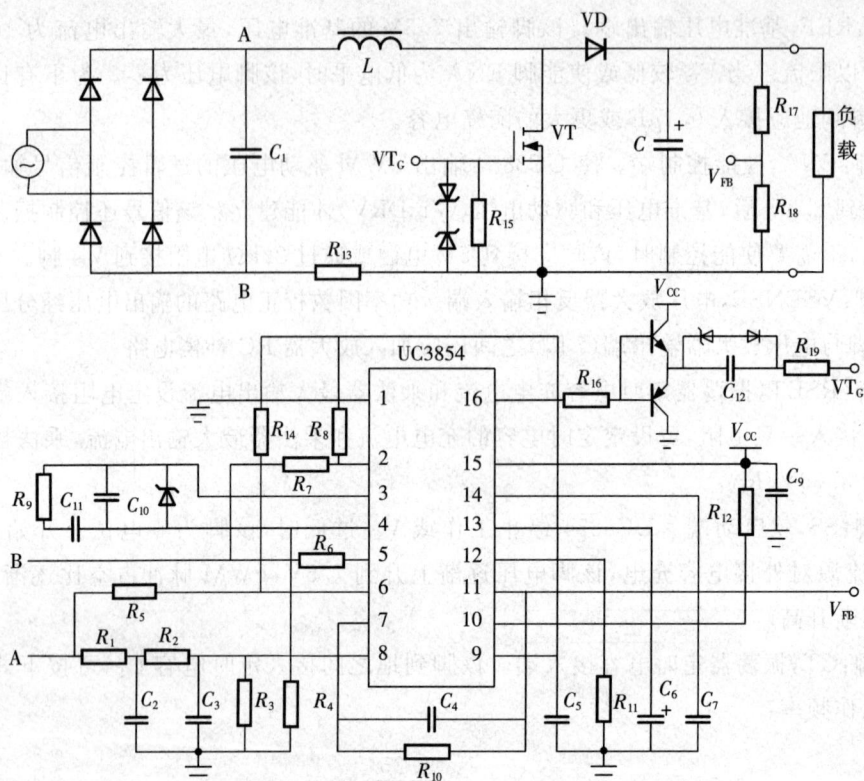

图 7-7 UC3854 用于 3.8kW 功率因数校正电路

允许电感电流有 20% 的波动,则有:

$$\Delta I = 0.2 I_{PK} = 0.2 \times 30.25 = 6.05 (A) \tag{7-3}$$

确定在 I_{PK} 时的占空比(此处 $V_{in(PK)}$ 是电网电压最低时整流桥输出电压的峰值):

$$D = \frac{U_o - U_{in(PK)}}{U_o} = \frac{385 - \sqrt{2} \times 187}{385} = 0.32 \tag{7-4}$$

计算升压电感:

$$L = \frac{U_{in(PK)} D}{f_S \Delta I} = \frac{\sqrt{2} \times 187 \times 0.32}{25000 \times 6.05} = 0.56 \text{mH} \tag{7-5}$$

(2)滤波电容的确定

PFC 电路的输出电容的选择,主要应考虑输出电压的大小及纹波值、电容允许流过的电流值、等效串联电阻的大小、容许温升等众多因素。此外,稳压电源还应要求在输入交流电断电的情况下,电容容量足够大以保证一定的放电维持时间。

由于利用维持时间计算所得的电容量最大,所以这里以输出电压的维持时间为计算依据。假设维持时间要求为一个工频周期,即 20ms,满负载功率为 3.8kW,电容电压在此期间允许的跌落为 100V,则根据能量守恒得:

$$C=\frac{2P_o\Delta t}{U_o^2-U_{o(min)}^2}=\frac{2\times3800\times0.02}{385^2-285^2}\approx2269\mu\text{F} \tag{7-6}$$

(3)电流采样电阻 R_S（图 7 - 7 中的 R_{13}）的确定

$$R_S=\frac{U_{R_s}}{I_{PK(max)}} \tag{7-7}$$

其中 U_{R_s} 的特征值为 1V，$I_{PK(max)}=I_{PK}+\Delta I/2=30.25+3.025=33.275\text{A}$，因此

$$R_S=1/33.275\approx0.03\Omega$$

2. 控制电路主要参数确定

(1) $R_{PK1}(R_8)$、$R_{PK2}(R_7)$ 的确定：

$$U_{R_s(OVLD)}=I_{PK(OVLD)}R_S=40\times0.03=1.2\text{V}$$

$$R_{PK2}=\frac{U_{R_s(OVLD)}R_{PK1}}{U_{ref}}$$

取 $R_{PK1}=10\text{k}\Omega$，则 $R_{PK2}=1.6\text{k}\Omega$。

(2)前馈分压电阻 R_1、R_2 和 R_3 的确定：

$$U_{in(AV)}=U_{in(min)}\times0.9$$

$$\frac{U_{in(AV)}R_3}{R_1+R_2+R_3}=1.414$$

$$\frac{U_{in(AV)}(R_2+R_3)}{R_1+R_2+R_3}=7.5$$

取 $R_3=20\text{k}\Omega$，则 $R_1=910\text{k}\Omega$，$R_{PK1}=91\text{k}\Omega$。

(3) R_5 的确定：

$$R_5=\frac{U_{PK(max)}}{I_{ACPK}}=\frac{220\times1.2\times1.414}{400\times10^{-6}}=933\text{k}\Omega$$

取 $R_5=910\text{k}\Omega$。

(4) R_{14} 的确定：

$$R_{14}=0.25\times R_5=227\text{k}\Omega$$

取 $R_{14}=220\text{k}\Omega$。

(5)振荡器振荡电阻 $R_{SET}(R_{11})$ 的确定：

$$I_{AC(min)}=\frac{U_{in(PK)}}{R_5}=\frac{220\times1.2}{910\times10^3}=290\mu\text{A}$$

乘法器的最大输出电流 $I_{MULTmax}$ 为：

$$I_{MULTmax}=\frac{3.75\text{V}}{R_{SET}}$$

所以 R_{SET} 的最小取值为:

$$R_{SET} = \frac{3.75V}{2 \times I_{AC(min)}} = 6.47k\Omega$$

取 $R_{SET} = 10k\Omega$。

(6)振荡器振荡电容 $C_T(C_7)$ 的确定:

$$C_T = \frac{1.25}{R_{SET}f_S} = 5nF$$

取 $C_T = 4.7nF$。

7.5 软开关有源功率因数校正电路

目前单相整流电源的功率因数校正(PFC)技术大多采用 Boost 升压电路,由这种电路构成的 PFC 整流电源结构简单,容易实现。但有下述缺点:① 因开关管为硬开关,开关损耗大,关断时产生的尖峰电压高;② Boost 二极管为硬关断,关断时产生关断尖峰电压;③ 开关噪声大。

为了抑制开关管关断时产生的尖峰电压,一般采用阻容吸收电路。该电路虽能较好地抑制尖峰电压,但因开关管工作在高频条件下,阻容吸收电路将产生较大的功耗,因而降低了电源效率。

将零转换 PWM 变换器应用于单相整流电源 PFC 可克服上述缺点,实际上只要将常规 PFC 电路中的 PWM 变换器换成零转换 PWM 变换器即可,常用 PWM 控制芯片为 UC3855A/B。

某 APFC 电路技术要求为:输入电网电压 $U_{AC} = 187\sim253V$,输出电压 $U_o = 400V$,输出功率 $P_o = 1kW$,输出电压纹波小于 2%,效率 $\eta \geqslant 95\%$,功率因数 $P_F \geqslant 0.95$。则基于改进的 ZVT-PWM Boost 变换器和 UC3855 的单相功率因数校正电路,如图 7-8 所示。

基于 ZVT-PWM Boost 变换器的 PFC 电路输出电压一般都在 400V 左右或更高,若要获得较低的电压等级,通常后面再加一级 DC/DC 变换器。由于 Cuk 变换器具有升降压功能,同时输入、输出电流都可以是连续的,因此将 ZVT-PWM Cuk 变换器应用到 PFC 电路中,可得良好的效果。基于 ZVT-PWM Cuk 变换器的 PFC 电路拓扑如图 7-9 所示,主要工作波形如图 7-10 所示。

为了分析方便,在一个开关周期内,假设:①输入电压 u_s 是恒定的;②输出滤波电容足够大,输出电压可看作是恒定的;③ $L_r \ll L_1$、L_2,$C_r \ll C_1$,C_1 足够大,C_1 两端的电压基本不变。

基于以上假设,稳态时,电路一个开关周期共有 7 个工作阶段,对应 7 种不同的开关模态,如图 7-11 所示。

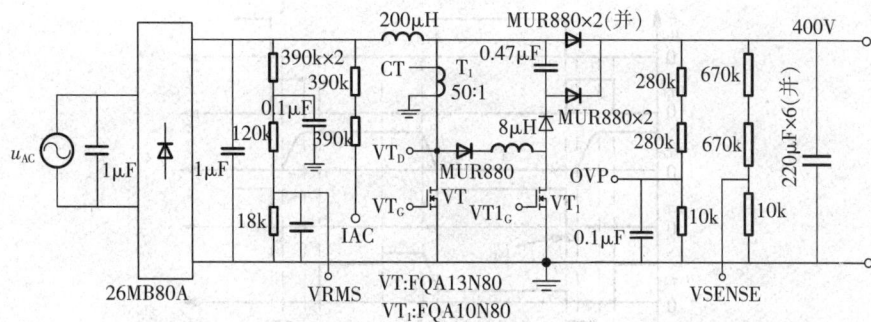

(a)

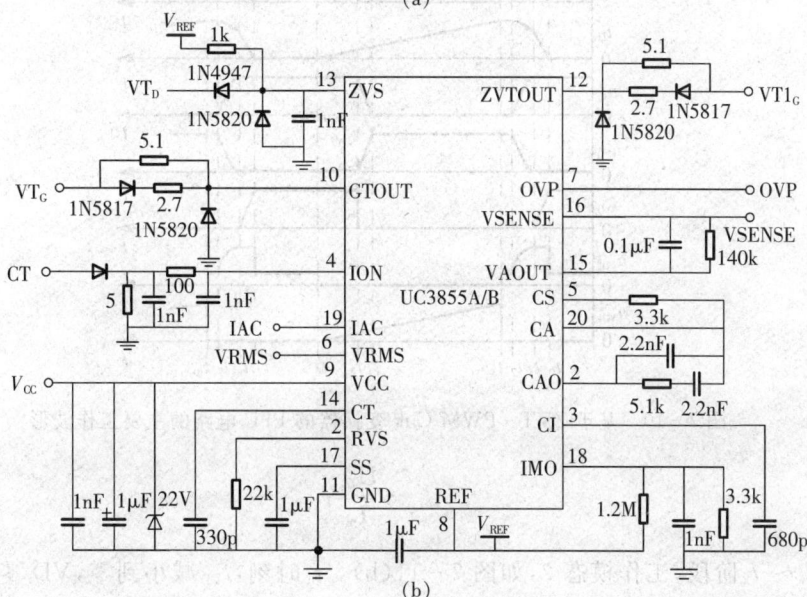

(b)

图 7 - 8　基于 UC3855 和 ZVT - PWM Boost 变换器的 PFC 电路(1kW)

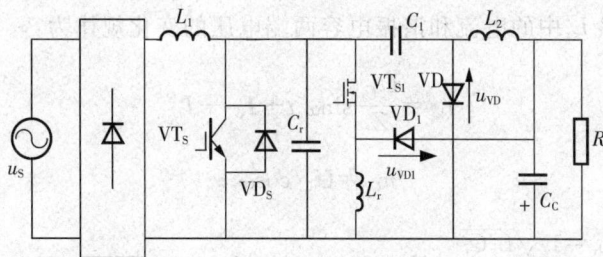

图 7 - 9　基于 ZVT - PWM Cuk 变换器的 PFC 电路拓扑

(1)$t_0 \sim t_1$ 阶段,工作模式 1,如图 7 - 11(a)。t_0 以前,主开关 VT_S、辅助开关 VT_{S1} 断态,输入电流通过二极管 VD 给电容 C_1 充电,同时负载电流通过二极管 VD 续流。t_0 时刻,辅助开关 VT_{S1} 开通,由于谐振电感 L_r 中的电流不能突变,VT_{S1} 零电流导通,随后,谐振电感 L_r 的电流线性增大,VD 中的电流线性减小。t_1 时刻,VD 中的电流下降到零,VD 零电流关断,电路进入下一工作阶段。该阶段谐振电感 L_r 中的电流变换规律为:

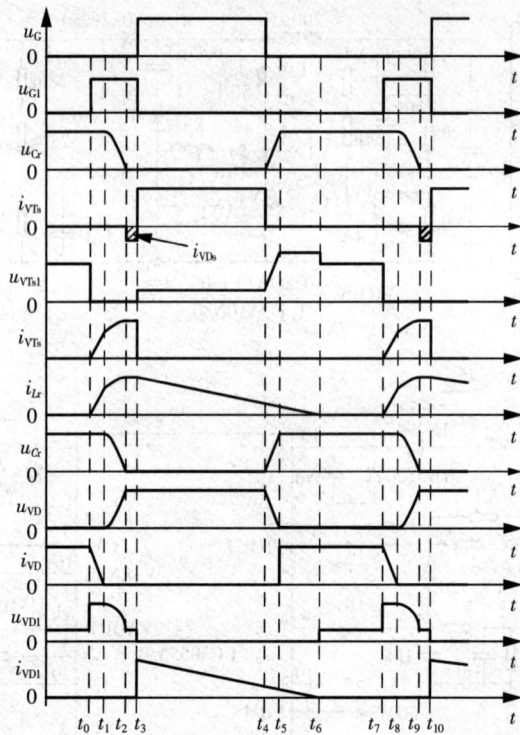

图 7 - 10 基于 ZVT - PWM Cuk 变换器的 PFC 电路的主要工作波形

$$i_{L_r} = \frac{U_{C_1}}{L_r} t \qquad (7-8)$$

(2)$t_1 \sim t_2$ 阶段,工作模式 2,如图 7 - 11(b)。t_1 时刻,i_{VD} 减小到零,VD 零电流关断,随后,L_r 和 C_r 开始谐振,i_{L_r} 继续增大,u_{C_r} 开始下降,同时 VD 两端电压 u_{VD} 反向增大。t_2 时刻,i_{L_r} 增大到最大,u_{C_r} 下降到零,主开关管反并联的二极管 VD_S 开始导通,电路进入下一工作阶段。该阶段谐振电感 L_r 中的电流和谐振电容两端电压的变化规律为:

$$i_{L_r} = \frac{U_{C_1}}{Z_r} \sin\omega_r t + I_{L_1} + I_{L_2} \qquad (7-9)$$

$$u_{C_r} = U_{C_1} \cos\omega_r t \qquad (7-10)$$

其中,$Z_r = \sqrt{L_r/C_r}$,$\omega_r = 1/\sqrt{L_r C_r}$。

(3)$t_2 \sim t_3$ 阶段,工作模式 3,如图 7 - 11(c)。t_2 时刻,u_{C_r} 下降到零,主开关管反并联的二极管 VD_S 开始导通,主开关管两端电压被钳位成零,谐振电感 L_r 中的电流达到最大值,t_3 时刻,主开关管 VT 零电压导通,同时,辅助开关管 VT_1 关断,电路进入下一工作阶段。该阶段谐振电感中的电流 i_{L_r} 维持最大值,即

$$i_{L_r \max} = I_{L_1} + I_{L_2} + U_{C_1}/Z_r \qquad (7-11)$$

(4)$t_3 \sim t_4$ 阶段,工作模式 4,如图 7 - 11(d)。t_3 时刻,VT 导通,VT_1 关断,谐振电感 L_r 通

过 VD_1 构成回路向负载放电，i_{L_r} 线性减小。此阶段主开关管 VT 流过的电流为 I_{L_1} 和 I_{L_2} 之和，t_4 时刻，VT_S 关断，电路进入下一工作阶段。

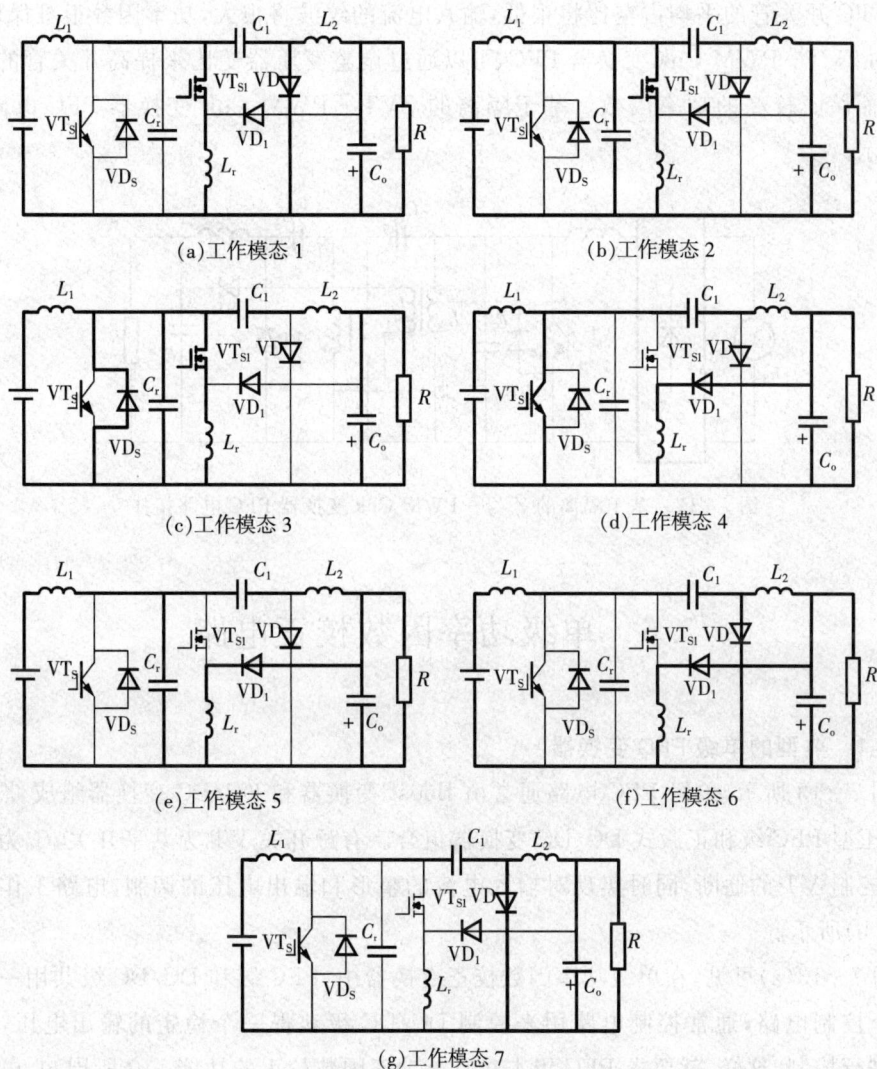

(a)工作模态 1　　　　　　　　　(b)工作模态 2

(c)工作模态 3　　　　　　　　　(d)工作模态 4

(e)工作模态 5　　　　　　　　　(f)工作模态 6

(g)工作模态 7

图 7-11　基于 ZVT-PWM Cuk 变换器的 PFC 电路各模态等效电路

(5)$t_4 \sim t_5$ 阶段，工作模态 5，如图 7-11(e)。t_4 时刻，由于谐振电容 C_r 两端的电压不能突变，VT_S 为零电压关断。随后，输入电流 I_{L_1} 和负载电流 I_{L_2} 开始给谐振电容 C_r 充电，t_5 时刻，C_r 两端电压被充到等于 U_{C_1}，VD 零电压导通，电路进入下一工作阶段。该阶段谐振电感继续向负载放电，i_{L_r} 继续减小。

(6)$t_5 \sim t_6$ 阶段，工作模态 6，如图 7-11(f)。t_5 时刻，VD 零电压导通，输入电流通过 VD 给电容 C_1 充电，负载电流通过 VD 续流；谐振电感继续向负载放电，i_{L_r} 继续减小。t_6 时刻，谐振电感中的电流 i_{L_r} 下降到零，VD_1 零电流关断，电路进入下一工作阶段。

(7)$t_6 \sim t_7$ 阶段，工作模态 7，如图 7-11(g)。t_6 时刻，VD_1 零电流关断，输入电流通过 VD

给电容 C_1 充电,负载电流通过 VD 续流。t_7 时刻,VT_{S1} 导通,电路进入下一工作周期。

当输出电压较低,而输入电压为电网电压 AC220V 时,基于非隔离的 ZVT - PWM Cuk 变换器 PFC 开关管的平均占空比将很低,输入电流的纹波将很大,功率因数很难保证,用基于隔离的 ZVT - PWM Cuk 变换器 PFC,可以通过调整变压器变比来提高开关管的平均占空比,从而保证较高的功率因数。基于隔离的 ZVT - PWM Cuk 变换器 PFC 电路,如图 7 - 12 所示。

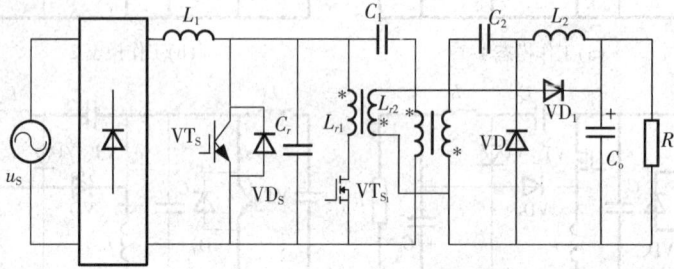

图 7 - 12　基于隔离的 ZVT - PWM Cuk 变换器 PFC 电路拓扑

7.6　单级功率因数校正电路

7.6.1　典型的单级 PFC 变换器

如图 7 - 13 所示,单级 PFC 电路通常由 Boost 变换器和 DC/DC 变换器组成,图 7 - 13 (a)由升压型 PFC 级和正激式 DC/DC 变换器组合。有源开关 VT 为共享开关,C_b 为缓冲电容,通过控制 VT 的通断,同时实现对输入电流的整形和输出电压的调制,电路工作波形如图7 - 13(b)所示。

由图 7 - 13(a)可见,在单级功率因数校正变换器中,PFC 级和 DC/DC 级共用一个开关管和一个控制电路,通常控制电路用来控制 DC/DC 级获得一个稳定的输出电压,无需对 PFC 级进行控制,这样,就要求 PFC 级本身具有功率因数校正的功能。众所周知,电流断续模式(DCM)的 Boost 变换器在占空比固定时,输入电流自动跟随输入电压,因此 PFC 级工作在 DCM 状态可以得到较高的功率因数。所以,将工作在电流断续模式的 Boost 变换器和 DC/DC 变换器结合在一起,既可实现功率因数校正,又能够获得稳定的输出。为了提高变换器的效率,DC/DC 级一般工作在电流连续模式(CCM)。

7.6.2　单级功率因数校正变换器的工作原理

由于诸多单级 PFC 电路拓扑都由这种基本的 Boost 型单级 PFC 变换器演变而来,下面对 Boost 型单级 PFC 变换器的工作原理进行分析。

图 7 - 13 给出了最基本的单级 PFC 电路,该拓扑是由 BOOST - PFC 级和正激式 DC/DC 变换器组合而成。在该电路里,输入瞬时功率是不断变动的,而输出功率要恒定,所以要

加上一个缓冲储能电容 C_b 来平衡输入输出能量,而正是这个储能电容给单级电路造成了不可避免的缺点。当负载变轻,输出功率减少时,由于占空比只调节电压增益,占空比并不立即发生变化,所以输入功率不变,这样,多出的功率就要储存在储能电容 C_b 上,导致其上电压升高。这时输出电压才有升高的趋势,控制电路开始工作,减少占空比保证输出电压稳定,达到输入和输出的功率平衡,可以看出这是一个动态过程,这样的平衡是以电容电压上升为代价的。

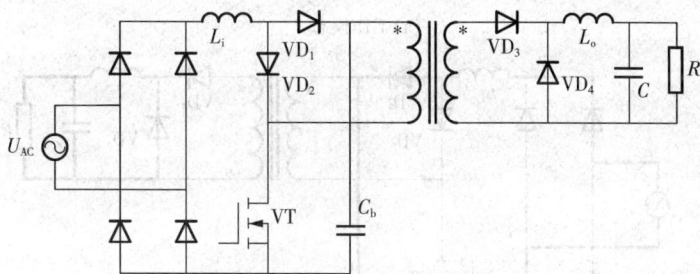

(a)单级隔离 PFC 变换器电路拓扑

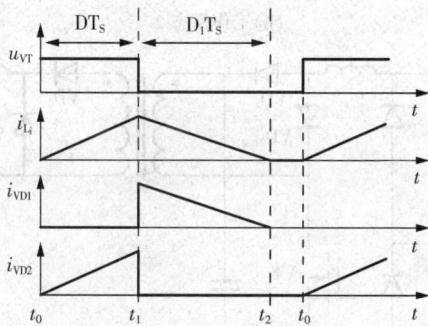

(b)主要工作波形

图 7-13　典型的单级隔离 PFC 变换器及其工作波形

1. 工作过程分析

图 7-13 中,U_{AC} 为交流输入电压,L_i 为 Boost 电感,C_b 为中间储能电容,R 为变换器负载,u_{VT} 为开关管 VT 的驱动信号,T_s 为开关周期,D 为占空比。因为开关频率远大于交流输入频率,因此可假设在一个开关周期内 U_{AC} 为恒定值,在一个开关周期内,电路工作过程分为 3 个阶段,对应 3 个工作模态,如图 7-14 所示。

(1)$t_0 \sim t_1$ 期间:工作模式 1,如图 7-14(a)所示。VT、VD_2 和 VD_3 导通,VD_1 和 VD_4 截止,电源 U_{AC} 给电感 L_i 充电储能,流过电感 L_i 的电流线性增加,C_b 经过变压器向 L_o、C 和 R 放电。VT 在 t_1 时刻截止时电感电流达到最大值,即

$$i_{L_{ip}} = \frac{|U_{AC}|}{L_i} DT_s \tag{7-12}$$

$$i_{VD1} = 0, \quad i_{VD2} = i_{L_i} \tag{7-13}$$

(a)工作模态 1

(b)工作模态 2

(c)工作模态 3

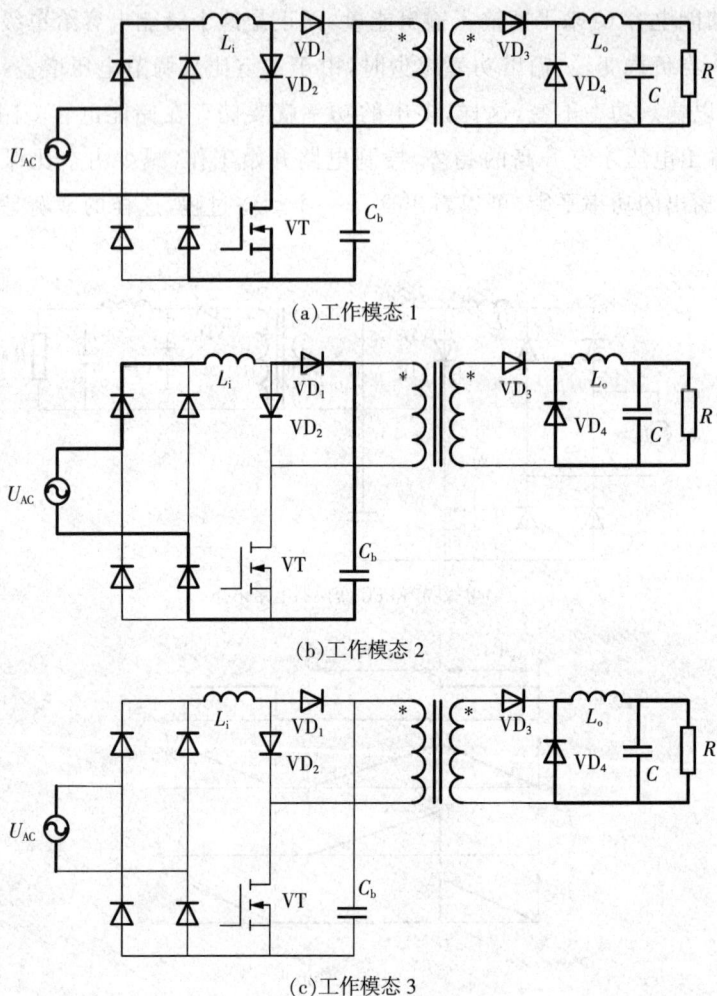

图 7 - 14   典型的单级隔离 PFC 变换器工作过程分解

(2)$t_1 \sim t_2$ 期间:工作模态 2,如图 7 - 14(b)所示。VT、VD_2 和 VD_3 截止,VD_1 和 VD_4 导通,U_{AC} 和 L_i 通过 VD_1 给 C_b 充电,负载 R 两端电压由 L_o 和 C 储能维持。在 t_2 时刻,L_i 中能量完全释放,电流为零。在此期间,有

$$i_{L_i} = i_{L_{ip}} - \frac{U_{C_b} - |U_{AC}|}{L_i}(t - DT_S) \tag{7 - 14}$$

$$i_{VD_1} = i_{L_i}, \qquad i_{VD_2} = 0 \tag{7 - 15}$$

(3)$t_2 \sim t_0$ 期间:工作模态 3,如图 7 - 14(c)所示,VT、VD_2 和 VD_3 截止,由于 VD_1 的存在,L_i 中的电流不能反向而保持为零,即 VD_1 截止、VD_4 继续导通,负载 R 两端的电压由 L_o 和 C 储能维持。

2. 输入电流分析

在工作模态 1 和工作模态 2 期间,Boost 电感 L_i 中能量完全释放,根据伏·秒平衡原

则,有

$$|U_{AC}| D T_S = (U_{C_b} - |U_{AC}|) D_1 T_S \qquad (7-16)$$

整理得:

$$D_1 = \frac{|U_{AC}|}{U_{C_b} - |U_{AC}|} D \qquad (7-17)$$

在一个开关周期内平均输入电流为:

$$i_{L_i(av)} = \frac{1}{2}(i_{L_{ip}} D + i_{L_{ip}} D_1) = \frac{|U_{AC}|}{2L_i} D^2 T_S \frac{U_{C_b}}{U_{C_b} - |U_{AC}|} \qquad (7-18)$$

设 $|U_{AC}| = |U_P \sin\omega t|$,其中 U_P 为输入电压的峰值,则

$$i_{L_i(av)} = \frac{|U_P \sin\omega t|}{2L_i} D^2 T_S \frac{U_{C_b}}{U_{C_b} - |U_P \sin\omega t|} = k\beta \frac{|\sin\omega t|}{1 - \beta|\sin\omega t|} \qquad (7-19)$$

其中,$k = \dfrac{D^2 T_S U_{C_b}}{2L_i}$;$\beta = \dfrac{U_P}{U_{C_b}}$。

　　在单级 PFC 变换器中,Boost 电感工作在不连续导电模式下,在一个开关周期内,占空比恒定,输入电流被分解为三角脉冲波,电感电流峰值将自动跟随输入电压。但是,这种通过电压跟随方式取得的电流波形并非理想的正弦波,由于 Boost 电感的放电时间受到储能电容电压的影响,因此平均输入电流会呈现一定程度的畸变。由式 7-19 可知,β 跟平均输入电流之间存在一定关系,即 β 很小,输入电流接近正弦波,β 接近 1,电流畸变严重。

　　3. 功率因数表达式

　　输入电流有效值为:

$$i_{L_i(rms)} = \sqrt{\frac{1}{\pi} \int_0^\pi \left(\frac{k\beta\sin\omega t}{1 - \beta\sin\omega t}\right)^2 \mathrm{d}(\omega t)} \qquad (7-20)$$

令 $z = \displaystyle\int_0^\pi \left(\frac{\sin\omega t}{1 - \beta\sin\omega t}\right)^2 \mathrm{d}(\omega t)$,则有

$$i_{L_i(rms)} = k\beta\sqrt{\frac{z}{\pi}} \qquad (7-21)$$

变换器平均输入功率为:

$$P_i = \frac{1}{\pi} \int_0^\pi |U_{AC}| i_{L_i(av)} \mathrm{d}(\omega t) = \frac{1}{\pi} U_P K\beta \int_0^\pi \frac{\sin^2\omega t}{1 - \beta\sin\omega t} \mathrm{d}(\omega t) = \frac{U_P k\beta}{\pi} y \qquad (7-22)$$

其中,$y = \displaystyle\int_0^\pi \frac{\sin^2\omega t}{1 - \beta\sin\omega t} \mathrm{d}(\omega t)$。

变换器功率因数可表示为：

$$\mathrm{PF}=\frac{P_i}{U_{rms}i_{L_i(rms)}}=\sqrt{\frac{2}{\pi z}}y \tag{7-23}$$

其中 $U_{rms}=U_P/\sqrt{2}$，由式（7-23）可知，变换器功率因数跟 β 也存在一定的关系。

7.6.3　常见的单级 PFC 变换器电路拓扑

1. 基于反激式变换器的单级 PFC 电路

图 7-15 所示给出了基于反激式变换器的单级 PFC 电路，该拓扑是由 BOOST-PFC 级和反激式 DC/DC 变换器组合而成。

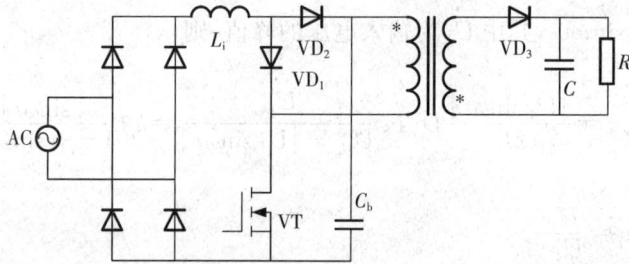

图 7-15　基于反激式变换器的 PFC 电路

这是一种最基本的单级隔离式变换器，与普通的 AC/DC 变换器相比，具有电压应力较高、损失较多等缺点。因此出现了应用软开关技术来减少开关损耗和降低开关应力的新型单级 PFC 变换器，提高了变换器的转换效率。

2. 带有源钳位软开关的单级 PFC 变换器

基于反激式变换器的单级 PFC 的一个缺点就是电压应力过高，开关损耗大。应运而生的一种方法是用有源钳位软开关技术，减小单级 PFC 变换器的开关损耗和电压应力的电路拓扑，如图 7-16 所示。

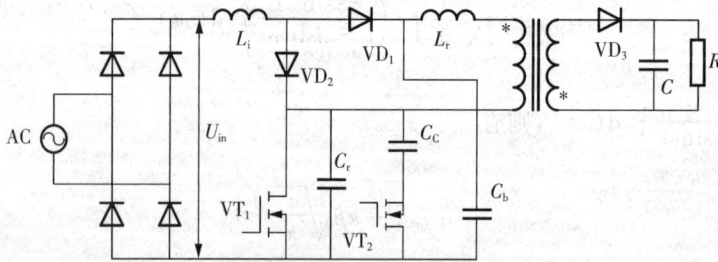

图 7-16　带有源钳位和软开关的 Boost 反激单级 PFC 变换器

图 7-16 中，VT_1 为主开关，VT_2 为辅助开关。C_C 为钳位电容，C_b 为储能电容，C_r 为开关 VT_1 和 VT_2 的寄生电容以及电路中其他的寄生电容之和。Boost 单元工作在 DCM 下，保证有高的功率因数，为避免 DCM 有较高的电流应力，Flyback 设计为 CCM。由于 C_b 非常大，可以认为其上电压在一个开关周期不变，可以把电路分为 Boost 单元和带有源钳位的软开

关反激电路两个单元,两个单元的工作情况可以单独进行分析,如图 7-17 所示。采用有源钳位软开关技术限制了开关的电压应力,再生了储存在变压器漏感中的能量,由于 L_r 和 C_r 的谐振为主开关管 VT_1 的开通创造了软开关开通条件,而 L_r 和 C_c 的谐振为辅助开关管创造了软开关开通的条件,C_r 的存在使 VT_1 或 VT_2 关断时其电压上升相对缓慢,在一定程度上减少了开关管关断时的损耗,提高了变换器的效率。主开关管两端的钳位电容 C_c 使得开关管关断时两端电压被限制得不会过高,降低了电压应力。这种拓扑的主要问题就是引入辅助开关管,增加了器件和成本。

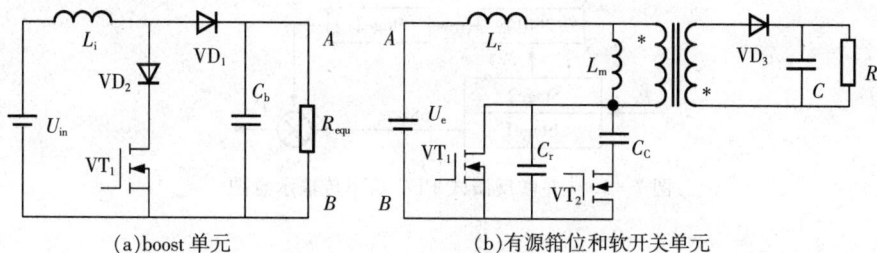

图 7-17　带有源钳位和软开关的 Boost 反激单级 PFC 变换器两个工作单元

3. 并联反激式 PFC 变换器

在单级 PFC 电路中由于能量经过 PFC 级和 DC/DC 级的 2 次传输,单个开关管必须同时流过 PFC 级和 DC/DC 级的 2 个电流,效率和输出特性都不理想,为了解决这些问题有人提出了并联 PFC 的构想,如图 7-18 所示,给出了一种单级反激 PFC 变换器的拓扑。当输入功率高于输出功率时,输出功率直接由输入提供,当输入功率小于输出功率时,少的那部分能量由储能电容提供,这样就减少了二次传输的能量。

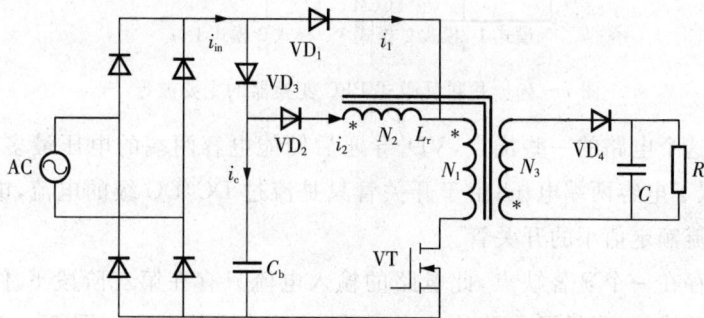

图 7-18　并联反激式 PFC 变换器

根据计算有 68% 的功率是一次传输的,而 32% 的功率是通过储能电容二次传输的,这样就减少了能量损失。图 7-19 所示为该方法的功率流图,P_2 经过两次功率变换到达输出,其余部分 P_1 经过一次功率变换达到输出。

此电路可分为 3 个工作阶段,如图 7-20 所示的模式 1、2、3。第一个阶段当 U_{in} 小于变压器两端的电压时,储能电容 C_b 通过变压器把电能传送给负载,此时负载能量仅由 C_b 提供。当 U_{in} 大于变压器两端电压时,VD_1 导通,输入端把能量传给负载,由于此时 U_{in} 还没有大于

C_b两端电压,所以没有给它充电,此时的负载能量仅由输入端提供,这是第二阶段。当某一时刻U_{in}大于C_b两端的电压时,输入端通过VD_3给电容充电到输入电压的峰值电压,这是第三阶段。可以看出,在二、三阶段都是输入端直接给输出传送能量。

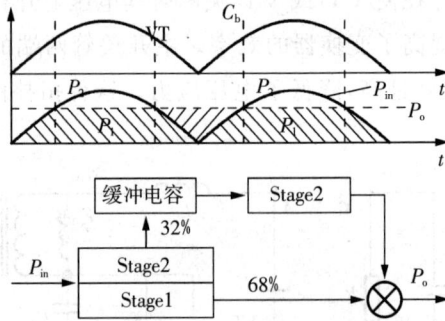

图 7 - 19   并联反激式 PFC 功率传输示意图

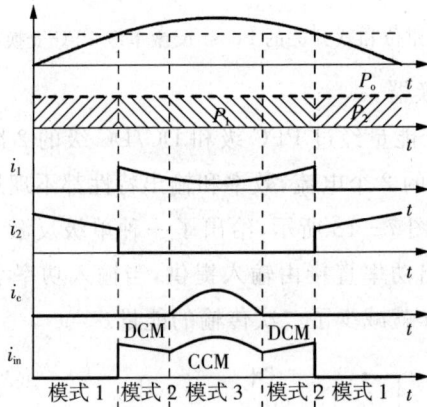

图 7 - 20   并联反激式 PFC 变换器的主要波形

还可以看出这个电路的一些优点,VD_3导通后储能电容两端的电压最多等于电路的输入峰值电压,降低了电容两端电压;由于开关管只是流过 DC/DC 级的电流,电流应力下降,这样可以选用电流额定值小的开关管。

这个电路也存在一个显著缺点,此电路的输入电流只有在第三阶段下才给C_b充电,这样就有一个较大的峰值,降低了电路的功率因数,一种改进的电路如图 7 - 21 所示,在电流的输入端加上一个 BOOST 电感,这样就可以在第二阶段,虽然输入电压没有电容两端电压大,但由于电感的泵升作用输入也可以给储能电容充电,从而延长了给C_b充电的时间,减少输入电流的峰值,这种拓扑主要用在中小功率场合。

4. 基于 FLYBOOST 模块的单级 PFC 变换器

基于 FLYBOOST 单元的功率因数校正变换器拓扑众多,如图 7 - 22 所示的拓扑结构,它是 FLYBOOST PFC 单元和正激式 DC/DC 变换器的结合,图中 T_1 为反激变压器,T_2 为正激变压器,C_1 为储能缓冲电容器。

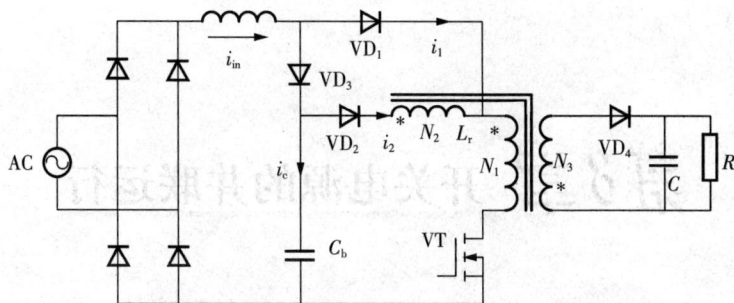

图 7-21　并联反激式 PFC 变换器改进的电路拓扑

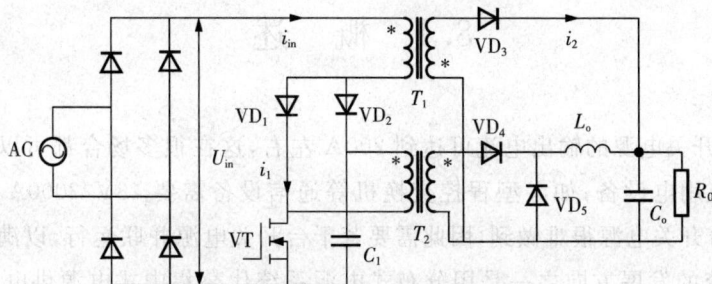

图 7-22　基于 Flyboost 单元的单级 PFC 变换器

　　这种拓扑和上面介绍的拓扑一样，也是让一部分功率由输入直接传输到输出，另一部分通过储能电容传输。不同的是它引入了反激变换模块，当反激变换器工作在 DCM 状态时，通过理论分析可知从输入端看它相当于一个无损电阻，无需控制器就可以使输入功率因数近似为 1，如图 7-22 所示。图 7-23 所示是反激模块的 2 种工作状态及工作波形。当输入电压较低时，VD_2 不能导通，电路工作在反激模式，存储在 T_1 中的能量全部传递到输出端。当输入电压增大，使 VD_2 可以导通时便进入第二个模式，电路工作在 Boost 模式，当开关管 VT 开通时，T_1 经过 VD_1 储能，当开关管 VT 关断时存储在 T_1 中的能量向 C_1 放电。这种电路由于引入了反激模块，实现部分能量的直接转换，从而提高了效率，适用于中小功率场合。

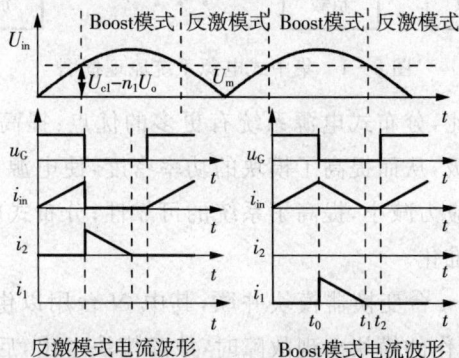

图 7-23　FLYBOOST 模块的两种工作状态及波形

第8章 开关电源的并联运行

8.1 概 述

目前,单台开关电源的输出电流可达到 200A 左右,这在很多场合都可以满足要求。但对于大型的直流用电设备,如大型程控交换机等通信设备需要 48V/2000A 的直流电源供电,很显然,单台开关电源很难做到,因此需要若干台开关电源并联运行,以满足负载功率的要求。电源系统的发展方向之一是用分布式电源系统代替集中式电源供电系统。图 8-1 和图 8-2 所示给出了 2 种 AC-DC 电源系统的原理框图。

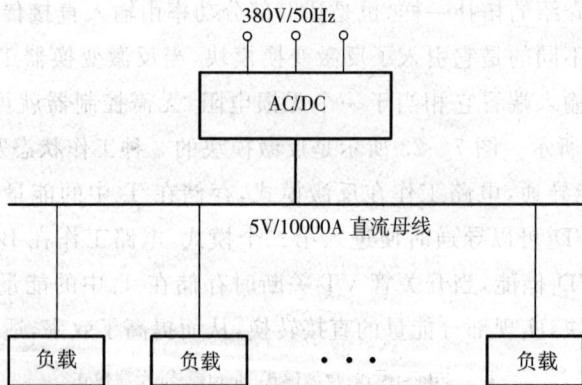

图 8-1 集中式电源系统原理框图

与集中式电源系统相比,分布式电源系统有更多的优点:提高了系统的灵活性;可将模块的开关频率提高到兆赫级,从而提高了模块的功率密度,使电源系统的体积、质量下降;各个模块的功率器件的电流应力减小,提高了系统的可靠性;分布式电源系统可方便地实现冗余;减少产品种类,便于标准化。

所谓冗余是指:设 $N+n$ 台变换器模块并联,其中 N 台用以供给负载所需电流,n 台为后备(冗余)模块,当正在工作的模块出现故障时,故障模块退出,后备模块投入运行,这样正在工作的 N 台模块即使有 n 台同时发生故障,电源系统也能保证提供 100% 的负载电流。除了使系统增加了冗余功率外,采用冗余技术还可以实现热交换,即在保证系统不间断供电情况下,更换系统的失效模块。

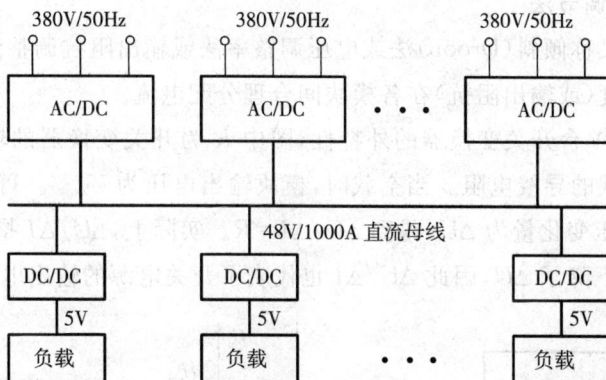

图 8-2 分布式电源系统原理框图

随着大功率负载需求和分布式电源系统的发展,开关电源并联技术的重要性日益增加。但是并联的开关变换器模块间需要采用均流措施,它是实现大功率电源系统的关键,用以保证模块间电流应力和热应力的均匀分配,防止一台或多台模块工作在电流极限状态。因为并联运行的各个模块特性并不一样,外特性好(电压调整率小)的模块可能承担更多的电流,甚至过载,从而使某些外特性差的模块运行于轻载,甚至基本上是空载运行。其结果必然是分担电流多的模块,热应力大,降低了可靠性。

1. 对若干个开关变换器模块并联的电源系统基本要求

(1)每个模块承受的电流必须能自动平衡,实现均流。

(2)为了提高系统的可靠性,每个模块应尽可能设计具有独立的均流控制单元,不采用增加外部均流控制措施,以利于均流技术与冗余技术相结合。

(3)负载电流和电网电压变化时,输出电压要稳定,且均流的动态响应要好。

(4)具有公共均流母线时,其带宽应小,以降低输出噪音。

2. 均流的主要任务

(1)当负载变化时,每台负载的输出电压变化相同。

(2)使每台电源的输出电流按功率份额均摊。

8.2 开关电源并联系统的均流方法

实现均流的方法多种多样,它们的均流精度和控制原理也各不相同。根据控制机理可以分为两大类,即外特性调节法和动态电流均衡法。动态电流均衡法又可分为主从控制均流法、平均电流自动均流法、外加均流控制器均流法、最大电流自动均流法等。

就目前的电源界应用状况而言,分布式模块化的供电方式成为大容量电源系统的发展趋势,负载均流技术日益成为研究的热点问题。在大功率、高精度均流应用环境中,动态均流控制占有明显的优势。

8.2.1 外特性调节法

外特性调节法又称倾斜(Droop)法或电压调整率法或输出阻抗调整法,其机理是调节变换器的外特性倾斜度(或输出阻抗)在各模块间合理分配电流。

图 8-3 所示为单台开关变换器的外特性,图中 R 为开关变换器的输出阻抗,其中也包括此模块连接到负载的导线电阻。当空载时,模块输出电压为 U_{omax}。可以看出当电流变化量为 ΔI 时,负载电压变化量为 ΔU,得到 $\Delta U/\Delta I = R$。实际上,$\Delta U/\Delta I$ 指的是模块电流增加了 ΔI 时,输出电压下降了 ΔU,因此 $\Delta U/\Delta I$ 也代表了开关电源的输出电压调整率。

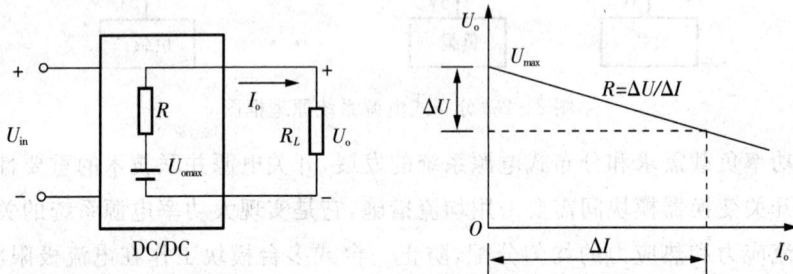

图 8-3 开关变换器的等效电路与外特性

图 8-3 中,开关变换器的负载电压 U_{o} 与负载电流 I_{o} 的关系可用下式表示:

$$U_{\text{o}} = U_{\text{omax}} - RI_{\text{o}} \tag{8-1}$$

将 2 台容量相同的开关变换器相互并联,则有下式:

$$U_{\text{o}} = U_{\text{o1max}} - R_1 I_{\text{o1}} \tag{8-2}$$

$$U_{\text{o}} = U_{\text{o2max}} - R_2 I_{\text{o2}} \tag{8-3}$$

R_1、R_2 分别为模块 1 和模块 2 的输出阻抗,设 R_L 为负载电阻,可得:

$$I_{\text{o1}} = [U_{\text{o1max}}R_2 + (U_{\text{o1max}} - U_{\text{o2max}})R_L]/R_X^2 \tag{8-4}$$

$$I_{\text{o2}} = [U_{\text{o1max}}R_1 + (U_{\text{o1max}} - U_{\text{o2max}})R_L]/R_X^2 \tag{8-5}$$

其中,$R_X^2 = R_1 R_2 + R_1 R_L + R_2 R_L$。

若 $U_{\text{o1max}} = U_{\text{o2max}} = U_{\text{omax}}$,则

$$I_{\text{o1}} = U_{\text{omax}} R_2 / R_X^2 \tag{8-6}$$

$$I_{\text{o2}} = U_{\text{omax}} R_1 / R_X^2 \tag{8-7}$$

由图 8-4 可以看出,当负载电流为 $I_L = I_{\text{o1}} + I_{\text{o2}}$ 时,负载电压为 U_{o},按两个模块的外特性倾斜率(也即电压调整率)来分配负载电流 I_L,斜率不相等,电流分配也不相等;当负载电流增大到 $I_L' = I_{\text{o1}}' + I_{\text{o2}}'$ 时,负载电压降为 U_{o}'。显然,模块 2 外特性斜率小(输出阻抗小),分配

电流的增长量比外特性斜率大的模块 2 增长量更大。

如果能设法将模块 2 的外特性斜率调整得接近模块 1（可在模块 1 的输出端串接一个小电阻），则可使这 2 个模块的电流分配接近均匀。

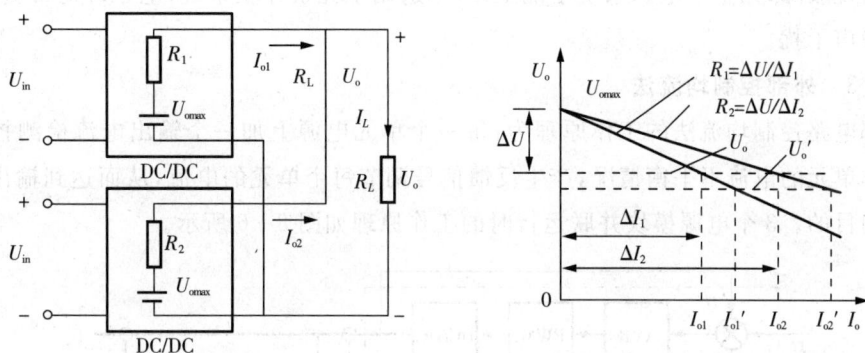

图 8 - 4 两台并联的开关变换器及外特性

这种方法是最简单的实现均流的方法，本质上属于开环控制。其缺点是电压调整率下降，为了达到均流，每个模块必需个别调整，对于不同额定功率的并联模块，难以实现均流。

变换器的电流分配性能越好，它的外特性也就越差。由于通常的变换器都设计成低输出阻抗的电压源，所以不太适合于这种策略，而且这种方法本质上是一种开环控制方法，精度比较低，不适合在 5% 以下均流不平衡度的要求下使用。

8.2.2 主从控制均流法

这种方法适用于有双环控制的并联开关电源系统中，它是在并联的 N 个电源模块中，人为指定一个为"主模块"，按照电压控制规律工作；而其余模块电压环断开，电压误差放大器接成跟随器的形式，则这些模块按电流型控制方式工作，跟从主模块分配电流，称为从模块。利用主模块的输出误差电压作为从模块的电流基准，因此从模块的电流都按同一电压值进行调制，与主模块电流基本一致，从而实现了均流。

图 8 - 5 所示为主从控制均流法，图中每个模块都是双环控制系统。设模块 1 为主模块，按电压控制规律工作，其余的 $N-1$ 个模块按电流型控制方式工作。U_{ur} 为主模块的基准电压，U_{uf} 为输出电压反馈信号。经过电压误差放大器，得到误差信号作为主模块的基准电流给定 U_{ir}，则主模块电流近似与 U_{ir} 成正比。同时 U_{ir} 也送到各从模块作为基准电流给定，由于各从模块按电流控制

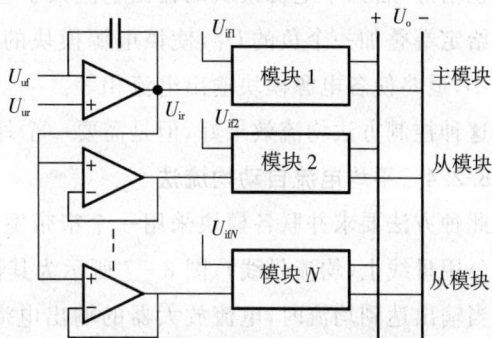

图 8 - 5 主从控制均流法示意图

型工作,因此只要各模块的电流反馈系数相同,则各模块的输出电流也相同,从而实现了均流。

用主/从控制法均流的主要缺点是主从模块间必须有通讯联系,使系统变得复杂;如果主模块出现故障,则整个电源系统不能工作,不适用于冗余并联系统;电压环的带宽大,容易受外界噪声干扰。

8.2.3 外部控制均流法

外部电路控制均流法的工作原理为:每一个单元电源上加一个输出电流检测控制电路来检测本单元的电流不平衡情况,产生反馈信号调节每个单元的电流,从而达到输出各单元间均流的目的。3个电源模块并联运行时的工作原理如图8-6所示。

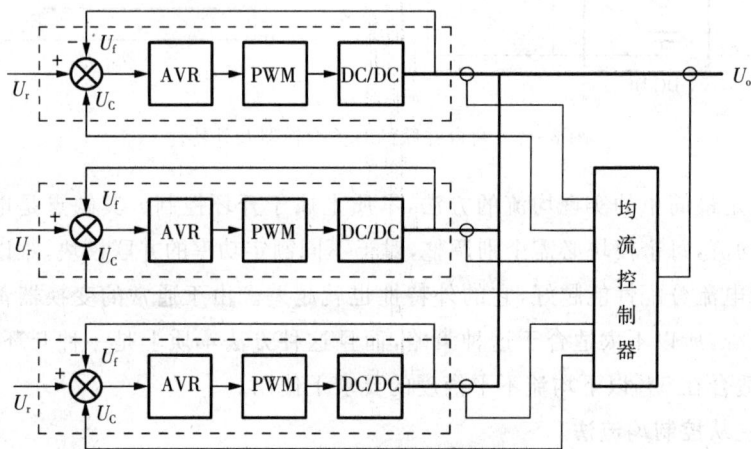

图8-6 外部控制均流法原理框图

图中每个电源模块都有独立的电压环,外部控制器需要检测总的电流输出和每个电源模块的输出电流,若某个电源模块的输出电流小于它应该输出的电流,则外部均流控制器给该模块的给定端叠加一个正的U_c,使该电源模块的输出电压增加,从而该电源模块的输出电流也增加;若某个电源模块的输出电流大于它应该输出的电流,则外部均流控制器给该模块的给定端叠加一个负的U_c,使该电源模块的输出电压减小,从而该电源模块的输出电流也减小,最终使各电源模块输出电流相等。

这种控制方法均流效果好,但是需要一个外部控制单元,整个均流系统连线复杂。

8.2.4 平均电流自动均流法

此种方法要求并联各模块采用一个窄带宽的电流放大器,其输出端通过一个电阻接到一条公用母线上(均流母线),图8-7所示为其控制原理图。

当输出达到均流时,电流放大器的输出电流为零,处于均流状态。反之,在电阻上产生一个U_{ab},这个电压通过均流控制器放大加到电源模块的电压误差放大器的输入端。若该电源模块的输出电流大于它应该输出的电流,即$U_i > U_b$,则$U_{ab} < 0$,这时均流控制器给该模块的给定端叠加一个负的U_c,使该电源模块的输出电压减小,从而该电源模块的输出电流也

减小;反之,若该电源模块的输出电流小于它应该输出的电流,即 $U_i<U_b$,则 $U_{ab}>0$,这时均流控制器给该模块的给定端叠加一个正的 U_c,使该电源模块的输出电压增大,从而该电源模块的输出电流也增大,最终使各电源模块输出均流。这种均流法的特点如下:

(1)均流效果好,易实现准确均流。

(2)具体使用中,如出现均流母线短路或接在母线上的一个单元不工作时,母线电压下降,将使每个单元电源的输出电压下调,甚至会达到下限造成故障。

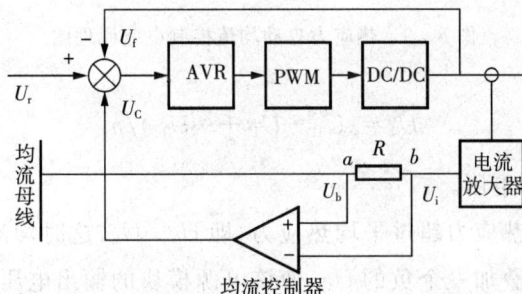

图 8-7　平均电流法自动均流控制电路

8.2.5　最大电流自动均流法

将图 8-7 中的电阻用一个二极管代替,二极管正端接 b,负端接 a,由于二极管的单向导电性,只有 N 个电源模块中输出电流最大的一个电流放大器输出才能使二极管导通,使之成为均流母线上的电压,其他电源模块以该电压作为基准调节输出电流,最终使各电源模块输出均流。在这种均流方式下,当某个电源模块输出电流最大,则该电源模块处于主控状态,别的则处于被控状态,因此又把这种方法叫做"自动主/从控制法"。美国 Unitrode 公司的 UC3907 集成均流控制芯片就工作在这种方式下,为了减少主模块均流误差,在 UC3907 中用一个单向缓冲器代替二极管,如图 8-8 所示。

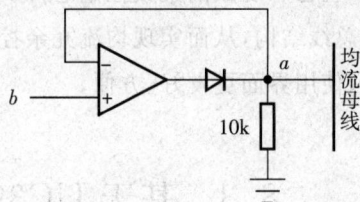

图 8-8　ab 间接的单向缓冲器

8.2.6　热应力自动均流法

1982 年,美国 Lambda 公司在弗吉尼亚电力电子中心的学术年会上提出一种热应力自动均流法,按模块的热应力(不仅仅是按电流值)实现均流,把模块的对流情况、散热条件与单体输出电流综合考虑进来,已经成功应用在该公司 P 系列 ZVS 变换器中。

这一均流方法按照所连接每个模块的电流和温度(即热应力)自动均流,图 8-9 所示为其工作原理。

图中模块负载电流经检测、放大后,输出一个低带宽电压 U_1,即

$$U_1=kIT^\alpha \tag{8-8}$$

其中,k、α 为常数;T 表示模块温度;I 模块输出电流。

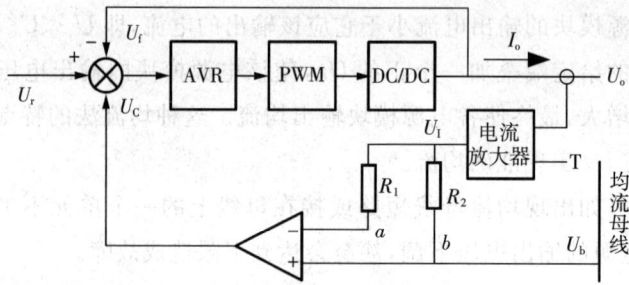

图 8-9 热应力自动均流控制电路原理图

$$U_b = (U_{I1} + U_{I2} + \cdots U_{In})/n \tag{8-9}$$

其中 U_b 为均流母线上的电压。

　　当某一电源模块的热应力超过平均热应力，即 $U_a > U_b$，这时均流控制器给该模块的电压误差放大器的输入端叠加一个负的 U_C，使该电源模块的输出电压减小，从而该电源模块的输出电流也减小；反之，若该电源模块的热应力小于平均热应力，即 $U_a < U_b$，这时均流控制器给该模块的电压误差放大器的输入端叠加一个正的 U_C，使该电源模块的输出电压增大，从而该电源模块的输出电流也增大，最终使各电源模块输出均流。

　　以上讨论了 6 种常用的均流技术。其中外特性调节法和最大电流自动均流法应用较广，并且已有现成的集成控制芯片。同时，随着微处理技术的迅速发展，使整个系统可采用智能总线结构，从而实现均流冗余控制、故障检测、故障信息显示等功能，就会使均流效果更理想、使用界面更友好、方便。

8.3 基于 UC3907 的可并联运行的开关电源

8.3.1 负载均衡控制器 UC3907

　　负载均衡控制器 UC3907 是 Unitrode 公司生产的一种基于最大电流自动均流法的均流控制器，它使多个并联在一起的电源模块各自只承担总负载电流的一部分，且每个电源模块承担的负载电流量相等。均流控制是通过来自电压误差放大器的命令控制每个模块的功率级完成的，电压误差放大器的基准可根据均流母线的电压来调节。均流母线的电压通常由 N 个并联模块中输出电流最高的那个电源模块决定，并把它定为主模块，根据主模块电流调节其他模块的输出电流。

　　UC3907 主要特点：全微分高阻抗电压检测、主模块状态显示、具有光电耦合器驱动能力、25%微调基准、工作电压范围 4.5～35V、精密电流放大器实现精确的电流均衡等。

　　UC3907 采用双列直插式 16 脚封装，内部功能如图 8-10 所示，从图 8-10 可看出，UC3907 主要由以下几部分构成。

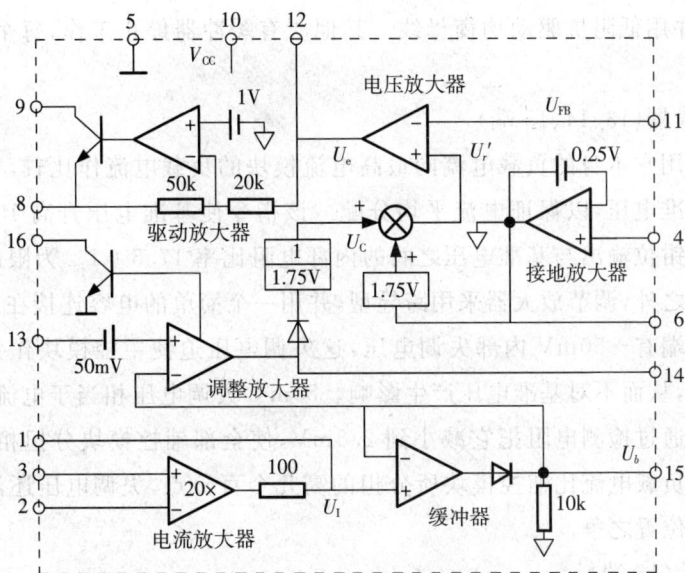

图 8-10　UC3907 内部结构框图

(1) 电压放大器(11、12 端)

它用于调整电源模块的输出电压反馈控制增益级,整体电压环路补偿通常放在这个放大器周围,输出幅度限制在 2V,改善了系统的大信号响应。在检测中电压放大器和接地放大器配合,电压放大器检测高阻抗正压,接地放大器完成高阻抗负极性检测。

(2) 接地放大器(4 端)

它是带有 0.25V 失调电压的整体增益缓冲器。失调电压为全部偏置和工作电流留出畅通的回路,同时使检测负输入(脚 4)保持高的输入阻抗,这个输入被看成"真"地,放大器输出被看成"假"地。0.25V 的失调电压加在 1.75V 的带隙基准上,得到 2V 的基准电压,这个电压被微调到 $\pm 125\%$ 的精度。

(3) 驱动放大器(8、9 端)

它是一个反相放大器,增益为 -2.5,它把反馈信号耦合在功率控制器上。驱动放大级的极性为:在脉冲感应输入端(11 脚)的电压增加时,光电耦合器电流也增大,因此减小了初级侧 PWM 的占空比,这样才保证了电路能适当地启动,因为在电源开机时副边没有能量。

(4) 电流放大器(1、2、3 端)

它具有微分检测能力,和外部分流器一起用在功率回路。它的输入共模范围适用于电源回线与 $V_{CC}-2V$ 之间的全部范围,允许在电流分流器的任一端上存在未知阻抗。它的增益在内部限制在 20,输入范围在 $50\sim500mV$ 之间的任意电压值,均可让用户从电流检测电阻上获得最大电压值。

(5) 缓冲器

它是驱动电流均衡母线的单向缓冲器,电流均衡母线将与所有并联模块相连以实现电流共享。因为缓冲放大器只输出电流,保证了输出电流最高的模块成为主模块,向其他所有模块传递信息,并用低阻抗驱动均衡母线。其他所有缓冲器停止工作,每个对地呈现 $10k\Omega$ 的负载阻抗。

(6)调节放大器(13、14、15 端)

调节放大器用它本身的负载电流同最高电流模块的负载电流作比较,并发出指令调节各单个模块的基准电压,以保证电流平均分配。该指令使基准电压升高 100mV,该取值源于调节放大器的钳位输出与基准电压之间的内部电阻比率 17.5:1。为限制其带宽并把噪声置于调节电路之外,调节放大器采用跨导型,并用一个简单的电容连接在人工地。在调节放大器反向输入端有 $-50mV$ 内部失调电压,这失调电压迫使主控模块作为低输出的模块发出零调节命令,从而不对基准电压产生影响。50mV 失调电压相当于电流均衡中的误差,电流放大器增益通过检测电阻把它减小到 2.5mV,使全部辅控模块分担相等负载电流,主控模块所分担的负载电流比辅控模块所分担的高几个百分点,失调电压还消除了因低频噪声引起的主模块位置之争。

(7)状态指示(16 端)

状态指示端是一个开路集电极输出,用来指示主控模块,它是通过检测到调节放大器处于低电平状态,然后把状态指示脚的电平下拉至低电平来实现该指示状态功能。

8.3.2 基于 UC3907 的可并联运行开关电源的应用电路

基于 UC3907 的可并联运行的开关电源的应用电路如图 8 - 11 所示。

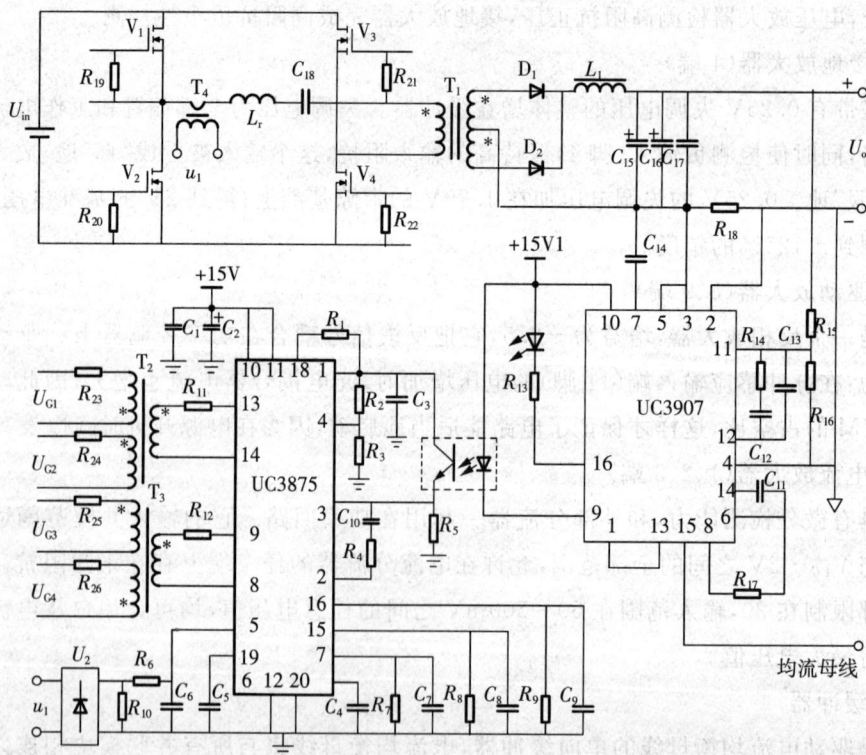

图 8 - 11 基于 UC3907 的可并联运行的开关电源的应用电路

该电路具有较好的均流性能,其反馈电路采用光耦隔离,实现了电源模块输入输出之间的电气隔离。UC3907 的驱动放大器的输出端 9 通过外接光耦合电阻与电源模块的 PWM 控制芯片 UC3875 的 E/A 端(3 脚)相连接,组成了电压负反馈。输出电压通过电阻 R_{15}、R_{16} 分压接到 UC3907 的电压放大器的输入端(11 脚),输出电流用电阻 R_{18} 检测,接到 UC3907 的电流放大器的输入端(2 脚和 3 脚),当负载电流较大时也可以霍尔电流传感器检测电流。

图中,C_{12}、C_{13}、R_{14} 组成电压反馈补偿网络,UC3907 电压环输出经过光耦与 UC3875 的误差放大器的负端连接,组成了电压负反馈回路。

假设系统已经处于稳定状态,当电源模块的输出电压发生变化,若模块输出电压增加,则 UC3907 的(+)SENSE(脚 11)输入电压增加,电压放大器输出电压减小,驱动放大器输出电流增加,光耦电流增加,R_5 两端电压增大,即 U_{FB} 增大,从而电源模块输出电压降低,回到稳定状态;若电源模块输出电压减小,调节过程相反,最终回到稳定状态。

电流环的调节作用是在电压环已经稳定时才体现出来,若该电源模块输出电流比均流母线反映的电流低,即 $U_l < U_b$,则调整放大器的输入端电压即为均流母线的电压。

若 $U_b - U_l < 50\text{mV}$,则调整放大器输出不变,$U_C = 0$,电压放大器的输出不变;若 $U_b - U_l > 50\text{mV}$,则调整放大器输出 100mV,则在电压放大器的给定端叠加一个电压 U_C,电压环开始起调节作用,电源模块输出电压增加,输出电流随之增加,最终各电源模块输出电流基本均衡。

参 考 文 献

[1] 张占松,蔡宣三. 高频开关电源的原理与设计[M]. 北京:电子工业出版社,2004.

[2] 刘胜利. 现代高频开关电源实用技术[M]. 北京:电子工业出版社,2001.

[3] 王兆安,黄俊. 电力电子技术[M]. 北京:机械工业出版社,2000.

[4] 刘志刚,叶斌等. 电力电子学[M]. 清华大学出版社、北京交通大学出版社. 2004.

[5] 叶慧贞,杨兴洲. 新颖开关稳压电源[M]. 北京:国防工业出版社,1999.

[6] 赵修科. 开关电源中磁性元器件[M]. 南京:南京航空航天大学出版社,2004.

[7] 王聪. 软开关功率变换器及其应用[M]. 北京:科学出版社,2000.

[8] 阮新波,严仰光. 脉宽调制 DC/DC 全桥变换器的软开关技术[M]. 北京:科学出版社,1999.

[9] 阮新波,严仰光. 直流开头电源的软开关技术[M]. 北京:科学出版社,2000.

[10] 王瑞华. 电子变压器设计手册[M]. 北京:科学出版社,1993.

[11] 杜少武,刘保颂,葛锁良. 基于 UC3846 的大功率 DC/DC 变换器的研究[J]. 电源技术应用,2004,7(4):200~203.

[12] 阳勇,熊会. 光电耦合器在电源技术中的应用[J]. 国外电子元器件,2002,(5):67~70.

[13] 蔡宣三. 并联开关电源的均流技术[J]. 电工电能新技术,1993,(3):12~16.

[14] 杜少武,金波,葛锁良. 带自动均流的 DC/DC 变换器并联模块的研究[J]. 合肥工业大学学报(自然科学版),2004,27(8):936~940.

[15] 杜少武,张炜. 单级功率因数校正器的概述与发展[J]. 电气应用,2006,(10):74~78.

[16] 周至敏,周纪海,纪爱华. 开关电源功率因数校正设计与应用[M]. 北京:人民邮电出版社,2004.

[17] 杜少武,邹希. 基于 Flyboost 功率因数校正单元的单级 AC/DC 变换器[J]. 合肥工业大学学报(自然科学版),2007,30(1):45~48.

[18] 光学、光电子行业协会光电器件专业协会. 国内外半导体光电器件实用手册[M]. 北京:电子工业出版社,1992.

[19] Unitrode Application Note. A new integrated circuit for current mode control

UC3846/3847 [EB/OL]. 2009. http://focus. ti. com. cn/cn/lit/an/slua075/slua075. pdf.

[20] Agilent Technical Data. 2. 0 Amp output current IGBT gate drive optocoupler [EB/OL]. 2009. http://download. gongkong. com/file/2006/2/20/3120. pdf.

[21] Unitrode Application Note. Phase shifted, zero voltage transition design considerations and the UC3875 PWM controller [EB/OL]. 2009. http://focus. ti. com. cn/cn/lit/an/slua107/slua107. pdf.

[22] Texas Instruments Technical Data. Regulating pulse width modulator—SG3524 [EB/OL]. 2009. http://www. datasheetcatalog. org/datasheet/texasinstruments/sg2524. pdf.

[23] Motorola Technical Data. Regulating pulse width modulator—SG3525/7 [EB/OL]. 2009. http://cnpdf. alldatasheet. com/datasheet-pdf/view/5628/MOTOROLA/SG3525A. html.

[24] Unitrode Application Note. UC3854 controlled power factor correction circuit design[EB/OL]. 2009. http://focus. ti. com. cn/cn/lit/an/slua144/slua144. pdf.

[25] Unitrode Application Note. High power factor pre regulator—UC3854 [EB/OL]. 2009. http://cnpdf. alldatasheet. com/datasheet-pdf/view/29383/TI/UC3854. html

[26] Toshiba Technical Data. Toshiba photo coupler gaAs IRED and photo transistor TLP521[EB/OL]. 2009. http://www. toshiba. com/taec/components2/Datasheet_Sync//206/4211. pdf.

[27] Toshiba Technical Data. Toshiba photo coupler gaas IRED and photo-transistor TLP250 [EB/OL]. 2009. http://cnpdf. alldatasheet. com/datasheet-pdf/view/131336/TOSHIBA/TLP250. html.

[28] Mark Jordon. UC3907 load share IC simplifies parallel power supply design [EB/OL]. 2009. Unitrode Application Note. http://www. nalanda. nitc. ac. in/industry/appnotes/Texas/analog/slua147. pdf.

[29] Hua G C, Lee F C. Softswitching technique in PWM converter [J]. IEEE Trans on Industrial Electronics,1995, 42 (6) : 595~603.

[30] Lambert J A, Vieira J B, Freitas L C. A boost PWM soft single switched converter with low voltage and current stresses [J]. IEEE Trans on Power Electronics, 1998,13(1): 26~24.

[31] Hua G C, Yang E X, Jiang Y M, et al. Novel zero current transition PWM converters [J]. IEEE Trans on Power Electronics, 1994, 9(6): 601~606.

[32] Lee D Y, Lee M K, Hyun D S, et al. New zero current transition PWM DC/DC converters without current stress [J]. IEEE Trans on Power Electronics, 2003, 18(1): 95~104.

[33] 张淑珍,钟利平,杨立功. 零电压转换功率因数校正电路的设计及 UC3855A/B 的应用. 国外电子元器件[J]. 1996,(11):20~25.

[34] Tseng C J,Chen C L. A novel ZVT PWM cuk power-factor corrector [J]. IEEE Trans on Industrial Electronics，1999，46(4):780~787.

[35] Cho J G, Sabate JA. Zero-voltage zero current switching full-bridge PWM converter for high power applications [J]. IEEE Trans on Power Electronics，1996,11(4): 102~108.

[36] Ruan X B, Yan Y G. A novel zero-voltage and zero-current switching PWM converter full-bridge converter using two diodes in series with the lagging leg [J]. IEEE Trans on Industrial Electronics,2001, 48(8):777~785.

[37] Cho J G, Jeong C Y, Lee F C Y. Zero-voltage and zero-current switching full-bridge PWM converter using secondary active clamp [J]. IEEE Trans on Power Electronics，1998，13(4):601~607.

[38] 成庶,陈特放,余明扬. 一种新型有源次级钳位全桥零电压零电流软开关PWM变换器[J]. 中国电机工程学报,2008,28(12):44~49.

[39] Cho J G, Baek J W, Jeong C Y, et al. Novel zero-voltage and zero-current-switching full-bridge PWM converter using a simple auxiliary circuit [J]. IEEE Trans on Industrial Electronics, 1999，35(1):15~20.

[40] Kim E S, Kim Y H. A ZVZCS PWM fb DC/DC converter using a modified energy-recovery snubber [J]. IEEE Trans on Industrial Electronics, 2002, 49 (5): 1120~1127.

[41] Choi H S,Lee J H, Cho B H, et al. Analysis and design considerations of zero-voltage and zero-current-switching (ZVZCS) full-bridge PWM converters[C]//PESC02. 2002 IEEE 33rd Annual, 2002:1835~1840.

[42] 许峰,徐殿国,柳玉秀. 一种新型的全桥零电压零电流开关PWM变换器[J]. 中国电机工程学报, 2004，24(1):147~152.